標準レベル 1　分数のかけ算

1 次の計算をしなさい。（2点×10）

(1) $\dfrac{2}{9} \times 4$

(2) $\dfrac{3}{5} \times 6$

(3) $\dfrac{1}{2} \times \dfrac{3}{4}$

(4) $\dfrac{4}{5} \times \dfrac{3}{7}$

(5) $\dfrac{2}{3} \times \dfrac{6}{11}$

(6) $\dfrac{3}{4} \times \dfrac{8}{9}$

(7) $\dfrac{5}{8} \times 1\dfrac{7}{9}$

(8) $1\dfrac{3}{4} \times 2\dfrac{2}{7}$

(9) $\dfrac{5}{18} \times \dfrac{4}{15}$

(10) $\dfrac{11}{14} \times \dfrac{7}{44}$

2 次の計算をしなさい。（3点×6）

(1) $\dfrac{5}{7} \times 1\dfrac{2}{5}$

(2) $1\dfrac{1}{24} \times 2\dfrac{2}{15}$

(3) $3\dfrac{7}{16} \times \dfrac{4}{11}$

(4) $2\dfrac{2}{5} \times 1\dfrac{9}{16}$

(5) $3\dfrac{3}{4} \times \dfrac{2}{3}$

(6) $3\dfrac{1}{3} \times 4\dfrac{1}{8}$

3 次の問いに答えなさい。（6点×2）

(1) $1\dfrac{2}{5}$ kg入りの塩の入ったふくろが7ふくろあります。全部で何kgですか。

(　　　　　)

(2) 底辺が $4\dfrac{1}{6}$ cm, 高さが $3\dfrac{3}{5}$ cm の平行四辺形の面積は何 cm^2 ですか。

(　　　　　)

上級レベル 2 分数のかけ算

時間	得点
25分	
合格	
35点	/50点

1 次の計算をしなさい。(3点×10)

(1) $5\frac{7}{9} \times 2\frac{5}{8}$

(2) $3\frac{3}{14} \times 2\frac{11}{12}$

(3) $2\frac{11}{27} \times 4\frac{19}{26}$

(4) $12\frac{5}{6} \times 4\frac{4}{21}$

(5) $9\frac{3}{7} \times 2\frac{4}{33}$

(6) $2\frac{13}{18} \times 2\frac{25}{28}$

(7) $10\frac{5}{6} \times 2\frac{4}{13}$

(8) $5\frac{5}{8} \times 2\frac{2}{27}$

(9) $4\frac{1}{12} \times 1\frac{13}{35}$

(10) $8\frac{5}{16} \times 2\frac{18}{19}$

2 次の問いに答えなさい。(4点×5)

(1) ある100以下の0でない整数に $\frac{9}{16}$ をかけると, その答えが整数になりました。このような整数は全部で何個ありますか。

(　　　　　　)

(2) ある0でない整数を $\frac{7}{12}$ 倍しても, $\frac{4}{15}$ 倍してもその積は整数になります。このような整数のうちで, 最小の数はいくつですか。

(　　　　　　)

(3) ある分数に $\frac{8}{9}$ をかけても, $\frac{4}{15}$ をかけてもその積は整数になります。このような分数のうちで, 最小の数はいくつですか。

(　　　　　　)

(4) ある分数に $3\frac{11}{18}$ をかけても, $1\frac{1}{12}$ をかけてもその積は整数になります。このような分数のうちで, 最小の数はいくつですか。

(　　　　　　)

(5) 3つの分数 $5\frac{5}{6}$, $2\frac{5}{8}$, $3\frac{1}{9}$ にできるだけ小さい同じ分数をかけて, どの答えも整数となるようにするには, どのような分数をかければよいですか。

(　　　　　　)

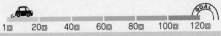

標準レベル **3** 分数のわり算

時間	得点
20分	
合格	
40点	**50**点

1 次の数の逆数をそれぞれ求めなさい。（2点×4）

(1) $\dfrac{3}{5}$

(2) $2\dfrac{2}{7}$

(3) 5

(4) $\dfrac{1}{2}$

2 次の計算をしなさい。（3点×6）

(1) $\dfrac{1}{6} \div 3$

(2) $\dfrac{3}{7} \div 4$

(3) $\dfrac{8}{9} \div 12$

(4) $\dfrac{9}{14} \div \dfrac{5}{7}$

(5) $1\dfrac{3}{5} \div \dfrac{8}{15}$

(6) $\dfrac{7}{20} \div 4\dfrac{3}{8}$

3 次の計算をしなさい。（3点×6）

(1) $18 \div \dfrac{4}{11}$

(2) $10 \div \dfrac{5}{8}$

(3) $6 \div 2\dfrac{2}{5}$

(4) $5\dfrac{5}{6} \div 14$

(5) $3\dfrac{3}{8} \div 2\dfrac{1}{4}$

(6) $2\dfrac{2}{7} \div 3\dfrac{17}{21}$

4 ある数に，$5\dfrac{1}{3}$ をかけるのをまちがえて，$5\dfrac{1}{3}$ でわってしまったので，答えが $\dfrac{9}{20}$ になりました。次の問いに答えなさい。（3点×2）

(1) ある数を求めなさい。

(　　　　　　　)

(2) 正しい答えを求めなさい。

(　　　　　　　)

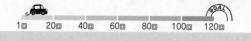

学習日 [月   日]

時間 25分	得点
合格 35点	50点

上級レベル 4 分数のわり算

1 次の計算をしなさい。 (4点×4)

(1) $3\dfrac{3}{5} \div 1\dfrac{5}{7}$

(2) $2\dfrac{11}{35} \div 3\dfrac{3}{14}$

(3) $1\dfrac{1}{14} \div 4\dfrac{2}{7}$

(4) $2\dfrac{9}{34} \div 5\dfrac{14}{17}$

2 次の問いに答えなさい。 (5点×2)

(1) ある数の $3\dfrac{1}{9}$ 倍が $5\dfrac{5}{6}$ になります。ある数を求めなさい。

(   )

(2) 面積が $5\dfrac{5}{6}$ m² の長方形の土地の縦の長さが $2\dfrac{4}{5}$ m のとき, 横の長さは何 m ですか。

(   )

3 次の問いに答えなさい。 (6点×4)

(1) $5\dfrac{5}{7}$ m の長さのテープを $\dfrac{5}{6}$ m ずつ切り取っていくと, 最後に何 m のテープが余りますか。

(   )

(2) 1辺の長さが $2\dfrac{2}{5}$ cm の正方形と面積が等しい長方形があります。この長方形の縦の長さが $1\dfrac{1}{7}$ cm のとき, 横の長さは何 cm ですか。

(   )

(3) 12 m のひもを $\dfrac{4}{7}$ m ずつ分けたときと, $\dfrac{3}{5}$ m ずつ分けたときでは, できる本数のちがいは何本ですか。

(   )

(4) $7\dfrac{5}{6}$ L のジュースを, まず $\dfrac{3}{4}$ L 飲みました。残りのジュースを5人で等しく分けると, 1人分は何 L になりますか。

(   )

時間	得点
20分	
合格 40点	50点

標準レベル 5　分数の計算 (1)

1 次の計算をしなさい。(3点×5)

(1) $5\dfrac{1}{3} \div \dfrac{3}{5} \times \dfrac{6}{7}$

(2) $\dfrac{8}{9} \times \dfrac{18}{25} \div \dfrac{16}{35}$

(3) $\dfrac{1}{6} \div \dfrac{5}{8} \div \dfrac{4}{15}$

(4) $12 \div 32 \times 4 \div 6$

(5) $0.15 \div 0.6 \times 0.7 \div 0.35$

2 次の計算をしなさい。(3点×3)

(1) $2\dfrac{1}{4} \div 6 + 3\dfrac{1}{3}$

(2) $2\dfrac{1}{7} \times 1\dfrac{3}{4} - \dfrac{5}{6}$

(3) $\left(1\dfrac{2}{3} + 2\dfrac{1}{5}\right) \div 2\dfrac{5}{12}$

3 次の計算をしなさい。(4点×5)

(1) $\dfrac{2}{3} \div \dfrac{6}{7} \times \dfrac{3}{4} + \dfrac{1}{3}$

(2) $\left(\dfrac{5}{12} + \dfrac{4}{21} + \dfrac{2}{7}\right) \div 1\dfrac{4}{21}$

(3) $12 \div \left(\dfrac{1}{6} + \dfrac{1}{10} - \dfrac{1}{15}\right)$

(4) $\left(0.2 + \dfrac{1}{3}\right) \div \left(\dfrac{3}{4} - \dfrac{1}{3}\right)$

(5) $0.35 \div \dfrac{5}{6} \div 1.8 \times \dfrac{5}{7}$

4 底辺が $5\dfrac{1}{7}$ cm で，高さが $3\dfrac{1}{9}$ cm である三角形の面積は何 cm² ですか。(6点)

(　　　　　　)

上級
レベル **6** **分数の計算 (1)**

時間 25分	得点
合格 35点	／50点

1 次の計算をしなさい。(5点×5)

(1) $4\frac{2}{3} \div \frac{2}{5} - 1.5 \times 1\frac{2}{9}$

(2) $\left(1 - 2\frac{4}{9} \times \frac{2}{11}\right) \div 0.45$

(3) $\left(\frac{1}{2} - \frac{2}{7}\right) \times 8 + \left(2 - \frac{1}{5}\right) \div 9$

(4) $0.65 \div 1\frac{7}{9} \times 1\frac{1}{39} - \frac{1}{6}$

(5) $\left\{2.4 - \left(\frac{4}{5} + 0.7\right) \times \frac{1}{5}\right\} \div 3.5$

2 次の問いに答えなさい。(5点×5)

(1) 対角線の長さが $1\frac{3}{7}$ m の正方形の紙の面積は何 m² ですか。

(　　　　　)

(2) 1 ふくろの重さが $1\frac{3}{4}$ kg の肥料を 5 ふくろ合わせて，$\frac{2}{5}$ kg の段ボールの箱に入れました。重さは全体で何 kgですか。

(　　　　　)

(3) 縦 $2\frac{13}{18}$ cm，横 $5\frac{11}{14}$ cm，高さ 4.8 cm の直方体の体積は何 cm³ですか。

(　　　　　)

(4) 25.4 m の紙テープがあります。この紙テープから，長さ $1\frac{3}{4}$ m のテープを 13 本切り取ります。残りのテープの長さは何 m ですか。

(　　　　　)

(5) 上底が 3.5 cm，下底が $6\frac{2}{3}$ cm，高さが $3\frac{3}{11}$ cm の台形の面積は何 cm² ですか。

(　　　　　)

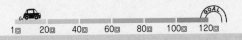
標準レベル **7** **分数の計算 (2)**

1 次の□にあてはまる数を求めなさい。(2点×6)

(1) $\square + \dfrac{1}{3} = \dfrac{3}{4}$ 　　　　(2) $\dfrac{8}{9} - \square = \dfrac{5}{12}$

(　　　　　)　　　　(　　　　　)

(3) $\dfrac{5}{8} \times \square = \dfrac{2}{3}$ 　　　　(4) $\square \div \dfrac{5}{7} = \dfrac{1}{10}$

(　　　　　)　　　　(　　　　　)

(5) $\dfrac{4}{9} \div \square = \dfrac{5}{6}$ 　　　　(6) $\square - 1\dfrac{2}{3} = \dfrac{1}{15}$

(　　　　　)　　　　(　　　　　)

2 上底が 2.6 cm，高さが $3\dfrac{4}{7}$ cm の台形の面積が $14\dfrac{1}{6}$ cm² のとき，下底は何 cm ですか。(6点)

(　　　　　)

3 次の□にあてはまる数を求めなさい。(4点×8)

(1) $\left(2\dfrac{1}{2} - \square\right) \times \dfrac{1}{3} = \dfrac{1}{6}$ 　　(2) $\left(1 + \square \times \dfrac{2}{7}\right) \div \dfrac{3}{4} = 7\dfrac{1}{3}$

(　　　　　)　　　　(　　　　　)

(3) $10\dfrac{1}{5} \div \left(\square + \dfrac{2}{15}\right) = 9$ 　　(4) $4 \times \dfrac{5}{6} + 2\dfrac{2}{5} \times \square = 9\dfrac{5}{9}$

(　　　　　)　　　　(　　　　　)

(5) $\dfrac{2}{5} \div \left(\square - \dfrac{1}{6}\right) = \dfrac{8}{15}$ 　　(6) $\left(2\dfrac{1}{4} - \square\right) \times \dfrac{5}{12} = \dfrac{2}{3}$

(　　　　　)　　　　(　　　　　)

(7) $\square \div 5\dfrac{7}{9} \times 16 = \dfrac{9}{26}$ 　　(8) $1\dfrac{2}{7} - \square \div 4 = \dfrac{9}{28}$

(　　　　　)　　　　(　　　　　)

上級
レベル **8** 分数の計算 (2)

1回 20回 40回 60回 80回 100回 120回
GOAL
学習日 [　　月　　日]

時間	得点
25分	
合格 **35**点	**50**点

1 次の□にあてはまる数を求めなさい。(5点×5)

(1) $\left(\square - \dfrac{1}{3}\right) \times \dfrac{5}{8} + 0.25 = \dfrac{5}{12}$

(　　　　　)

(2) $\left\{\dfrac{1}{12} + \left(\square - \dfrac{1}{3}\right) \div 1\dfrac{13}{35}\right\} \times 2.5 = 1\dfrac{2}{3}$

(　　　　　)

(3) $3 \div \left(1.3 \div \square \div 1\dfrac{4}{9}\right) = 2\dfrac{2}{3}$

(　　　　　)

(4) $2\dfrac{8}{9} \div \left(3.5 \times \dfrac{3}{7} + \square\right) = 1\dfrac{1}{3}$

(　　　　　)

(5) $0.775 - \dfrac{1}{11} \times (1.2 - \square) \div \dfrac{1}{7} = \dfrac{3}{8}$

(　　　　　)

2 次の□にあてはまる数を求めなさい。(5点×5)

(1) $\dfrac{5}{9} \times 3.375 + \left(\dfrac{2}{3} - \dfrac{5}{12} \div \square\right) \times 1\dfrac{1}{8} = 2$

(　　　　　)

(2) $\square \div 1\dfrac{2}{3} \div \dfrac{4}{5} + 6 - \dfrac{7}{8} = 9$

(　　　　　)

(3) $3\dfrac{1}{3} - 0.75 \div 3\dfrac{3}{8} \div \left(\dfrac{5}{6} - \square\right) = \dfrac{2}{3}$

(　　　　　)

(4) $1 - \left(\square + 1\dfrac{1}{3}\right) \div 3\dfrac{1}{4} = \dfrac{5}{13}$

(　　　　　)

(5) $\left\{0.65 \times \dfrac{8}{13} + (\square - 0.2) \div \dfrac{2}{3}\right\} \times 2\dfrac{1}{2} = 3\dfrac{1}{3}$

(　　　　　)

標準 レベル ⑨　分数の計算 (3)

① 次の問いに答えなさい。(5点×4)

(1) 分母が 24 の分数で，$\dfrac{2}{3}$ より大きく $\dfrac{3}{4}$ より小さい分数を求めなさい。

（　　　　　　　）

(2) $\dfrac{2}{3}$ より大きく $\dfrac{4}{5}$ より小さい分数のうち，分母が 75 で約分できない分数は，全部で何個ありますか。

（　　　　　　　）

(3) $\dfrac{3}{4}$ より大きく $\dfrac{5}{6}$ より小さい分数のうち，分子が 15 で約分できない分数を求めなさい。

（　　　　　　　）

(4) $\dfrac{4}{7}$ より大きく $\dfrac{7}{11}$ より小さい分数のうち，分母が 18 の分数を求めなさい。

（　　　　　　　）

② 次の式の□にあてはまる整数を求めなさい。ただし，それぞれ異なる整数が入るものとします。(5点×3)

(1) $\dfrac{9}{20}=\dfrac{1}{\square}+\dfrac{1}{\square}$

（　　　　　　　）

(2) $\dfrac{3}{5}=\dfrac{1}{\square}+\dfrac{1}{\square}$

（　　　　　　　）

(3) $\dfrac{7}{12}=\dfrac{1}{\square}+\dfrac{1}{\square}$

（　　　　　　　）

③ $\dfrac{1}{2\times3}=\dfrac{1}{2}-\dfrac{1}{3}$ です。このことを利用して，次の計算をしなさい。

(5点×3)

(1) $\dfrac{1}{2\times3}+\dfrac{1}{3\times4}+\dfrac{1}{4\times5}$

(2) $\dfrac{1}{6\times7}+\dfrac{1}{7\times8}+\dfrac{1}{8\times9}+\dfrac{1}{9\times10}$

(3) $\dfrac{1}{2}+\dfrac{1}{6}+\dfrac{1}{12}+\dfrac{1}{20}+\dfrac{1}{30}$

時間	得点
25分	
合格	
35点	50点

上級レベル **10** 分数の計算 (3)

1 これ以上約分できない分数を既約分数(きやくぶんすう)といいます。1より小さい既約分数について，次の問いに答えなさい。(5点×3)

(1) 分母が12である既約分数をすべて求めなさい。

（　　　　　　　　　　　　　　　　　）

(2) 分母が24であるすべての既約分数の和を求めなさい。

（　　　　　　　　　　　　　　　　　）

(3) 分母が56である既約分数は全部で何個ありますか。

（　　　　　　　　　　　　　　　　　）

2 次の問いに答えなさい。(5点×2)

(1) $\dfrac{19}{24}$ より大きく $\dfrac{5}{6}$ より小さい分数で，分子が14である分数を求めなさい。

（　　　　　　　　　　　　　　　　　）

(2) $\dfrac{7}{16}$ より大きく $\dfrac{23}{51}$ より小さい分数で，分母が20である分数を求めなさい。

（　　　　　　　　　　　　　　　　　）

3 次の式のア，イ，ウにあてはまる整数を求めなさい。ただし，ア＜イ＜ウとします。(5点×2)

(1) $\dfrac{6}{7}=\dfrac{1}{\text{ア}}+\dfrac{1}{\text{イ}}+\dfrac{1}{\text{ウ}}$

（ア　　　　　　，イ　　　　　　，ウ　　　　　　）

(2) $\dfrac{7}{11}=\dfrac{1}{\text{ア}}+\dfrac{1}{\text{イ}}+\dfrac{1}{\text{ウ}}$

（ア　　　　　　，イ　　　　　　，ウ　　　　　　）

4 $\dfrac{1}{3\times5}=\left(\dfrac{1}{3}-\dfrac{1}{5}\right)\times\dfrac{1}{2}$ です。これを利用して，次の計算をしなさい。

(5点×3)

(1) $\dfrac{1}{3\times5}+\dfrac{1}{5\times7}+\dfrac{1}{7\times9}$

(2) $\dfrac{1}{2\times5}+\dfrac{1}{5\times8}+\dfrac{1}{8\times11}+\dfrac{1}{11\times14}$

(3) $\dfrac{1}{3}+\dfrac{1}{15}+\dfrac{1}{35}+\dfrac{1}{63}+\dfrac{1}{99}$

標準レベル 11 分数の計算 (4)

学習日 〔　　月　　日〕

時間	得点
25分	
合格	
40点	_____ 50点

---

1 次の計算をしなさい。(5点×3)

(1) $9 \div 16 \times 12 \div 15$

(2) $0.45 \div 0.125 \times 0.7 \div 1.4$

(3) $0.75 \div 0.045 \times 9 \div 0.6$

2 次の問いに答えなさい。(5点×3)

(1) 分母と分子の和が 54 で，約分すると $\dfrac{4}{5}$ になる分数を求めなさい。

(　　　　　　　)

(2) 分母と分子の和が 56 で，約分すると $\dfrac{1}{7}$ になる分数を求めなさい。

(　　　　　　　)

(3) 分母と分子の差が 24 で，約分すると $\dfrac{5}{9}$ になる分数を求めなさい。

(　　　　　　　)

3 次の問いに答えなさい。(5点×4)

(1) $\dfrac{13}{37}$ を小数になおしたとき，小数第 50 位の数字は何ですか。

(　　　　　　　)

(2) $\dfrac{5}{7}$ を小数になおしたとき，小数第 40 位の数字は何ですか。

(　　　　　　　)

(3) $\dfrac{8}{37}$ を小数になおしたとき，小数第 1 位から小数第 20 位までの数字のすべての和を求めなさい。

(　　　　　　　)

(4) $\dfrac{2}{13}$ を小数になおしたとき，小数第 1 位から小数第 30 位までの数字のすべての和を求めなさい。

(　　　　　　　)

学習日〔　　月　　日〕

時間	得点
30分	
合格	
35点	/50点

上級 レベル 12 分数の計算 (4)

1 次の計算をしなさい。(6点×4)

(1) $70 \div 182 - 28 \div 13 \times 11 \div (280 - 126) - 11 \div 143$

(2) $\dfrac{2}{3} - \left\{ \dfrac{7}{3} - \dfrac{10}{9} \div \left(3 - \dfrac{5}{6} \right) \div \dfrac{3}{13} \times \dfrac{7}{8} \right\}$

(3) $\left(1\dfrac{3}{4} - 0.85 \right) \times 0.5 \div \left(18.15 - 5\dfrac{1}{2} \times 3\dfrac{1}{5} \right)$

(4) $\left\{ \dfrac{7}{4} - 12 \times \left(\dfrac{1}{5} - \dfrac{1}{6} \right) \div \dfrac{3}{10} \right\} \times \left(7.45 - \dfrac{1}{4} \right)$

2 $\dfrac{10}{5} = 10 \div 5 = 2$, $\dfrac{11}{\frac{1}{4}} = 11 \div \dfrac{1}{4} = 44$ となることを参考にして, 次

の計算をしなさい。(6点×2)

(1) $\dfrac{\frac{1}{4} + \frac{1}{5}}{\frac{1}{4} - \frac{1}{5}}$

(2) $\dfrac{1}{2 + \dfrac{1}{3 + \frac{1}{4}}}$

3 $\dfrac{4}{9} = 0.4444\cdots$, $\dfrac{13}{99} = 0.131313\cdots$, $\dfrac{46}{999} = 0.046046046\cdots$

です。これを参考にして, 次の問いに答えなさい。(7点×2)

(1) $0.727272\cdots$ を最も簡単な分数で答えなさい。

(　　　　)

(2) $1.675675675\cdots$ を最も簡単な分数で答えなさい。

(　　　　)

13 最上級レベル 1

学習日 〔　　月　　日〕

時間	得点
25分	
合格 **35点**	——— 50点

1 次の計算をしなさい。（5点×5）

(1) $2\frac{1}{3} \times 1\frac{5}{7} - 2\frac{1}{2} \times 1\frac{1}{5}$

(2) $\frac{8}{15} - 1\frac{5}{9} \div 7 \times 0.25$

(3) $4.5 - 9.75 \div \left(1\frac{5}{8} + 2\frac{1}{6}\right)$

(4) $\frac{4}{3} \times \left\{3\frac{1}{6} - \left(\frac{5}{3} - \frac{1}{4}\right)\right\} \div 4\frac{2}{3}$

(5) $\left(\frac{6}{7} - \frac{5}{6}\right) \times \left(\frac{4}{5} - \frac{3}{4}\right) \times \left(\frac{2}{3} - \frac{1}{2}\right) \times 7 \times 6 \times 5 \times 4 \times 3 \times 2 \times 1$

〔國學院大久我山中〕

2 次の□にあてはまる数を求めなさい。（5点×5）

(1) $\frac{2}{3} \times \left(\frac{1}{4} + 2\frac{3}{5} \times □\right) = \frac{3}{5}$

（　　　　　）

(2) $\left(□ \times \frac{5}{6} + \frac{1}{15}\right) \div 0.25 = \frac{2}{5}$　　　〔専修大松戸中〕

（　　　　　）

(3) $\left(1.125 - \frac{7}{8} \div □\right) \times 2\frac{4}{5} = 3$

（　　　　　）

(4) $9\frac{1}{3} \div \left\{2\frac{7}{12} - \left(□ + \frac{1}{6}\right) \times 2\frac{4}{13}\right\} = 7$

（　　　　　）

(5) $7\frac{1}{3} - 0.6 \times \left\{\frac{1}{4} + \left(□ + \frac{1}{2}\right) \div 3\right\} = 2$　〔渋谷教育学院渋谷中〕

（　　　　　）

13

14 最上級レベル ❷

1 次の問いに答えなさい。(6点×6)

(1) $\dfrac{12317}{11663}$ を約分しなさい。　　〔攻玉社中〕

(　　　　　)

(2) 分母が 37 の分数のうちで $\dfrac{4}{7}$ に最も近い分数を求めなさい。

〔加藤学園暁秀中〕

(　　　　　)

(3) 分母が 200 で $\dfrac{37}{150}$ より大きく，$\dfrac{32}{125}$ より小さな分数をすべて求めなさい。　　〔大谷中(大阪)〕

(　　　　　)

(4) 次のア〜キには 1 から 7 の異なる整数が 1 つずつ入ります。この計算の答えが整数になったとき，計算の答えとして考えられるものをすべて求めなさい。　　〔同志社女子中〕

$$\dfrac{ア×イ×ウ×エ}{オ×カ×キ}$$

(　　　　　)

(5) $4\dfrac{3}{8}$ と $4\dfrac{7}{12}$ のどちらの分数にかけても，その積が整数となる分数の中で，最も小さい分数を求めなさい。　　〔桐光学園中—改〕

(　　　　　)

(6) 100 個の分数が，ある規則で次のように並んでいます。

$$\dfrac{1}{35}, \ \dfrac{2}{35}, \ \dfrac{3}{35}, \ \cdots\cdots, \ \dfrac{99}{35}, \ \dfrac{100}{35}$$

この中で約分できるものは何個ありますか。　　〔芝浦工業大附中〕

(　　　　　)

2 分母が 2 から 30 までの整数であり，分子が分母より小さい整数である分数があります。これについて，次の問いに答えなさい。

(7点×2) 〔城北埼玉中〕

(1) 分子が 1 であり，264 をかけると整数になる分数は何個ありますか。

(　　　　　)

(2) これ以上約分できない分数で，$\dfrac{264}{5}$ をかけると整数になる分数をすべて書きなさい。

(　　　　　)

学習日 [　　月　　日]

時間	得点
20分	
合格 **40点**	___50点

1 次の問いに答えなさい。（6点×5）

(1) 6 m のひもの 15% は何 cm ですか。

（　　　　　　）

(2) 2 L の $\frac{1}{8}$ は 400mL の何%ですか。

（　　　　　　）

(3) 原価 960 円の品物に 20% の利益を見こんで定価をつけました。定価は何円か求めなさい。

（　　　　　　）

(4) メロンを何個か仕入れました。そのうち，$\frac{1}{3}$ を売ると 8 個残りました。はじめに何個仕入れましたか。

（　　　　　　）

(5) 去年の生徒数は 480 人で，今年の生徒数は 540 人です。去年より何%増えましたか。

（　　　　　　）

2 54 g の食塩に何 g かの水を加えて食塩水をつくりました。次の問いに答えなさい。（7点×2）

(1) 246 g の水を加えました。何%の食塩水になりましたか。

（　　　　　　）

(2) (1)の食塩水に何 g かの水を加えると，10%の食塩水になりました。水を何 g 加えましたか。

（　　　　　　）

3 A さんは図書館から借りてきた本を，1 日目は全体の $\frac{3}{7}$ を読み，2 日目は残りの $\frac{3}{4}$ を読んだところ，残りは 16 ページになりました。この本は全体で何ページありますか。（6点）

（　　　　　　）

15

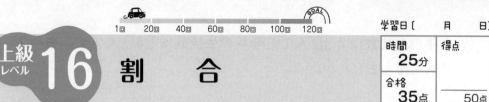
上級レベル 16　割　合

1 T中学校では全校生徒の30%が犬を飼っていて，その中の20%がねこも飼っています。このとき，犬だけを飼っている生徒は全校生徒の何%になりますか。(8点)　〔東海大付属相模中〕

（　　　　　）

2 容器Aには3%の食塩水が75g，容器Bには15%の食塩水が225g，容器Cには食塩が入っています。次の問いに答えなさい。

(8点×2)〔千葉日本大第一中一改〕

(1) 容器A，Bの食塩水をすべて混ぜると，濃度は何%になりますか。

（　　　　　）

(2) 容器A，B，Cの食塩水と食塩をすべて混ぜたところ，濃度は20%になりました。容器Cに入っている食塩は何gですか。

（　　　　　）

3 ペットボトルに全体の $\frac{2}{3}$ だけ水が入っています。その水の $\frac{1}{5}$ だけ捨ててから560mLの水を入れたら，ペットボトルがいっぱいになりました。ペットボトルの容量は何mLですか。(8点)　〔帝京大中〕

（　　　　　）

4 インターネットを使って，以前から欲しかった商品を買おうと思っています。3つの会社のホームページに，以下のように書いてありました。

商品の定価 1000 円(税込)

会社A：定価から8%引き(買った個数にかかわらず送料250円)

会社B：3個以上買うと送料無料(2個以下のとき，買った個数にかかわらず送料250円)

会社C：1個につき定価の5%の送料がかかる

このとき，次の問いに答えなさい。なお，商品を複数買うときは，すべて同じ会社から買うものとします。(9点×2)〔東京学芸大附属世田谷中一改〕

(1) この商品を会社Aで3個注文したときの代金を求めなさい。

（　　　　　）

(2) この商品を6個注文したとき，代金が最も安くなる会社と，代金が最も高くなる会社の代金の差を求めなさい。

（　　　　　）

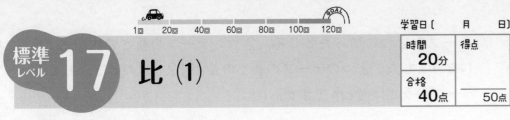
標準レベル 17 比 (1)

1 次の問いに答えなさい。

(1) えんぴつ 15 本とボールペン 28 本の本数の比を求めなさい。(3点)

（　　　　　　　　）

(2) 花子さんのクラスの人数は 32 人で，男子の人数は 15 人です。男子と女子の人数の比を求めなさい。(4点)

（　　　　　　　　）

2 次の比をできるだけ簡単な整数の比になおしなさい。(2点×9)

(1) 21 : 15　　　(2) 25 : 100　　　(3) 30 : 48

（　　　　　）（　　　　　）（　　　　　）

(4) 3.6 : 2.4　　　(5) 4 : 6.4　　　(6) $\dfrac{5}{6} : \dfrac{1}{4}$

（　　　　　）（　　　　　）（　　　　　）

(7) $2\dfrac{1}{3} : 1\dfrac{3}{4}$　　　(8) $\dfrac{7}{12} : 0.8$　　　(9) $1.2 : 2\dfrac{2}{3}$

（　　　　　）（　　　　　）（　　　　　）

3 ある学校の生徒は，男子の人数と女子の人数の比が 9 : 8 です。次の問いに答えなさい。(5点×5)

(1) 男子の人数が 171 人のとき，女子の人数は何人ですか。

（　　　　　　　　）

(2) 女子の人数が 112 人のとき，男女合わせた人数は何人ですか。

（　　　　　　　　）

(3) 男子の人数が 180 人で，女子が 2 人転校してきたとき，男子と女子の人数の比を最も簡単な整数の比で表しなさい。

（　　　　　　　　）

(4) 男女合わせた人数が 714 人のとき，男子の人数は何人ですか。

（　　　　　　　　）

(5) 男子の人数が女子の人数よりも 27 人多いとき，女子の人数は何人ですか。

（　　　　　　　　）

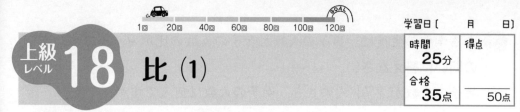

上級レベル 18 比 (1)

1 次の比をできるだけ簡単な整数の比になおしなさい。(3点×6)

(1) 1.6 m : 60 cm　(2) 600 g : 1.8 kg　(3) 1.2 m² : 7500 cm²

（　　　　）　（　　　　）　（　　　　）

(4) 3.5L : 28dL　(5) 1時間20分 : 48分　(6) 9分6秒 : 6分30秒

（　　　　）　（　　　　）　（　　　　）

2 次の問いに答えなさい。

(1) 1日のうち，昼の長さが10時間30分である日があります。この日の昼の長さと夜の長さの比を，できるだけ簡単な整数の比で表しなさい。(4点)

（　　　　）

(2) まわりの長さが70cmの長方形があります。縦の長さが14cmのとき，縦の長さと横の長さの比を求めなさい。(4点)

（　　　　）

(3) まわりの長さが60cmで，縦の長さと横の長さの比が2:3の長方形があります。この長方形の面積を求めなさい。(4点)

（　　　　）

(4) テープを2つに切ったところ，2つのテープの長さの比が8:5になりました。2つのテープの長さの差が12cmのとき，もとのテープの長さは何cmですか。(5点)

（　　　　）

(5) 三角形の3つの角の大きさの比が4:5:6のとき，いちばん大きい角の大きさは何度ですか。(5点)

（　　　　）

(6) デパートまで買い物に行きました。とちゅう電車に乗っていた時間と歩いていた時間の比は9:7でした。デパートに着くまで1時間36分かかったとき，電車に乗っていた時間は何分ですか。(5点)

（　　　　）

(7) 太郎君と次郎君の昨日の勉強時間の比は，8:5でした。太郎君は次郎君よりも1時間多く勉強したとき，太郎君の勉強時間は何時間何分ですか。(5点)

（　　　　）

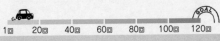
標準レベル **19** **比 (2)**

1 次の比から A：B：C を求めなさい。（4点×3）

(1) $\begin{cases} A：B=4：3 \\ B：C=2：5 \end{cases}$

(   )

(2) $\begin{cases} A：B=6：5 \\ A：C=4：3 \end{cases}$

(   )

(3) $\begin{cases} A：C=5：8 \\ B：C=7：12 \end{cases}$

(   )

2 次の x にあてはまる数を求めなさい。（2点×9）

(1) $4：9=x：18$ (2) $5：4=20：x$ (3) $10：9=6：x$

(   )   (   )   (   )

(4) $9：7=x：5$ (5) $0.5：1.2=x：2$ (6) $4：2.5=x：20$

(   )   (   )   (   )

(7) $\dfrac{7}{12}：\dfrac{2}{15}=x：8$ (8) $1.75：1\dfrac{2}{5}=5：x$ (9) $\dfrac{1}{3}：\dfrac{1}{4}=x：\dfrac{1}{8}$

(   )   (   )   (   )

3 次の問いに答えなさい。（4点×5）

(1) 三角形 ABC は，角 A が 90 度の直角三角形で，角 B と角 C の大きさの比が 19：11 です。角 B の大きさは何度ですか。

(   )

(2) 姉の所持金は 2000 円で，姉と妹の所持金の比は 5：3 です。その後，2 人とも 600 円ずつ使いました。姉と妹の残金の比を求めなさい。

(   )

(3) 5000 円のお金を，A，B，C の 3 人で，A：B=3：2，B：C=3：5 になるように分けます。このとき，B はいくらもらえますか。

(   )

(4) 直方体の積み木があります。縦と横の長さの比は 4：3 で，横と高さの比が 6：□ です。縦が 24 cm のとき，この積み木の体積は 6480 cm³ です。□にあてはまる数を求めなさい。

(   )

(5) 3 つの数 A，B，C があり，A：B=3：5，A：C=5：2，A+B=40 です。このとき，C はいくつですか。

(   )

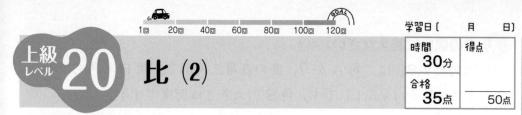
上級
レベル
20 **比 (2)**

1 次の比から A：B：C を求めなさい。（4点×3）

(1) $\begin{cases} A:B=2.4:0.8 \\ B:C=0.75:1.25 \end{cases}$

（　　　　　　）

(2) $\begin{cases} A:B=\dfrac{2}{3}:\dfrac{3}{5} \\ A:C=\dfrac{1}{2}:\dfrac{2}{3} \end{cases}$

（　　　　　　）

(3) $\begin{cases} A:C=\dfrac{3}{4}:0.6 \\ B:C=2:1\dfrac{1}{7} \end{cases}$

（　　　　　　）

2 次の x にあてはまる数を求めなさい。（3点×6）

(1) $4:5=x:6$　　　(2) $5:3=3:x$　　　(3) $4:9=3:x$

（　　　　）　　　　　（　　　　）　　　　　（　　　　）

(4) $\dfrac{2}{3}:1.2=8:x$　(5) $2.8\,\text{m}:x\,\text{cm}=7:3$　(6) x 分：2 時間 $=5:8$

（　　　　）　　　　　（　　　　）　　　　　（　　　　）

3 次の問いに答えなさい。（5点×4）

(1) A と B の 2 つの長方形があり，どちらも縦と横の長さの比は 2：3 です。A の横の長さと B の縦の長さがどちらも 12 cm のとき，A と B の面積の比を求めなさい。

（　　　　　　）

(2) おはじきを A，B，C の 3 人で分けました。A：B＝3：4，B：C＝5：3 で，A が C より 24 個多くなりました。このとき B は何個もらいましたか。

（　　　　　　）

(3) A 地点から B 地点までのとちゅうに，P 地点と Q 地点があります。AP 間と PQ 間の道のりの比は 3：2，PQ 間と QB 間の道のりの比は 5：4 です。PQ 間が 400 m のとき，AB 間は何 m ですか。

（　　　　　　）

(4) 兄は 4000 円，弟は 1440 円持っています。兄が何円か使ったので，兄と弟の所持金の比が 5：3 になりました。兄が使ったお金は何円ですか。

（　　　　　　）

標準レベル 21 比と比の利用 (1)

1 次の文で，AとBの比を最も簡単な整数の比で表しなさい。(4点×6)

(1) AはBの1.5倍です。

（　　　　　）

(2) Aの45％はBです。

（　　　　　）

(3) Aの $\frac{3}{7}$ はBです。

（　　　　　）

(4) Aの4倍とBの10倍が等しい。

（　　　　　）

(5) Aの $\frac{2}{5}$ とBの $\frac{3}{4}$ が等しい。

（　　　　　）

(6) Aの20％とBの3割5分が等しい。

（　　　　　）

2 次の比から，A：B：Cを最も簡単な整数の比で表しなさい。(5点×2)

(1) $\begin{cases} A：B=3：2 \\ B：C=5：4 \end{cases}$

（　　　　　）

(2) $\begin{cases} A：C=\frac{2}{3}：\frac{2}{5} \\ B：C=1.6：1 \end{cases}$

（　　　　　）

3 次の問いに答えなさい。(4点×4)

(1) みかんとかきが合わせて66個あります。みかんの個数の $\frac{2}{3}$ とかきの個数の $\frac{4}{5}$ が等しいとき，かきの個数は何個ですか。

（　　　　　）

(2) Aの所持金の75％がBの所持金の6割に等しく，AとBの所持金の差は240円です。このとき，Aの所持金は何円ですか。

（　　　　　）

(3) A，B，Cの3人の所持金を比べてみました。AとBの所持金の比は5：3，BとCの所持金の比は4：7です。3人の所持金の和が3180円のとき，Bの所持金は何円ですか。

（　　　　　）

(4) 一郎，二郎，三郎の3人の所持金を比べると，一郎の所持金の5倍が二郎の所持金の4倍と等しく，一郎の所持金の80％が三郎の所持金の6割に等しいそうです。3人の所持金の合計が3870円のとき，二郎の所持金は何円ですか。

（　　　　　）

上級レベル **22** 比と比の利用（1）

学習日〔　　月　　日〕	
時間 **30**分	得点
合格 **35**点	／50点

1 次の文で，ＡとＢとＣの比を最も簡単な整数の比で表しなさい。

（4点×3）

(1) Ａの４倍とＢの３倍とＣの２倍が等しい。

（　　　　　）

(2) Ａの $\frac{1}{2}$ 倍とＢの $\frac{2}{3}$ 倍とＣの $\frac{3}{4}$ 倍が等しい。

（　　　　　）

(3) Ａの1.2倍とＢの8割とＣの75%が等しい。

（　　　　　）

2 大小２つの円が右の図のように重なっており，重なっている部分の面積は大円の $\frac{2}{5}$，小円の $\frac{3}{4}$ です。この図形全体の面積が85cm² のとき，次の問いに答えなさい。（6点×2）

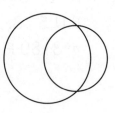

(1) 大円と小円の面積の比を最も簡単な整数の比で表しなさい。

（　　　　　）

(2) 円が重なっている部分の面積は何cm² ですか。

（　　　　　）

3 池の底にＡとＢの２本の棒を垂直に立てました。このとき，水面の上に出ている部分が，Ａはその長さの $\frac{3}{5}$，Ｂはその長さの $\frac{4}{7}$ でした。ＡとＢの長さの差が12cmのとき，次の問いに答えなさい。

（6点×2）

(1) ＡとＢの棒の長さの比を最も簡単な整数の比で表しなさい。

（　　　　　）

(2) 池の水の深さは何cmですか。

（　　　　　）

4 姉と妹が母の日のプレゼントを買うためにお金を出し合います。姉は自分の所持金の $\frac{4}{5}$ を出し，妹は自分の所持金の $\frac{5}{7}$ を出すと，2人の残金は等しくなります。姉の所持金が妹の所持金よりも450円多いとき，次の問いに答えなさい。（7点×2）

(1) 姉と妹の所持金の比を最も簡単な整数の比で表しなさい。

（　　　　　）

(2) プレゼント代は何円ですか。

（　　　　　）

時間	得点
30分	
合格	
40点	/50点

標準 レベル 23　比と比の利用 (2)

1 次の問いに答えなさい。(5点×4)

(1) 100円玉と500円玉の枚数の比が3:2のとき，100円玉と500円玉の金額の比を求めなさい。

(　　　　　)

(2) 2つの長方形AとBの縦の長さの比が5:6，横の長さの比が4:3のとき，AとBの面積の比を求めなさい。

(　　　　　)

(3) 1個120円のりんごと1個80円のみかんを何個か買い，代金の比が5:4のとき，りんごとみかんの個数の比を求めなさい。

(　　　　　)

(4) Aが所持金の20%，Bが所持金の40%を使ったところ，AとBの残金の比が8:5になりました。AとBのはじめの所持金の比を求めなさい。

(　　　　　)

2 次の問いに答えなさい。(6点×5)

(1) 10円玉と50円玉と100円玉が何枚かあります。枚数の比は5:4:3で，金額の合計は2750円です。50円玉は何枚ありますか。

(　　　　　)

(2) 10円玉と50円玉の金額の比が2:7で，枚数の合計が51枚のとき，50円玉の枚数は何枚ですか。

(　　　　　)

(3) 1個120円のりんごと1個80円のみかんを何個か買ったところ，その代金の比は6:5で，りんごの個数はみかんより4個少ないそうです。りんごを何個買いましたか。

(　　　　　)

(4) ある団体の男女の比は，3:4です。また，大人と子どもの人数の比を調べたら，男は3:1，女は2:3です。この団体の大人と子どもの人数の比を，最も簡単な整数の比で表しなさい。

(　　　　　)

(5) 2本の棒A，Bがあります。AはBより27cm長く，Aの $\frac{1}{3}$ の長さとBの $\frac{1}{2}$ の長さの比は7:6です。このとき，Aの長さは何cmですか。

(　　　　　)

上級レベル 24 比と比の利用 (2)

学習日〔　　月　　日〕

| 時間 30分 | 得点 |
| 合格 30点 | 50点 |

1 次の問いに答えなさい。(10点×3)

(1) ある中学校の生徒数を調べてみると，昨年の男子と女子の人数の比は4：3でしたが，今年は男子が10%減少し，女子が10%増加しました。今年の男子と女子の人数の比を最も簡単な整数の比で表しなさい。

(　　　　　　　)

(2) A，B，C の3人はそれぞれお金を持っていました。A は所持金の半分を B にわたしました。次に，B の所持金の3分の1を C にわたしたところ，C の所持金は A のはじめのお金と同じになり，A と B の所持金の比は9：11になりました。3人の合計金額を7600円とするとき，B のはじめの所持金は何円ですか。

(　　　　　　　)

(3) あるゲーム1つの値段は，兄の持っているお金の$\frac{3}{5}$，弟の持っているお金の$\frac{2}{3}$です。兄がこのゲームを1つ買うと，2人の持っているお金の合計は7800円になります。このゲーム1つの値段は，何円ですか。

(　　　　　　　)

2 黄，青，白の絵の具を混ぜて，緑，黄緑，水色の絵の具を作ります。緑の絵の具は，黄と青を1：1の割合で，黄緑の絵の具は，黄と青を5：2の割合で，水色の絵の具は青と白を1：3の割合で混ぜます。黄，青，白の絵の具がそれぞれ45gずつあり，それらをすべて使って，緑，黄緑，水色の絵の具を作ると，それぞれ何gずつできますか。(10点)

(緑　　　　　，黄緑　　　　　，水色　　　　　)

3 A，B，C3種類のボールペンを合わせて50本買います。1本の値段は A，B，C それぞれ120円，150円，250円で，A と B のボールペンの本数の比は1：2です。合計金額を10000円以下にするとき，C は最大で何本買うことができますか。(10点)

〔明治大付属明治中一改〕

(　　　　　　　)

25 最上級レベル ③

時間 35分	得点
合格 35点	50点

1 次の問いに答えなさい。(8点×3)

(1) ある小学校の昨年の6年生の男子と女子の人数の比は8：7でした。今年の6年生は昨年より5人増えて，男子が80人，女子が90人になりました。昨年の男子は何人でしたか。 〔桜美林中〕

(　　　　　　)

(2) A地区とB地区の小学生の身長について人数を調べました。140cm以上の小学生と140cm未満の小学生の人数の比は18：5です。140cm以上の小学生でA地区とB地区の人数の比は5：4，140cm未満の小学生でA地区とB地区の人数の比は3：2です。A地区の140cm以上の小学生とA地区の140cm未満の小学生の人数の比を求めなさい。 〔慶應義塾普通部—改〕

(　　　　　　)

(3) ふくろの中に赤玉と黒玉が入っています。赤玉の個数は，赤玉と黒玉の合計の個数の $\frac{4}{7}$ 倍より24個多く，黒玉の個数は赤玉の個数の $\frac{3}{8}$ 倍です。このとき，赤玉と黒玉の合計は何個になりますか。 〔青稜中—改〕

(　　　　　　)

2 ある学年の総人数は158人です。A，B，C，Dの4組に分けたところ，A組はB組より2人多く，C組はB組より1人少なく，D組はC組より2人多くなりました。次の問いに答えなさい。

(8点×2) 〔青山学院横浜英和中—改〕

(1) D組の男子と女子の人数の比は3：2です。この組の女子は何人ですか。

(　　　　　　)

(2) この学年で，希望する生徒がキャンプへ行きました。今年の女子の参加者は男子の参加者より14人少なく，昨年に比べて男子は10％増え，女子は5％減って全部で52人が参加しました。昨年の男子と女子の参加者の比を，もっとも簡単な整数の比で表しなさい。

(　　　　　　)

3 2つの正方形AとBが図のように重なっています。重なっている部分の面積は正方形Aの $\frac{3}{7}$ にあたり，また正方形Bの $\frac{5}{8}$ にあたります。正方形Bの面積が正方形Aの面積より55cm² 小さいとき，重なっている部分の面積は何cm² ですか。(10点) 〔本郷中〕

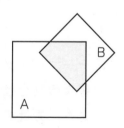

(　　　　　　)

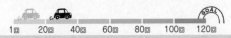

26 最上級レベル ④

1 次の問いに答えなさい。(6点×3)

(1) ある小学校の6年生は、男子1人、女子6人が休んだので、男子が女子より8人多くなり、その人数比は13：11となりました。欠席者がいないとき、男子は何人ですか。　　〔ラ・サール中一改〕

(　　　　　)

(2) A、B、C3人の持っているえん筆の数は全部で96本で、AとBの持っているえん筆の数の比は3：5、CはAの持っている本数の2倍より12本多く持っています。3人の持っているえん筆の比を求めなさい。　　〔国府台女子学院中一改〕

(　　　　　)

(3) テーマパークのある一日の入場者数は6000人でした。入場者の男女の割合は1：3であり、大人と子どもの割合は2：1でした。また、男性の大人の入場者数と女性の子どもの入場者数の割合は2：3でした。男性の大人の入場者数を求めなさい。　　〔麗澤中一改〕

(　　　　　)

2 教会の日曜学校で、お楽しみ会をしました。参加者は147人で、参加費は高校生180円、中学生150円、児童100円でした。中学生の人数は高校生の人数の1.5倍です。男子児童の人数は女子児童の人数と等しく、男子全員の人数の2割にあたります。また、児童の参加費の合計は3200円、男子高校生の参加費の合計は男子中学生の参加費の合計の2倍でした。次の問いに答えなさい。(8点×4)　　〔東洋英和女学院中〕

(1) 男子児童の参加者は何人ですか。

(　　　　　)

(2) 男子の参加者は全部で何人ですか。

(　　　　　)

(3) 高校生の参加者は男女合わせて何人ですか。

(　　　　　)

(4) 女子中学生の参加者は何人ですか。

(　　　　　)

学習日 [　　月　　日]

時間	得点
20分	
合格	
40点	/50点

1 次のことがらを式に表しなさい。(4点×4)

(1) あき子さんの年れいが x オで、26オ年上のお母さんの年れいは y オです。

（　　　　　　　　　　　　）

(2) 長方形の縦の長さが x cm、横の長さが y cm のとき、この長方形のまわりの長さは 24 cm になります。

（　　　　　　　　　　　　）

(3) 1個 70 円のみかんを x 個買ったとき、その代金は y 円です。

（　　　　　　　　　　　　）

(4) 1200 m の道のりを行くのに 1 分間に x m ずつ進むと、y 分かかります。

（　　　　　　　　　　　　）

2 95 cm のリボンから 6 cm のリボンを x 本切り取ります。次の問いに答えなさい。(3点×3)

(1) 残りの長さを表す式を書きなさい。

（　　　　　　　　　　　　）

(2) 7 本切り取ったとき、残りの長さは何 cm ですか。

（　　　　　　　　　　　　）

(3) 残りの長さが 29 cm のとき、何本切り取りましたか。

（　　　　　　　　　　　　）

3 次のことがらを x を使ってひとつの式に表し、答えを求めなさい。(5点×5)

(1) 1個 90 円のパンを x 個と、1本 80 円の牛乳を 1 本買うと、代金は 440 円でした。パンは何個買いましたか。

（　　　　　　　　　　　　）

(2) 1冊 x 円のノートを 6 冊買って、1000 円札を出したら、280 円のおつりがありました。このノート 1 冊の値段は何円ですか。

（　　　　　　　　　　　　）

(3) 縦 x cm、横 6 cm、高さ 15 cm の直方体の体積が 630 cm³ でした。縦の長さは何 cm ですか。

（　　　　　　　　　　　　）

(4) ある数 x を 8 でわって 5 をひいたら 67 になりました。ある数を求めなさい。

（　　　　　　　　　　　　）

(5) 1 m のひもを x cm ずつ切り取ると、8 本取れて 4 cm 余りました。何 cm ずつ切り取りましたか。

（　　　　　　　　　　　　）

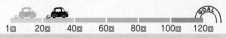

上級
レベル **28** 文 字 と 式

1 次のことがらを $y = \sim$ の形の式に表しなさい。(7点×5)

(1) 上底が x cm，下底が 9 cm，高さが 6 cm の台形の面積は y cm² です。

（　　　　　　　　　　　　）

(2) 原価が x 円の品物に 30％の利益を見こんで定価をつけ，50 円引きで売ると，売り値は y 円でした。

（　　　　　　　　　　　　）

(3) 縦 6 cm，横 x cm の長方形の横の長さを 3 cm のばしてできる長方形の面積は y cm² です。

（　　　　　　　　　　　　）

(4) x％のこさの食塩水 500 g に食塩を 50 g 加えたとき，この食塩水の中にふくまれる食塩の量は y g です。

（　　　　　　　　　　　　）

(5) 兄の所持金 x 円の 3 倍と，弟の所持金 y 円の合計が 3000 円になります。

（　　　　　　　　　　　　）

2 1 個 120 円のりんごを x 個買い，1 個 80 円のみかんを y 個買うと，代金はちょうど 1000 円でした。このとき，次の問いに答えなさい。(5点×3)

(1) このことがらを式で表しなさい。

（　　　　　　　　　　　　）

(2) できるだけ，みかんをたくさん買ったとすると，それぞれ何個買いましたか。

（りんご　　　　，みかん　　　　）

(3) 考えられる $(x,\ y)$ の組み合わせをすべて求めなさい。

（　　　　　　　　　　　　）

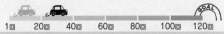

標準
レベル
29 **比例と反比例**

学習日 [　　月　　日]

時間 **20分**	得点
合格 **40点**	___ /50点

❶ 1mの重さが50gの針金があります。この針金xmの重さは
yℊです。xとyの関係について次の問いに答えなさい。

(1) 次の表を完成させなさい。（5点）

x (m)	0	1	2	3	4	5	6	…
y (ℊ)	0	50						…

(2) xとyの関係を, 式にして表しなさい。（5点）

(　　　　　　　　　　　)

(3) xとyの関係を, 右のグラフに表しなさい。（6点）

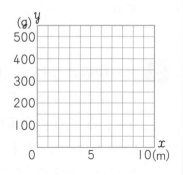

❷ 24Lの水が入る水そうに, 1分間にxLの割合で水を入れました。
このとき, 水そうがいっぱいになるまでの時間をy分とします。x
とyの関係について次の問いに答えなさい。

(1) 次の表を完成させなさい。（5点）

x (L)	1	2	3	4	5	6	8	12
y (分)								

(2) xとyの関係を, 式にして表しなさい。（5点）

(　　　　　　　　　　　)

(3) xとyの関係を, 右のグラフ
に表しなさい。（6点）

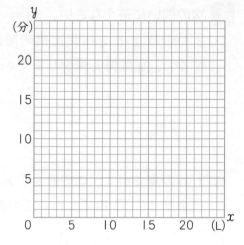

❸ 次の問いに答えなさい。（6点×3）

(1) yはxに比例し, xが18のときyは15です。yが45のとき,
xはいくつですか。

(　　　　　　　　　　　)

(2) yはxに反比例し, xが6のときyは12です。xが9のとき,
yはいくつですか。

(　　　　　　　　　　　)

(3) 2つの数xとyは反比例し, xが4のとき, yは12になります。
x=3のとき, yはいくつですか。

(　　　　　　　　　　　)

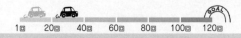
学習日〔　　月　　日〕

時間	得点
25分	
合格	
35点	50点

上級レベル30　比例と反比例

1 次の問いに答えなさい。(5点×4)

(1) 2つの数 x と y は反比例の関係になっています。x が25%増加すると，y は何%減少しますか。

（　　　　　　）

(2) 1mの重さが15gの針金<ruby>針金<rt>はりがね</rt></ruby>があります。この針金を80m分買うと，代金は1000円でした。この針金300gの代金はいくらですか。

（　　　　　　）

(3) 3つの数 x，y，z があります。y は x に比例し，z は x に反比例します。$x=18$ のとき，$y=27$，$z=4$ でした。$z=0.5$ のとき y はいくつですか。

（　　　　　　）

(4) A，B 2つの歯車がかみ合っています。Aの歯数は32でBの歯数は24です。Aの歯車が9回転すると，Bの歯車は何回転しますか。

（　　　　　　）

2 次のことがらのうち，y が x に比例するものには○，反比例するものには△，比例も反比例もしないものは×を書き，それぞれの x と y の関係を式に表しなさい。(5点×4)

(1) 1個80円のみかんを x 個買ったときの代金を y 円とする。

（　　　　　　）

(2) 重さ200gの入れ物に x kgの水を入れたときの全体の重さを y kgとする。

（　　　　　　）

(3) 100kmの道のりを時速 x km で進むときにかかる時間を y 時間とする。

（　　　　　　）

(4) 底辺の長さが x m，高さが50cmの平行四辺形の面積を y m² とする。

（　　　　　　）

3 右の図のようにA，B，C，Dの4つの歯車がかみ合ってつながっています。なお，BとCの歯車はくっついて同時に回ります。それぞれの歯数は，A=40，B=60，C=30，D=70であるとき，Aの歯車が1400回転するとDの歯車は何回転しますか。(10点)

（　　　　　　）

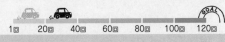

標準
レベル
31 速 さ (1)

学習日〔　　月　　日〕

時間 20分	得点
合格 40点	50点

1 次の□にあてはまる数を答えなさい。(4点×8)

(1) 時速 55 km で 12 分進むと□km 進みます。

（　　　　　）

(2) 時速 12 km で□時間□分進むと，40 km 進みます。

（　　　　　）

(3) 時速 27 km ＝秒速□m

（　　　　　）

(4) 秒速 60 m ＝分速□km

（　　　　　）

(5) 時速□km で 20 秒進むと 100 m 進みます。

（　　　　　）

(6) 分速 90 m で $5\frac{4}{5}$ 分進むと□km 進みます。

（　　　　　）

(7) 秒速 7 m で□時間□分走ると 37.8 km 進みます。

（　　　　　）

(8) 時速 50 km は秒速 20 m の□倍です。

（　　　　　）

2 15 km はなれた AB 間を往復するのに，行きは時速 3 km で歩き，帰りは時速 6 km で走りました。このとき，平均の速さは時速何 km ですか。(6点)

（　　　　　）

3 A さんは本屋に行こうとしたところ，お母さんに買い物をたのまれました。そこで本屋へ向かうとちゅうにあるスーパーマーケットに立ちよることにしました。自宅からスーパーマーケットまで910 m，スーパーマーケットから本屋まで1000 m あります。自宅を 10 時に出発したところ，10 時 13 分にスーパーマーケットにつきました。スーパーマーケットに到着して 8 分後，本屋に向かいました。歩く速さはすべて一定です。**次の問いに答えなさい。**

(6点×2)〔明治学院中一改〕

(1) A さんの歩く速さは時速何 km ですか。

（　　　　　）

(2) A さんのことが心配になったお母さんは，10 時 15 分に自宅を出て，時速 6 km の速さで A さんを追いかけました。お母さんが A さんに追いつくのは，何時何分何秒ですか。

（　　　　　）

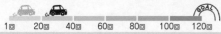
上級レベル 32 速 さ (1)

1 花子さんは自転車でA町とB町の間を，行きは毎時21km，帰りは毎時28kmの速さで往復しました。**往復の平均の速さは毎時何kmですか。**（5点）

（   ）

2 A地点とB地点は3600mはなれています。兄はA地点を出発し，B地点まで往復します。弟はB地点を出発し，A地点に向かいます。兄は自転車で分速240mの速さで進み，弟は分速80mの速さで歩きます。**2人が同時に出発したとき，次の問いに答えなさい。**（7点×3）

〔森村学園中〕

(1) 兄と弟がすれちがったのは出発してから何分何秒後ですか。

（   ）

(2) 兄が弟を追いぬいたのはA地点から何mのところですか。

（   ）

(3) 兄はしばらくしてから自転車を降りて分速60mで歩いたところ，弟と同時にA地点に着きました。自転車を降りたのはA地点から何mのところですか。

（   ）

3 右の図のように，1周400mのトラックに150mはなれた2地点P，Qがあり，このトラックをAさんとBさんの2人が走ります。Aさんは点Pを出発し，時計回りに毎秒5mでちょうど10周走りました。Bさんは，Aさんと同時に点Qを出発し，時計と反対回りにちょうど5周走ったところ，Aさんと同時に走り終わりました。**このとき，次の問いに答えなさい。**（8点×3）

〔市川中—改〕

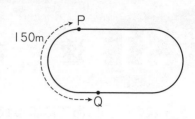

(1) Bさんは毎秒何mで走りましたか。

（   ）

(2) AさんとBさんは何回出会いましたか。

（   ）

(3) AさんとBさんが最後に出会うのは，出発してから何分後ですか。

（   ）

時間	得点
30分	
合格	
40点	50点

標準レベル 33 速 さ (2)

1 右のグラフは，A町とB町の間をバスが往復したことを表しています。**次の問いに答えなさい。**（5点×2）

(1) このバスのB町からの帰りの速さは，分速何mですか。

（　　　　　　）

(2) A町から6kmのところに学校があります。このバスがB町からの帰りに学校を通り過ぎるのは，何時何分ですか。

（　　　　　　）

2 右のグラフは，2そうの船が，北町と南町の間を走ったときのようすを表したものです。**次の問いに答えなさい。**（6点×2）

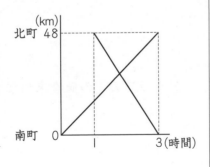

(1) 2そうの船が出会ったのは，南町を出発した船が出てから，何時間何分後ですか。

（　　　　　　）

(2) 2そうの船が出会った地点は，南町から何kmはなれたところですか。

（　　　　　　）

3 右のグラフは，P町から5kmはなれたQ市へ，A君は歩いて，B君は自転車で行ったときのようすを表しています。**次の問いに答えなさい。**

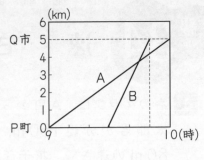

（6点×2）

(1) A君がB君に追いこされたのは何時何分ですか。

（　　　　　　）

(2) A君がB君に追いこされた地点は，Q市まであと何kmのところですか。

（　　　　　　）

4 A町とB町の間の道のりは24kmあり，その間をトラックが往復しています。ひろし君はトラックがB町を出発すると同時に，自転車でA町からB町に向かいました。右のグラフはそのようすを表したものです。**次の問いに答えなさい。**

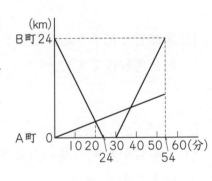

(1) トラックの速さとひろし君の速さは，それぞれ分速何mですか。（5点×2）

トラック（　　　　　　）　ひろし（　　　　　　）

(2) ひろし君がトラックに追いこされたのは，ひろし君がA町を出発してから何分後ですか。（6点）

（　　　　　　）

学習日 [月 日]	
時間 **30**分	得点
合格 **35**点	**50**点

34 速 さ (2)

1 右のグラフは，A町からB町に向かって太郎君が分速150m，次郎君が分速80mの速さで，花子さんがB町からA町に向かって分速100mの速さで，同時に出発したようすを表しています。次の問いに答えなさい。(6点×4)

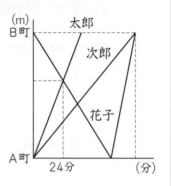

(1) AB間の道のりは何mですか。

（　　　　　　）

(2) 次郎君と花子さんが出会うのは，太郎君と花子さんが出会ってから何分何秒後ですか。

（　　　　　　）

(3) 太郎君がB町に着いたとき，花子さんはA町まで何mのところにいますか。

（　　　　　　）

(4) 花子さんはA町に着いてすぐにB町に車で向かったところ，次郎君と同時にB町に着きました。A町からB町に向かった車の速さは時速何kmですか。

（　　　　　　）

2 A君とB君の2人が，P地点とQ地点の間を自転車で一往復しました。A君は分速250mで，B君は分速150mで同時にP地点を出発しました。右のグラフは2人が出発してからの時間と，2人の間のきょりの関係を表したものです。次の問いに答えなさい。

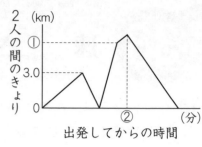

〔早稲田摂陵中〕

(1) A君はP地点を出発してから，何分後にQ地点に到着しましたか。(6点)

（　　　　　　）

(2) P地点からQ地点までのきょりは何kmありますか。(6点)

（　　　　　　）

(3) グラフの①の値を求めなさい。(7点)

（　　　　　　）

(4) グラフの②の値を求めなさい。(7点)

（　　　　　　）

標準レベル 35　速　さ (3)

1 太郎君は分速 56 m で，次郎君は分速 40 m で 7.2 km はなれた PQ 間を歩きます。太郎君は P から Q に向かって，次郎君は Q から P に向かって同時に出発します。次の問いに答えなさい。(4点×2)

(1) 太郎君と次郎君の速さの比を最も簡単な整数の比で表しなさい。

（　　　　　）

(2) 2 人が出会った地点は P から何 km のところですか。

（　　　　　）

2 A は分速 45 m で，B は分速 54 m で歩きます。A が出発してから 4 分後に，B が A を追いかけます。次の問いに答えなさい。(4点×3)

(1) A と B の速さの比を最も簡単な整数の比で表しなさい。

（　　　　　）

(2) B が出発するとき，A は何 m 先を歩いていますか。

（　　　　　）

(3) B が A に追いついたのは，出発地点から何 m のところですか。

（　　　　　）

3 みち子さんは家から駅までを自転車に乗って往復するのに，行きは分速 240 m で，帰りは分速 160 m の速さで走ったところ，合わせて 40 分かかりました。次の問いに答えなさい。(5点×3)

(1) 行きにかかった時間と帰りにかかった時間の比を求めなさい。

（　　　　　）

(2) 家から駅までの道のりは何 m ですか。

（　　　　　）

(3) みち子さんの往復の平均の速さは，分速何 m ですか。

（　　　　　）

4 太郎君は家から学校に行くのに，分速 75 m で歩くと始業時刻の 4 分前に着き，分速 60 m で歩くと 2 分遅刻してしまいます。次の問いに答えなさい。(5点×3)

(1) 分速 75 m のときと分速 60 m のときとでは，学校まで行くのにかかる時間の差は何分ですか。

（　　　　　）

(2) 分速 75 m で歩くと，学校まで何分かかりますか。

（　　　　　）

(3) 家から学校までの道のりは何 m ですか。

（　　　　　）

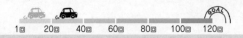
上級レベル 36　速　さ (3)

1 AとBとCが200m競走をします。Aがゴールに着いたとき，Bはゴールの手前40m，Bがゴールに着いたとき，Cはゴールの手前20mのところにいました。**このとき，次の問いに答えなさい。**（5点×3）

(1) AとBの速さの比を最も簡単な整数の比で表しなさい。

（　　　　　）

(2) AとBとCの速さの比を最も簡単な整数の比で表しなさい。

（　　　　　）

(3) Aがゴールに着いたとき，Cはゴールの手前何mのところにいましたか。

（　　　　　）

2 AとBが100m競走をすると，Aは12秒，Bは15秒かかりました。**次の問いに答えなさい。**（5点×3）

(1) AとBの速さの比を最も簡単な整数の比で表しなさい。

（　　　　　）

(2) Aがゴールに着いたとき，Bはゴールの手前何mのところにいましたか。

（　　　　　）

(3) 2回目の競走では，2人が同時にゴールするために，Aの出発地点をさげました。Aははじめの出発地点から何m後ろから走ればよいですか。

（　　　　　）

3 太郎君はAからBまで，次郎君はBからAまで同時に出発します。2人は出発してから20分後に出会い，それから16分後に太郎君はBに着きました。**このとき，次の問いに答えなさい。**（5点×2）

(1) 太郎君と次郎君の速さの比を最も簡単な整数の比で表しなさい。

（　　　　　）

(2) 次郎君は太郎君と出会ってから何分後にAに着きましたか。

（　　　　　）

4 PとQの間は16kmはなれています。いま，兄がPからQに向かって，弟がQからPに向かって同時に出発すると，Pから10kmの地点で初めて出会いました。**次の問いに答えなさい。**（5点×2）

(1) 兄と弟の速さの比を最も簡単な整数の比で表しなさい。

（　　　　　）

(2) このまま2人が休まずに往復すると，2回目に出会うのは，Pから何kmのところですか。

（　　　　　）

1 右の図のように, AB=12cm, 角 A が直角である三角形 ABC があります。この三角形の辺上を, 点 A から点 B を通って点 C まで一定の速さで動く点 P があります。右のグラフは, 点 A を出発してからの時間と三角形 APC の面積の関係を表したものです。**次の問いに答えなさい。**（6点×3）

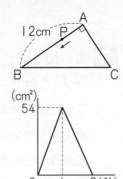

(1) 点 P の速さは秒速何 cm ですか。

( )

(2) 辺 AC の長さは何 cm ですか。

( )

(3) 出発してから 6 秒後のとき, 三角形 APC の面積は何 cm² ですか。

( )

2 右の図のような台形 ABCD があります。点 P が B を出発して, 一定の速さで B→C→D→A の順に辺上を動きます。P が B を出発してからの時間と三角形 PAB の面積との関係を調べたら, 右上のグラフのようになりました。**次の問いに答えなさい。**（7点×2）

(1) この台形 ABCD の周囲の長さを求めなさい。

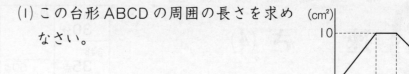

( )

(2) 三角形 PAB の面積が 2 回目に 7 cm² になるのは, 点 P が出発してから何秒後ですか。

( )

3 右の図 1 のような四角形 ABCD があります。図 2 は, 点 P が周上を一定の速さで C→B→A→D の順に動いたときにできる三角形 PCD の面積の変化のようすを表したものです。**次の問いに答えなさい。**（6点×3）

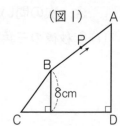

(1) CD の長さは何 cm ですか。

( )

(2) AD の長さは何 cm ですか。

( )

(3) 点 P の速さは秒速何 cm ですか。

( )

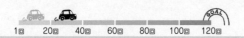

上級レベル **38** 速 さ (4)

1回 20回 40回 60回 80回 100回 120回

学習日 [　月　　日]

時間 **30**分
合格 **35**点

得点
50点

1 右の図のような長方形 ABCD があります。点 P，Q はそれぞれ点 A，D を同時に出発して，点 P は，A→B→C→D→A→…，点 Q は，D→C→B→A→D→ … の順に長方形 ABCD の辺上を動きます。点 P，Q はそれぞれ毎秒 5 cm，毎秒 3 cm で進みます。このとき，次の問いに答えなさい。 〔日本大中一改〕

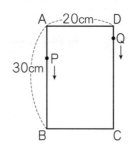

(1) 8 秒後の三角形 APQ の面積は何 cm² ですか。(6点)

(　　　　　　)

(2) P と Q がはじめて出会うのは出発してから何秒後ですか。(6点)

(　　　　　　)

(3) P と Q がはじめて出会うところを R，2 回目に出会うところを S，3 回目に出会うところを T とします。三角形 RST の面積は何 cm² ですか。(7点)

(　　　　　　)

2 1800 m はなれた学校に向かって，兄は 7 時に歩いて，弟は 7 時 10 分に自転車でそれぞれ家を出ました。弟は兄をとちゅうで追いこし，兄より 15 分先に学校に着きました。弟が兄を追いこしたのは家から何 m のところですか。ただし，兄が歩く速さと弟が自転車で走る速さは，それぞれ一定であるとします。(9点)

(　　　　　　)

3 右の図 1 で，点 P は秒速 2 cm で A→D →A と動き，点 Q は一定の速さで B→C→B と動きます。図 2 は点 P が A を，点 Q が B を同時に出発してからの時間(秒)と図形 ABQP の面積(cm²)との関係を表したグラフです。次の問いに答えなさい。

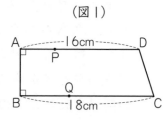
(図1)

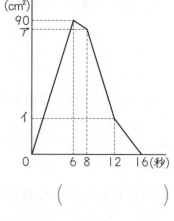
(図2)

(1) 点 Q の速さは秒速何 cm ですか。(3点)

(　　　　　　)

(2) AB の長さは何 cm ですか。(3点)

(　　　　　　)

(3) ア，イの値を求めなさい。(4点×2)

ア(　　　　) イ(　　　　)

(4) 図形 ABQP の面積が 60 cm² になるのは，何秒後と何秒後ですか。
(4点×2)

(　　　　)と(　　　　)

39 最上級レベル 5

学習日〔　　月　　日〕

時間 35分	得点
合格 35点	50点

1 妹が4歩で歩くきょりを兄は3歩で歩き、妹が3歩進む間に兄は4歩進みます。1kmはなれた場所にいた兄妹は、向かい合って歩くと20分で出会うことができました。次の問いに答えなさい。

(7点×2)〔大宮開成中〕

(1) 妹の歩く速さは分速何mですか。

(　　　　　　　)

(2) 妹の歩はばを30cmとすると、兄妹は出会うまでに合わせて何歩歩きますか。

(　　　　　　　)

2 2台のロボットが池の周りを、同じ場所からスタートして同じ向きに回ります。ロボットAは一定の速さで進みます。ロボットBは、2周目は1周目の2倍の速さで進みます。このとき、次の問いに答えなさい。(8点×2)〔公文国際学園中一改〕

(1) ロボットBが2周目にかかる時間は、1周目にかかる時間の何倍ですか。

(　　　　　　　)

(2) ロボットAがちょうど2周したとき、ロボットBもちょうど2周して同じ場所にいました。このとき、ロボットBの1周目の速さはロボットAの速さの何倍ですか。

(　　　　　　　)

3 あきおさんとなつ子さんがいます。あきおさんが午前9時40分に学校を出発し、時速2.7kmで歩きます。その8分後になつ子さんが学校を出発して同じ道を通って、あきおさんのあとを追いかけました。すると、あきおさんが出発してから15分後には、なつ子さんがあきおさんの310m後ろにいました。2人の歩く速さは一定として、次の問いに答えなさい。

〔お茶の水女子大附中一改〕

(1) あきおさんが学校を出発してからあきおさんとなつ子さんがそれぞれ歩いた時間と道のりの関係を表したグラフとして最もふさわしいものを、次のアからカの中から1つ選び、その記号を書きなさい。

(6点)

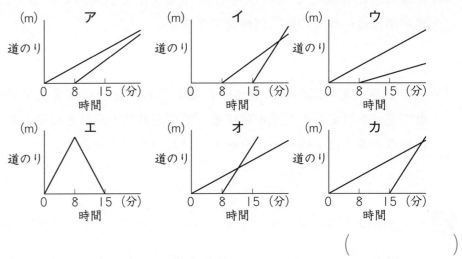

(　　　　　　　)

(2) なつ子さんが学校を出発してからの歩いた速さは分速何mですか。わりきれない場合は、分数の形で答えなさい。(7点)

(　　　　　　　)

(3) なつ子さんがあきおさんに追いつくのは、午前何時何分何秒ですか。

(7点)

(　　　　　　　)

39

40 最上級レベル 6

1 家から 2.1km はなれた駅に向かって，分速 50m の速さで弟が 8 時に出発しました。このとき，次の問いに答えなさい。(6点×3)

〔山手学院中〕

(1) 弟が駅に着くのは何時何分ですか。

（　　　　　　　）

(2) 分速 70m の速さで兄が 8 時 6 分に家を出て駅に向かいました。兄が弟に追いつくのは，何時何分ですか。

（　　　　　　　）

(3) (2)のとき，兄の忘れ物に気づいた母が 8 時 12 分に家を出て自転車で追いかけました。兄が駅に着く前に忘れ物を届けるには，母の自転車の速さは分速何mより速くなければなりませんか。

（　　　　　　　）

2 サイクリングコースがあります。コース全体の $\frac{1}{3}$ が上り坂，コース全体の $\frac{4}{27}$ が下り坂，それ以外は平らな道です。A君は，平らな道は時速 21km で走り，上り坂は平らな道を走る場合の $\frac{6}{7}$ 倍の速さで走り，下り坂は上り坂を走る場合の $\frac{4}{3}$ 倍の速さで走ります。このコース全体を走るのに 40 分かかりました。このコース全体の長さは何km ありますか。(6点)

〔浅野中〕

（　　　　　　　）

3 C さん一家はある休日に自動車でドライブに出かけました。自動車が走った道路は，高速道路と一般道路の 2 種類があり，この日は合計で 360km 走りました。高速道路と一般道路とでは自動車の速さが異なり，その比は 9：5 でした。また，走った時間の比は 5：1 でした。次の問いに答えなさい。(6点×2)

〔暁星中〕

(1) 自動車が高速道路を走った道のりは何km ですか。

（　　　　　　　）

(2) この自動車はガソリンを燃料としますが，ガソリン 1L あたりで走ることのできる道のりは，高速道路と一般道路で異なり，その比は 6：5 でした。また，この日使ったガソリンの量は全部で 25.5L でした。高速道路では，ガソリン 1L あたりで走ることのできる道のりは何km ですか。

（　　　　　　　）

4 図のように，AB＝9cm，BC＝15cm の長方形 ABCD があります。点P，Q はそれぞれ毎秒 5cm，毎秒 2cm の速さで A を同時に出発して時計回りに止まることなく動きます。次の問いに答えなさい。(7点×2)

〔芝中一改〕

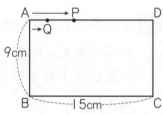

(1) P と Q を結ぶ直線が長方形 ABCD の面積を最初に 2 等分するのは，出発してから何秒後ですか。

（　　　　　　　）

(2) 三角形 APQ の面積が最初に長方形 ABCD の面積の $\frac{1}{3}$ になるのは，出発してから何秒後ですか。

（　　　　　　　）

学習日〔	月	日〕
時間 **20分**	得点	
合格 **40点**		50点

標準レベル 41 円とおうぎ形 (1)

1 次の円のまわりの長さは何 cm ですか。円周率は 3.14 とします。

(2点×4)

(1) 直径 10 cm の円

( )

(2) 直径 15 cm の円

( )

(3) 半径 6 cm の円

( )

(4) 半径 3.5 cm の円

( )

2 次の長さを求めなさい。円周率は 3.14 とします。(4点×3)

(1) まわりの長さが 50.24 cm の円の直径

( )

(2) まわりの長さが 10.99 m の円の直径

( )

(3) まわりの長さが 25.12 cm の円の半径

( )

3 次のおうぎ形の曲線部分の長さは何 cm ですか。円周率は 3.14 とします。(5点×3)

(1) 半径 5 cm，中心角の大きさが 72° のおうぎ形

( )

(2) 半径 9 cm，中心角の大きさが 80° のおうぎ形

( )

(3) 半径 6 cm，中心角の大きさが 150° のおうぎ形

( )

4 次のおうぎ形のまわりの長さは何 cm ですか。円周率は 3.14 とします。(5点×3)

(1) 半径 4 cm，中心角の大きさが 90° のおうぎ形

( )

(2) 半径 12 cm，中心角の大きさが 60° のおうぎ形

( )

(3) 半径 10 cm，中心角の大きさが 144° のおうぎ形

( )

上級
レベル **42**　**円とおうぎ形 (1)**

1 次のおうぎ形の中心角の大きさを求めなさい。円周率は 3.14 とします。（5点×4）

(1) 半径が 4 cm，曲線部分の長さが 12.56 cm のおうぎ形

（　　　　　）

(2) 半径が 10 cm，曲線部分の長さが 25.12 cm のおうぎ形

（　　　　　）

(3) 半径が 3 cm，まわりの長さが 12.28 cm のおうぎ形

（　　　　　）

(4) 半径が 6 cm，まわりの長さが 27.7 cm のおうぎ形

（　　　　　）

2 運動場に，右の図のような 1 周 400 m のトラックをかきたいと思います。トラックの両はしのところは半円です。A から B までの直線部分の長さを何 m にすればよいですか。円周率は 3.14 とします。（6点）

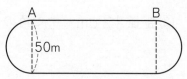

（　　　　　）

3 底の面が半径 5 cm の円の形をしたお茶のつつがあります。このつつ 2 個を，右の図のように上下のところをひもでしばりました。結び目に，上下両方を合わせて 28 cm 使ったとすると，ひもは全部で何 cm 使いましたか。円周率は 3.14 とします。（6点）

（　　　　　）

4 次の図形の色のついた部分のまわりの長さを求めなさい。円周率は 3.14 とします。（6点×3）

(1)
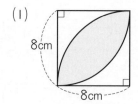
8cm
8cm

（　　　　　）

(2)
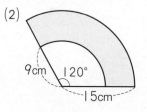
9cm　120°
15cm

（　　　　　）

(3)
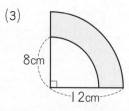
8cm
12cm

（　　　　　）

学習日 [月   日]

時間	20分	得点
合格	40点	50点

標準 レベル 43 円とおうぎ形 (2)

1 次の問いに答えなさい。円周率は 3.14 とします。(5点×3)

(1) 半径 5 cm の円の面積は何 cm² ですか。

(   )

(2) 半径 9 cm の円の面積は何 cm² ですか。

(   )

(3) 直径 8 cm の円の面積は何 cm² ですか。

(   )

2 次の問いに答えなさい。円周率は 3.14 とします。(5点×3)

(1) 半径 4 cm で中心角の大きさが 90° のおうぎ形の面積は何 cm² ですか。

(   )

(2) 半径 10 cm で中心角の大きさが 72° のおうぎ形の面積は何 cm² ですか。

(   )

(3) 半径 6 cm で中心角の大きさが 150° のおうぎ形の面積は何 cm² ですか。

(   )

3 次の問いに答えなさい。円周率は 3.14 とします。(5点×2)

(1) 面積が 113.04 cm² である円の半径は何 cm ですか。

(   )

(2) 面積が 1256 cm² である円の直径は何 cm ですか。

(   )

4 次の問いに答えなさい。円周率は 3.14 とします。(5点×2)

(1) 半径が 8 cm で面積が 50.24 cm² であるおうぎ形の中心角の大きさを求めなさい。

(   )

(2) 半径が 9 cm で面積が 56.52 cm² であるおうぎ形の中心角の大きさを求めなさい。

(   )

時間	25分	得点	
合格	35点		50点

上級レベル 44 円とおうぎ形 (2)

1 次の図形の色のついた部分の面積を求めなさい。円周率は 3.14 とします。(6点×5)

(1)
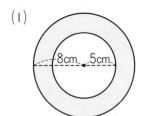

（　　　　　）

(2)
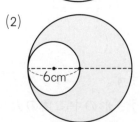

（　　　　　）

(3)
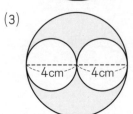

（　　　　　）

(4)
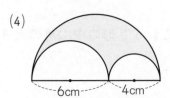

（　　　　　）

(5)
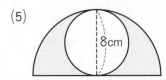

（　　　　　）

2 次の図形の色のついた部分の面積を求めなさい。円周率は 3.14 とします。(6点×2)

(1)
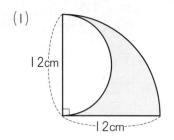

（　　　　　）

(2)
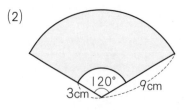

（　　　　　）

3 半径が 24m で中心角の大きさが 60° のおうぎ形の土地があります。この土地の面積を変えずに、縦が 16m の長方形の土地に変えようと思います。横の長さを何 m にすればよいですか。円周率は 3.14 とします。(8点)

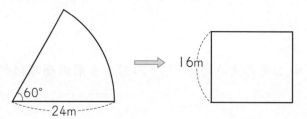

（　　　　　）

標準レベル 45	円とおうぎ形 (3)	時間 25分	得点
		合格 40点	/ 50点

1 次の図形の色のついた部分のまわりの長さをそれぞれ求めなさい。円周率は3.14とします。(6点×3)

(1)

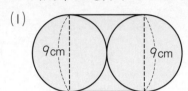

(　　　　　　)

(2)

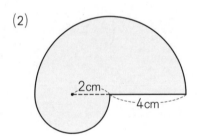

(　　　　　　)

(3)

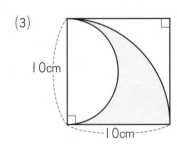

(　　　　　　)

2 次の図形の色のついた部分の面積をそれぞれ求めなさい。円周率は3.14とします。(8点×4)

(1)

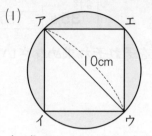

(四角形アイウエは正方形)

(　　　　　　)

(2)

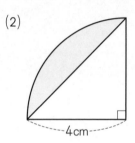

(　　　　　　)

(3)

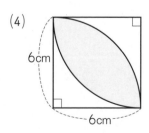

(　　　　　　)

(4)

（6cm, 6cm 正方形内の図形）

(　　　　　　)

45

学習日〔　　月　　日〕

時間	得点
30分	
合格	
35点	／50点

上級レベル 46　円とおうぎ形 (3)

1 次の図形の色のついた部分のまわりの長さをそれぞれ求めなさい。
円周率は 3.14 とします。(6点×4)

(1)

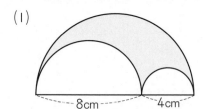

（　　　　　）

(2)

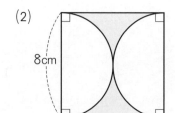

（　　　　　）

(3)

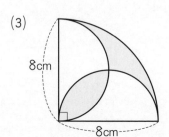

（　　　　　）

(4)

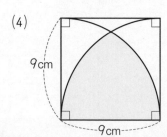

（　　　　　）

2 次の図形の色のついた部分の面積をそれぞれ求めなさい。円周率は
3.14 とします。((1)(2)6点×2，(3)(4)7点×2)

(1)

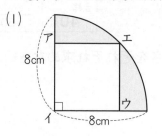

（四角形アイウエは正方形）

（　　　　　）

(2)

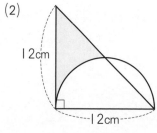

（　　　　　）

(3)

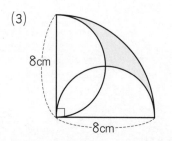

（　　　　　）

(4)

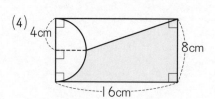

（　　　　　）

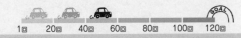
標準
レベル **47**　円とおうぎ形 (4)

1 次の図形の色のついた部分の面積を求めなさい。円周率は 3.14 とします。(6点×4)

(1)
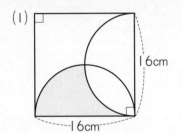

16cm
16cm

(　　　　　　)

(2)
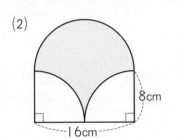
8cm

16cm

(　　　　　　)

(3)
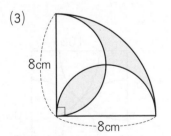
8cm

8cm

(　　　　　　)

(4)
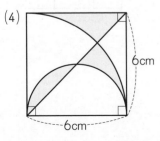
6cm
6cm

(　　　　　　)

2 次の図形の色のついた部分の面積を求めなさい。円周率は 3.14 とします。((1)(2)6点×2，(3)(4)7点×2)

(1)
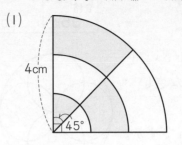
4cm
45°

(　　　　　　)

(2)
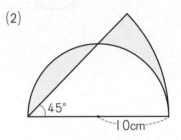
45°
10cm

(　　　　　　)

(3)
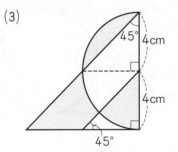
45° 4cm
4cm
45°

(　　　　　　)

(4)
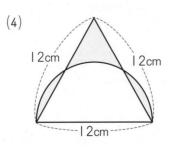
12cm　12cm
12cm

(　　　　　　)

47

上級レベル 48 円とおうぎ形 (4)

1 右の図で，大きい円の半径は 8 cm，小さい円の半径は 4 cm です。次の問いに答えなさい。円周率は 3.14 とします。（7点×2）

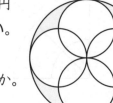

(1) 色のついた部分のまわりの長さは何 cm ですか。

（　　　　　　　）

(2) 色のついた部分の面積は何 cm² ですか。

（　　　　　　　）

2 右の図は 1 辺 20 cm の正方形の中に，おうぎ形と円をかいたものです。次の問いに答えなさい。円周率は 3.14 とします。

（7点×2）

(1) 色のついた部分のまわりの長さは何 cm ですか。

（　　　　　　　）

(2) 色のついた部分の面積は何 cm² ですか。

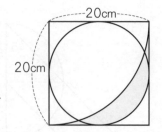

（　　　　　　　）

3 右の図のように，3 辺の長さが 6 cm，8 cm，10 cm の直角三角形があり，それぞれの辺を直径とする半円をかきました。このとき，次の問いに答えなさい。円周率は 3.14 とします。（7点×2）

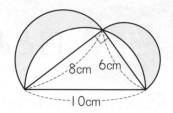

(1) 色のついた部分のまわりの長さは何 cm ですか。

（　　　　　　　）

(2) 色のついた部分の面積は何 cm² ですか。

（　　　　　　　）

4 右の図は，正方形の中に 4 つの頂点それぞれを中心とする半径 10 cm のおうぎ形をかいたものです。**色のついた部分の面積は何 cm² ですか。**円周率は 3.14 とします。（8点）

（　　　　　　　）

標準
レベル **49** 円とおうぎ形 (5)

学習日 [　　月　　日]

時間 30分	得点
合格 35点	50点

1 右の図のように，大小2つの正方形と円があります。大きいほうの正方形の1辺の長さは10cmです。このとき，次の問いに答えなさい。円周率は3.14とします。(7点×2)

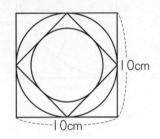

10cm
10cm

(1) 小さいほうの正方形の面積は何 cm² ですか。

(　　　　　)

(2) 小さいほうの円の面積は何 cm² ですか。

(　　　　　)

2 右の図は，三角形の3つの頂点をそれぞれ中心とする半径4cmのおうぎ形をかいたものです。このとき，色のついた部分の面積を求めなさい。円周率は3.14とします。(9点)

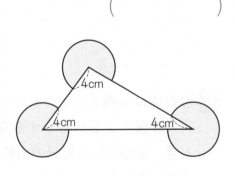

4cm
4cm
4cm

(　　　　　)

3 右の図の三角形ABCは直角三角形で，ABは2cmです。いま，ABを直径とするおうぎ形をかいたところ，あとⒾの面積が等しくなりました。このとき，BCの長さは何cmですか。円周率は3.14とします。(9点)

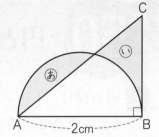

C
Ⓘ
あ
A
2cm
B

(　　　　　)

4 右の図は，1辺8cmの正方形ABCDと，ABを直径とする半円を組み合わせたもので，点Eは半円の曲線部分のまん中の点です。色のついた部分の面積を求めなさい。円周率は3.14とします。(9点)

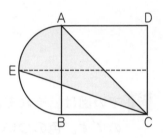

A
D
E
B
C

(　　　　　)

5 右の図は，半径8cmの円の中に，半径4cmの円を4つかいたものです。色のついた部分の面積は何 cm² ですか。円周率は3.14とします。(9点)

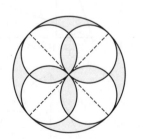

(　　　　　)

時間 30分	得点
合格 35点	50点

上級レベル 50　円とおうぎ形 (5)

1 右の図は，1辺8cmの正方形 ABCD と，DC を直径とする半円を組み合わせたもので，点 E は半円の曲線部分のまん中の点です。色のついた部分の面積は何 cm² ですか。円周率は 3.14 とします。(8点)

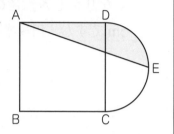

（　　　　　　　　）

2 下の図は，それぞれおうぎ形の中に 2 つの直角三角形をかいたものです。色のついた部分の面積は何 cm² ですか。円周率は 3.14 とします。(6点×2)

(1)

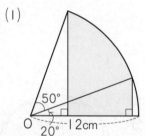

（　　　　　　　　）

(2)

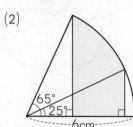

（　　　　　　　　）

3 下のそれぞれの図において，アの部分とイの部分の面積の差は何 cm² ですか。円周率は 3.14 とします。(6点×2)

(1)

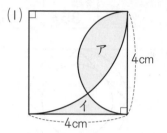

（　　　　　　　　）

(2)

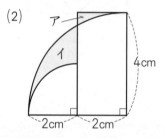

（　　　　　　　　）

4 右の図は半径 6 cm の円です。このとき，色のついた部分の面積は何 cm² ですか。円周率は 3.14 とします。(9点)

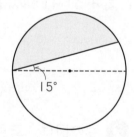

（　　　　　　　　）

5 右の図は半径 6 cm の半円で，・印は半円の曲線部分を 6 等分する点です。このとき，色のついた部分の面積は何 cm² ですか。円周率は 3.14 とします。(9点)

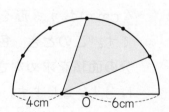

（　　　　　　　　）

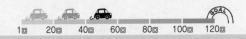

標準レベル **51** 図形の移動

1 次の問いに答えなさい。円周率は3.14とします。

（8点×2）

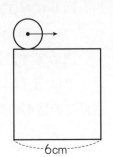

(1) 1辺が6cmの正方形のまわりに半径1cmの円があります。この円が正方形のまわりを1回転したとき円の中心が動く長さを求めなさい。

6cm

（　　　　　　　）

(2) (1)のとき，円の通った部分の面積を求めなさい。

（　　　　　　　）

2 右の図のように半径4cmで中心角が90°のおうぎ形の外側を，半径1cmの円がすべらないように転がりながら1周してもとの位置にもどります。円の通った部分の面積は何cm²ですか。円周率は3.14とします。

（9点）〔本郷中〕

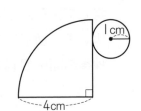

1cm

4cm

（　　　　　　　）

3 底辺が4cm，高さが2cmの直角二等辺三角形を，底辺にそってすべるように移動させます。10cm移動させたとき，直角二等辺三角形が通った部分の面積は何cm²ですか。

（9点）〔公文国際学園中〕

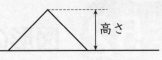

高さ

（　　　　　　　）

4 右の図のように，半径1cmの円が1辺4cmのひし形ABCDのまわりをはなれないように1周します。次の問いに答えなさい。円周率は3.14とします。

（8点×2）〔共立女子中一改〕

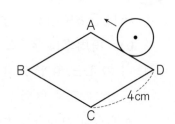

A

B

D

C

4cm

(1) 円の中心が動く長さは何cmですか。

（　　　　　　　）

(2) 円が動く部分の面積は何cm²ですか。

（　　　　　　　）

学習日〔　　月　　日〕

時間 30分	得点
合格 35点	50点

上級レベル 52　図形の移動

1 1辺が6cmの正三角形ABCを，右の図のように直線上をすべらないように転がしました。Cが再び直線上にきたとき，Cが動いた長さを求めなさい。円周率は3.14とします。（8点）　〔聖園女学院中〕

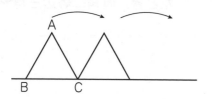

（　　　　　　）

2 1辺が3cmの正三角形があります。その面積は3.89cm²です。次の問いに答えなさい。円周率は3.14とします。〔雙葉中一改〕

(1) この正三角形が右の図のように，1辺が3cmの正六角形の辺にそって，(あ)の位置から矢印の向きにすべらずに回転しながら1周し，元の位置にもどりました。頂点Pが動いた道のりは何cmですか。（8点）

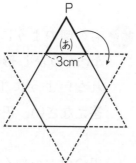

（　　　　　　）

(2) (1)のとき，頂点Pのえがいた曲線で囲まれた図形の面積は何cm²ですか。（9点）

（　　　　　　）

3 右の図のように，AB＝5cm，BC＝4cm，CA＝3cmの直角三角形ABCを，点Bを中心として，時計の針と反対回りに90°だけ回転移動させます。色のついた部分は，辺ACが通過してできる図形です。次の問いに答えなさい。円周率は3.14とします。〔東京家政学院中一改〕

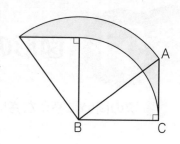

(1) この図形の周の長さを求めなさい。（8点）

（　　　　　　）

(2) この図形の面積を求めなさい。（9点）

（　　　　　　）

4 図のような長方形⑦と直角二等辺三角形①があります。図形⑦を固定して図形①を毎秒1cmの速さで図の位置から矢印の方向に動かすとき，図形⑦と図形①が重なった部分の面積をSとします。21秒後の面積Sは何cm²ですか。（8点）　〔日本大豊山女子中一改〕

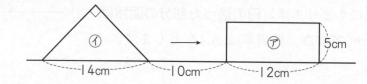

（　　　　　　）

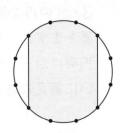

53 最上級レベル 7

1 右の図は, 半円を点 A を中心に 30°回転させたものです。**色のついた部分の面積は何 cm² ですか。**円周率は 3.14 とします。（10点）

〔三輪田学園中〕

（　　　　　　　　）

2 図の円の半径は 4 cm で, 円周を 12 等分点をとりました。**色のついた部分の面積を求めなさい。**円周率は 3.14 とします。（10点）

〔女子学院中一改〕

（　　　　　　　　）

3 右の図は O を中心とする半径 3 cm の円の一部です。1 辺が 1 cm の正三角形 PQR を次のように動かしました。

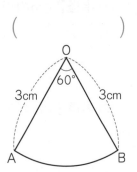

・正三角形 PQR の頂点 P は, 図の曲線部分を A から B まで動く。

・半径 OA と辺 PQ は常に平行である。

このとき, **辺 PQ が通った部分の面積は正三角形 PQR の何倍か求めなさい。**（10点）

〔頌栄女子学院中〕

（　　　　　　　　）

4 右の図のような, 半径が 6 cm, 中心角が 90°のおうぎ形 OAB があります。このおうぎ形の曲線の上に点 P, Q をとって, 点 P, Q から辺 OA に垂直になるようにひいた直線と辺 OA が交わる点をそれぞれ R, S とします。三角形 OPR と三角形 QOS は合同な三角形であり, 三角形 OPA が正三角形になるとき, **色のついた部分の面積を求めなさい。**円周率は 3.14 とします。（10点）

〔逗子開成中〕

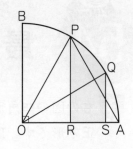

（　　　　　　　　）

5 次の図のように, 正三角形 ABC が長方形の周にそってすべらないように, もとの位置にもどるまで回転しながら動きます。このとき, **点 A の動いた道のりは何 cm ですか。**円周率は 3.14 とします。（10点）

〔和洋国府台女子中〕

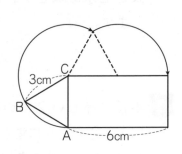

（　　　　　　　　）

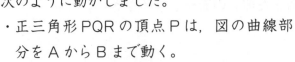

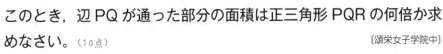

54 最上級レベル ⑧

学習日〔　　　月　　　日〕

時間	得点
35分	
合格 **35**点	50点

1 右の図の四角形 ABCD は 1 辺が 6 cm の正方形です。頂点 A，B，D を中心として半径 6 cm の円の一部を正方形の内側にかきました。色のついた部分のまわりの長さを求めなさい。円周率は 3.14 とします。

（7点）〔成蹊中一改〕

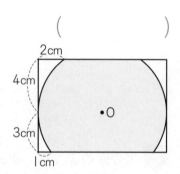

（　　　　　　　）

2 右の図は，中心が点 O，半径が 5 cm の円の一部と，長方形を重ねたものです。このとき，色のついた部分の図形の周の長さを求めなさい。円周率は 3.14 とします。（7点）　〔青稜中一改〕

（　　　　　　　）

3 半径の等しい 2 つの半円が図 1，2 のように重なっています。図 1，2 の色のついた部分の面積の差は，半円の面積の何倍ですか。円周率は 3.14 とします。（7点）

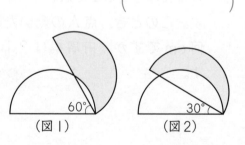

（図1）　　　（図2）

〔西武学園文理中一改〕

（　　　　　　　）

4 右の図は正方形とおうぎ形を組み合わせたものです。2 つの色のついた部分の面積が等しいとき，BE の長さを求めなさい。円周率は 3.14 とします。（7点）　〔鎌倉女学院中〕

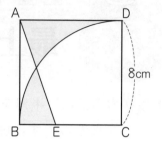

（　　　　　　　）

5 図のように，半径 7 cm の円の外側に半径 3 cm の円を置き，内側に半径 2 cm の円を置きます。それぞれの円を半径 7 cm の円の円周に沿って転がし，一周させます。次の問いに答えなさい。円周率は 3.14 とします。

〔成城学園中〕

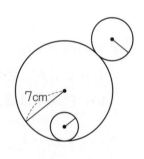

(1) 半径 2 cm の円の中心が動いてできる線の長さを求めなさい。（7点）

（　　　　　　　）

(2) 半径 3 cm の円が通った部分の面積を求めなさい。（7点）

（　　　　　　　）

(3) 半径 3 cm の円が通った部分の面積は，半径 2 cm の円が通った部分の面積の何倍か求めなさい。（8点）

（　　　　　　　）

| 学習日〔 | 月 | 日〕 |

| 時間 20分 | 得点 |
| 合格 40点 | 50点 |

対称な図形

1 ある直線を折り目として折り返したとき，両側の図形がぴったりと重なる図形を線対称（せんたいしょう）な図形といい，このときの直線を対称の軸（じく）といいます。次の各図形には，対称の軸は何本ありますか。(4点×5)

(1) 直角二等辺三角形

(　　　　)

(2) 正三角形

(　　　　)

(3) 正方形

(　　　　)

(4) 長方形

(　　　　)

(5) ひし形

(　　　　)

2 ある点を中心に180°回転させたとき，もとの図形と一致（いっち）する図形を点対称（てんたいしょう）な図形といいます。次のうち，点対称な図形であるものをすべて番号で答えなさい。(10点)

① 正三角形　　② 正方形　　③ 長方形　　④ 平行四辺形
⑤ 台形　　⑥ 正五角形　　⑦ 正六角形　　⑧ 円

(　　　　)

3 アルファベットの大文字AからZまでを下の図のようにかいてみました。この図にある26文字を，以下のグループに分けます。

① 線対称であるが，点対称ではない図形
② 点対称であるが，線対称ではない図形
③ 線対称であり，点対称でもある図形
④ 線対称でも点対称でもない図形

①～④にあてはまる文字を，それぞれすべて答えなさい。(5点×4)

A B C D E F G H I
J K L M N O P Q R
S T U V W X Y Z

(① 　　　　)
(② 　　　　)
(③ 　　　　)
(④ 　　　　)

時間	得点
30分	
合格	
35点	**50**点

上級レベル **56** 対称な図形

1 下の図1のように正方形の紙を半分に折り，さらに半分に折った状態で，図2のように図の太線に沿ってはさみで切りました。このとき，広げた形は図3のようになります。これにならって，各問いのように切り取り，色のついた部分を広げると，どんな形になりますか。例にならってかきなさい。(5点×4)

(例)

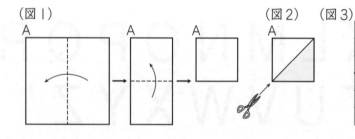

(1)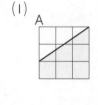

(2)

(3)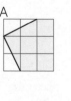

(4)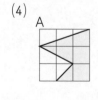

2 次の問いに答えなさい。(5点×6)

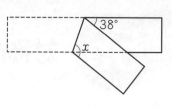

(1) 右の図のような長方形の紙を折り返しました。このとき，x の角の大きさを求めなさい。

(　　　　　)

(2) 右の図のようにおうぎ形の中心 O を折り返し，曲線 AB 上にくるように重ねました。このとき，x の角の大きさを求めなさい。

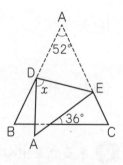

(　　　　　)

(3) 右の図の三角形 ABC は AB = AC である二等辺三角形です。図のように頂点 A を DE を折り目として折り返しました。このとき，x の角の大きさを求めなさい。

(　　　　　)

(4) 右の図のように長方形の紙を AC を折り目として折り返し，さらに BC を折り目として折り返しました。このとき，㋐，㋑，㋒の角の大きさを求めなさい。

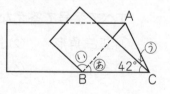

㋐(　　　) ㋑(　　　) ㋒(　　　)

時間	得点
25分	
合格	
40点	**50点**

標準レベル 57　拡大図と縮図

1 右の図の三角形DEFは，三角形ABCを拡大（かくだい）したものです。このとき，次の問いに答えなさい。

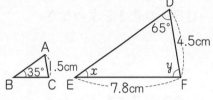

(1) x，yの角度をそれぞれ求めなさい。(2点)

　　　　　(x　　　　　，y　　　　　)

(2) BCの長さは何cmですか。(3点)

　　　　　(　　　　　　　　　)

2 下のそれぞれの図で，辺BCとDEは平行です。このとき，図のx，yの長さはそれぞれ何cmですか。(2点×6)

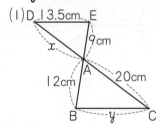　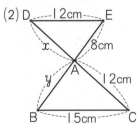　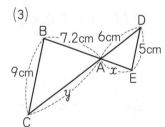

(x　　　) (x　　　) (x　　　)

(y　　　) (y　　　) (y　　　)

3 下のそれぞれの図で，辺BCとDEは平行です。このとき，図のx，yの長さはそれぞれ何cmですか。(3点×6)

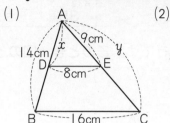　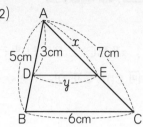　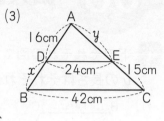

(x　　　) (x　　　) (x　　　)

(y　　　) (y　　　) (y　　　)

4 次の問いに答えなさい。(5点×3)

(1) 20000分の1の地図上で4cmの長さは，実際には何mですか。

　　　　　(　　　　　　　　　)

(2) 7kmの道のりは，25万分の1の地図上では何cmですか。

　　　　　(　　　　　　　　　)

(3) 50000分の1の地図上で，1辺4cmの正方形の土地の面積は，実際には何km²ですか。

　　　　　(　　　　　　　　　)

上級レベル 58　拡大図と縮図

1 下のそれぞれの図で，辺 BC と DE は平行です。このとき，図の x，y の長さはそれぞれ何 cm ですか。（2点×4）

(1)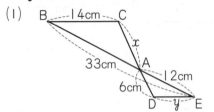

(2)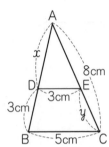

$$\left(x \qquad\qquad \right) \qquad \left(x \qquad\qquad \right)$$
$$\left(y \qquad\qquad \right) \qquad \left(y \qquad\qquad \right)$$

2 右の図で，x の長さを求めなさい。（6点）

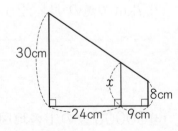

$$\left(\qquad\qquad\qquad \right)$$

3 右の図の四角形 ABCD は平行四辺形で，BD ＝ 14cm です。また，BE：EC ＝ 2：3，DF：FC ＝ 1：2 です。このとき，次の問いに答えなさい。（5点×3）

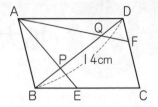

(1) BP の長さを求めなさい。

$$\left(\qquad\qquad\qquad \right)$$

(2) QD の長さを求めなさい。

$$\left(\qquad\qquad\qquad \right)$$

(3) BP：PQ：QD を求めなさい。

$$\left(\qquad\qquad\qquad \right)$$

4 右の図で，AB と CD と EF は平行です。このとき，次の問いに答えなさい。（7点×3）

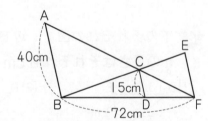

(1) AC：CF を求めなさい。

$$\left(\qquad\qquad\qquad \right)$$

(2) EF の長さを求めなさい。

$$\left(\qquad\qquad\qquad \right)$$

(3) BD の長さを求めなさい。

$$\left(\qquad\qquad\qquad \right)$$

時間	25分	得点	
合格	40点		50点

学習日〔　　月　　日〕

標準レベル 59 図形と比 (1)

1 右の図で，三角形 ABC の面積が 54 cm² のとき，三角形 ADE の面積は何 cm² ですか。

（5点）

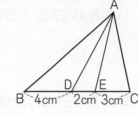

（　　　　　　）

2 次のそれぞれの図で，色のついた部分の面積は全体の面積の何倍ですか。ただし，図の中の・は，それぞれの辺を等分した点です。

（5点×4）

(1)

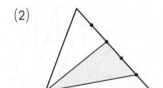

（　　　　　　）

(2)

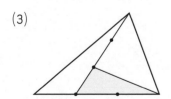

（　　　　　　）

(3)

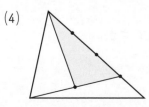

（　　　　　　）

(4)

（　　　　　　）

3 右の図で，BD：DC ＝ 3：4，AE：ED ＝ 2：3 です。三角形 ACE の面積が 8cm² のとき，次の面積をそれぞれ求めなさい。

（5点×3）

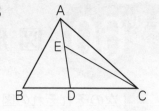

(1) 三角形 CDE

（　　　　　　）

(2) 三角形 ABD

（　　　　　　）

(3) 三角形 ABC

（　　　　　　）

4 右の図で，BD：DC ＝ 3：2，AE：EB ＝ 5：3 です。三角形 ABC の面積が 48cm² のとき，次の面積をそれぞれ求めなさい。（5点×2）

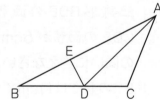

(1) 三角形 ACD

（　　　　　　）

(2) 三角形 ADE

（　　　　　　）

時間 30分	得点
合格 35点	/50点

上級レベル 60 図形と比 (1)

1 次のそれぞれの図で、色のついた部分の面積は全体の面積の何倍ですか。ただし、図の中の・は、それぞれの辺を等分した点です。 (3点×2)

(1)
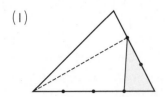

(2)
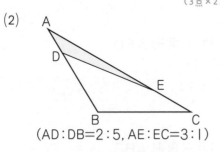
(AD:DB=2:5, AE:EC=3:1)

(　　　　　)　　(　　　　　)

2 右の図で、三角形 ABD の面積は 10cm²、三角形 BDE の面積は 24cm²、三角形 CDE の面積が 6cm² です。このとき、次の問いに答えなさい。 (4点×2)

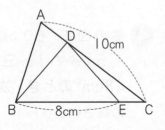

(1) EC の長さは何 cm ですか。

(　　　　　)

(2) DC の長さは何 cm ですか。

(　　　　　)

3 右の図で、AB と BD の長さは等しく、BC:CE = 1:2、CA:AF = 1:3 です。三角形 ABC の面積が 2cm² のとき、次の問いに答えなさい。 (5点×3)

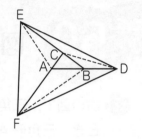

(1) 三角形 EAC の面積は何 cm² ですか。

(　　　　　)

(2) 三角形 EFC の面積は何 cm² ですか。

(　　　　　)

(3) 三角形 DEF の面積は何 cm² ですか。

(　　　　　)

4 右の図のように、三角形 ABC を面積の等しい 7 つの三角形に分けました。このとき、次の問いに答えなさい。 (7点×3)

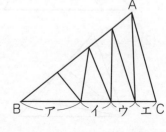

(1) アとイの長さの比を求めなさい。

(　　　　　)

(2) ウとエの長さの比を求めなさい。

(　　　　　)

(3) BC の長さが 14cm のとき、アの長さは何 cm ですか。

(　　　　　)

標準レベル **61** **図形と比 (2)**

| 時間 | 25分 |
| 合格 | 40点 | 50点 |

1 次の問いに答えなさい。(4点×2)

(1) 2 つの正三角形の 1 辺の長さの比が 3：5 のとき，その面積の比を求めなさい。

(　　　　　　　)

(2) 2 つの正方形の面積の比が 4：49 のとき，その 1 辺の長さの比を求めなさい。

(　　　　　　　)

2 右の図で，BC と DE は平行です。次の問いに答えなさい。(4点×3)

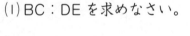

(1) BC：DE を求めなさい。

(　　　　　　　)

(2) 三角形 ABC と三角形 ADE の面積の比を求めなさい。

(　　　　　　　)

(3) 三角形 ABC と台形 BDEC の面積の比を求めなさい。

(　　　　　　　)

3 右の図で，四角形 ABCD は台形で，AD：BC = 3：4 です。また三角形 BCE の面積は 64cm² です。次の問いに答えなさい。(6点×2)

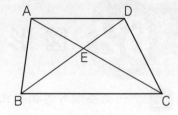

(1) 三角形 AED の面積は何cm²ですか。

(　　　　　　　)

(2) 台形ABCDの面積は何cm²ですか。

(　　　　　　　)

4 右の図の四角形 ABCD は平行四辺形で，BE：EC = 1：2 です。次の問いに答えなさい。(6点×3)

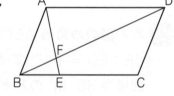

(1) 三角形AFDと三角形FBEの面積の比を求めなさい。

(　　　　　　　)

(2) 三角形ABFと三角形FBEの面積の比を求めなさい。

(　　　　　　　)

(3) 平行四辺形の面積が72cm²のとき，四角形FECDの面積は何cm²ですか。

(　　　　　　　)

学習日〔	月	日 〕
時間 **30分**	得点	
合格 **35点**		50点

上級レベル 62 図形と比 (2)

1 2つの合同な直角三角形を，右の図のように重ねたところ，AB = 3cm，BC = 12cm，色のついた部分の面積は 56.7cm² となりました。次の問いに答えなさい。(3点×2)

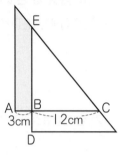

(1) BD の長さは何 cm ですか。

( )

(2) 重なった部分の面積は何 cm² ですか。

( )

2 右の図の四角形 ABCD は平行四辺形で，CE：ED = 1：2 です。三角形 ECG の面積が 30cm² のとき，次の問いに答えなさい。(4点×4)

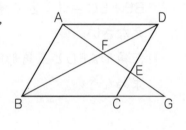

(1) 三角形 AED の面積は何 cm² ですか。

( )

(2) AF：FG を求めなさい。

( )

(3) 三角形 FBG の面積は何 cm² ですか。

( )

(4) 平行四辺形 ABCD の面積は何 cm² ですか。

( )

3 右の図の四角形 ABCD は平行四辺形で，面積は 60cm² です。AE：ED = 3：2 のとき，次の問いに答えなさい。(5点×2)

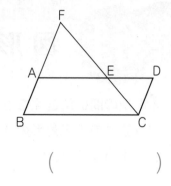

(1) 三角形 CDE の面積は何 cm² ですか。

( )

(2) 三角形 FAE の面積は何 cm² ですか。

( )

4 右の図で，三角形 ABC は三角形 ADE を2倍に拡大したものです。また BF：FC = 3：2 です。次の問いに答えなさい。(6点×3)

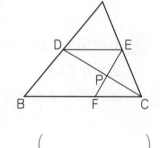

(1) DP：PC を求めなさい。

( )

(2) 三角形 PDE と三角形 PFC の面積の比を求めなさい。

( )

(3) 三角形 ADE と四角形 DBFP の面積の比を求めなさい。

( )

学習日 [	月 日]
時間 **30分**	得点
合格 **40点**	**50点**

標準レベル 63 図形と比 (3)

1 右の図の三角形 ABC は，角 A が直角の直角三角形です。次の問いに答えなさい。(4点×3)

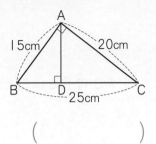

(1) AD の長さは何 cm ですか。

(　　　　　　　)

(2) DC の長さは何 cm ですか。

(　　　　　　　)

(3) 三角形 ABD と三角形 ACD の面積の比を求めなさい。

(　　　　　　　)

2 右の図の三角形ABCで，角A＝角CBDです。次の問いに答えなさい。(4点×2)

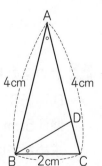

(1) BD の長さを求めなさい。

(　　　　　　　)

(2) AD の長さを求めなさい。

(　　　　　　　)

3 右の図の四角形 ABCD は台形で，EG は AD，BC に平行な直線です。次の問いに答えなさい。(6点×2)

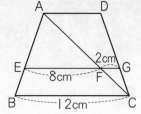

(1) AF：FC を求めなさい。

(　　　　　　　)

(2) AD の長さは何 cm ですか。

(　　　　　　　)

4 右の図の四角形 ABCD は台形で，三角形 AOD の面積は 32cm² で，三角形 COB の面積は 98cm² です。次の問いに答えなさい。(6点×3)

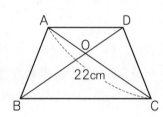

(1) AD：BC を求めなさい。

(　　　　　　　)

(2) 三角形 AOB の面積は何 cm² ですか。

(　　　　　　　)

(3) 台形 ABCD の面積は何 cm² ですか。

(　　　　　　　)

上級
レベル
64 図形と比 (3)

学習日 [　　月　　日]

時間	得点
30分	
合格	
35点	___／50点

1 右の図で，AD：DB＝4：1，AE：EC＝1：2，
GE と DC は平行です。次の問いに答えなさい。

（4点×3）

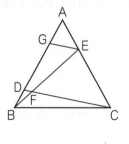

(1) AG：GD を求めなさい。

（　　　　　　）

(2) GD：DB を求めなさい。

（　　　　　　）

(3) DF：GE を求めなさい。

（　　　　　　）

2 右の図の四角形 ABCD は平行四辺形で，E
は BC のまん中の点です。また，DG：GC＝
1：3 です。次の問いに答えなさい。（5点×2）

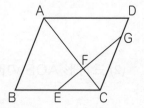

(1) EF：FG を求めなさい。

（　　　　　　）

(2) AF：FC を求めなさい。

（　　　　　　）

3 右の図について，次の問いに答えなさい。

（5点×4）

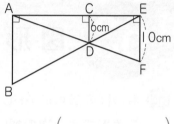

(1) AD：AF を求めなさい。

（　　　　　　）

(2) AB の長さは何 cm ですか。

（　　　　　　）

(3) 三角形 ABD と三角形 FED の面積の比を求めなさい。

（　　　　　　）

(4) 三角形 CDE と台形 ABDC の面積の比を求めなさい。

（　　　　　　）

4 右の図の長方形 ABCD で，AE：EB＝1：2，
DF：FC＝1：2 です。三角形 AEG の面積
が 15cm^2 のとき，四角形 EBHG の面積を
求めなさい。（8点）

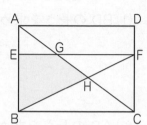

（　　　　　　）

65 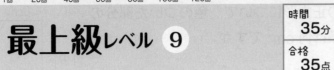 最上級レベル ⑨

時間 35分	得点
合格 35点	50点

1 右の図の四角形 ABCD は 1 辺の長さが 5 cm の正方形です。点 E は辺 AB 上の点で，BE ＝ 2 cm です。三角形 BCE を点 C を中心として時計まわりに 90 度回転させると，三角形 DCF にぴったり重なります。また，FE と AC の交わる点を G とします。このとき，次の問いに答えなさい。(7点×3) 〔中央大附属横浜中〕

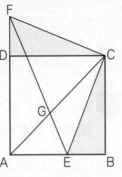

(1)三角形 CFE の面積は何 cm² ですか。

(2)AG と GC の長さの比を最も簡単な整数の比で答えなさい。

(3)三角形 AGF と三角形 CGE の面積の比を最も簡単な整数の比で答えなさい。

2 右の図のような三角形 ABC において，AE：ED ＝ 1：1，BF：FE ＝ 3：2，CD：DF ＝ 2：1 のとき，三角形 ABC の面積は三角形 DEF の面積の何倍ですか。(8点)

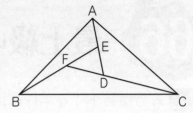

〔東京農業大第一高等学校中〕

3 右の図は，中心角が 120° のおうぎ形 OAB と OCE を組み合わせたものです。OC：CA ＝ 2：1 で，おうぎ形 OAB の面積が 36 cm² のとき，次の問いに答えなさい。ただし，必要ならば円周率は 3 として計算しなさい。(7点×3) 〔和洋九段女子中一改〕

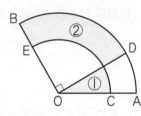

(1)おうぎ形 OAD の面積は何 cm² ですか。

(2)色のついた部分①のおうぎ形の面積は何 cm² ですか。

(3)色のついた部分②の図形の面積は何 cm² ですか。

66 最上級レベル ⑩

学習日 [月 日]

時間 35分	得点
合格 35点	/50点

1 右の図のような平行四辺形 ABCD において，辺 CD を 3：2 の比に分ける点を E，BD と AE の交点を F，BD と AC の交点を G とします。三角形 ABG の面積が 9 cm² のとき，次の問いに答えなさい。

〔頴明館中〕

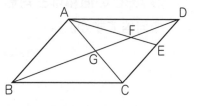

(1) BF と FD の長さの比を最も簡単な整数の比で答えなさい。（6点）

( )

(2) BG と GF の長さの比を最も簡単な整数の比で答えなさい。（6点）

( )

(3) 三角形 DEF の面積を求めなさい。（8点）

( )

2 図は三角形 ABC を面積が等しい 5 つの三角形に分けた図です。このとき，AD：DE：EC を最も簡単な整数の比で表しなさい。（8点）

〔春日部共栄中一改〕

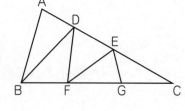

( )

3 図の正方形について，色のついた部分の面積は何 cm² ですか。（8点）

〔中央大附中〕

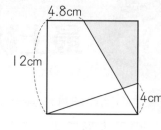

( )

4 右の図は，直角三角形 ABC に長方形 DEFG を重ねたものです。BE = DE = CF であり，DF と AC の交点が I，DG と AC の交点が H です。また，AI = 7 cm，IC = 3 cm です。このとき，次の問いに答えなさい。

〔世田谷学園中〕

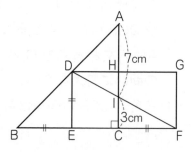

(1) EF の長さは何 cm ですか。（6点）

( )

(2) 三角形 DBE の面積は何 cm² ですか。（8点）

( )

学習日 [　　月　　日]	
時間 **30**分	得点
合格 **40**点	____ /50点

標準レベル 67 規則性と周期性 (1)

1 数が次のように並んでいます。あとの問いに答えなさい。（4点×6）

1, 5, 9, 13, 17, 21, 25, ……

(1) はじめから 10 番目の数は何ですか。

（　　　　　）

(2) はじめから 50 番目の数は何ですか。

（　　　　　）

(3) 77 ははじめから数えて何番目の数ですか。

（　　　　　）

(4) 333 ははじめから数えて何番目の数ですか。

（　　　　　）

(5) はじめから 10 番目の数までの和を求めなさい。

（　　　　　）

(6) はじめから 50 番目の数までの和を求めなさい。

（　　　　　）

2 次の和をそれぞれ求めなさい。（5点×3）

(1) 1＋2＋3＋4＋ …… ＋19＋20

（　　　　　）

(2) 15＋17＋19＋21＋ …… ＋83＋85

（　　　　　）

(3) 13＋17＋21＋25＋ …… ＋121＋125

（　　　　　）

3 右の表はあるきまりにしたがって，1 から順に数を書き入れたものです。このとき，次の問いに答えなさい。

	1列目	2列目	3列目	4列目	5列目
1行目	1	2	3	4	5
2行目	6	7	8	9	10
3行目	11	12	13	14	15
4行目	16	17	18	19	⋮
⋮	⋮	⋮	⋮	⋮	⋮

(1) 5 行目の 3 列目の数は何ですか。（3点）

（　　　　　）

(2) 54 は何行目の何列目の数ですか。（3点）

（　　　　　）

(3) 14 行目のすべての数の和を求めなさい。（5点）

（　　　　　）

上級レベル 68　規則性と周期性 (1)

1 右の図はある年の1月のカレンダーです。次の問いに答えなさい。(4点×3)

日	月	火	水	木	金	土
1	2	3	4	5	6	7
8	9	10	11	………		

⋮

(1) この月の第4金曜日は何日ですか。

（　　　　　　　　）

(2) この月の月曜日の数字をすべてたしたときの和を求めなさい。

（　　　　　　　　）

(3) 図の中にあるような□で囲まれた4個の数の和を求めます。その和が92になるとき，□の中の最大の数は何ですか。

（　　　　　　　　）

2 あるきまりにしたがって，分数が次のように並んでいます。あとの問いに答えなさい。(5点×2)

$$\frac{1}{2}, \ \frac{3}{5}, \ \frac{5}{8}, \ \frac{7}{11}, \ \frac{9}{14}, \ \frac{11}{17}, \ \cdots\cdots$$

(1) 30番目の分数は何ですか。

（　　　　　　　　）

(2) 分子が75のとき，分母はいくつですか。

（　　　　　　　　）

3 2+5，6+7，10+3，14+5，18+7，22+3，26+5，……とあるきまりにしたがって，式が並んでいます。次の問いに答えなさい。(5点×2)

(1) はじめから25番目の式の答えはいくつですか。

（　　　　　　　　）

(2) 式の答えが241になる式は，2つあります。何番目と何番目の式ですか。

（　　　　　　　　）

4 6でわると2余る3けたの整数があります。これについて，次の問いに答えなさい。(6点×3)

(1) 最大の整数はいくつですか。

（　　　　　　　　）

(2) (1)で答えた数は小さいほうから数えて何番目の数ですか。

（　　　　　　　　）

(3) このような数をすべてたすと，その和はいくつですか。

（　　　　　　　　）

学習日〔	月	日〕
時間 **20**分	得点	
合格 **40**点		**50**点

規則性と周期性 (2)

1 次のようにあるきまりにしたがって数が並んでいます。あとの問いに答えなさい。(4点×2)

1, 2, 3, 4, 2, 3, 4, 5, 3, 4, 5, 6, 4, 5, 6, ……

(1) 30 番目の数は何ですか。

( )

(2) 30 番目までの数の和を求めなさい。

( )

2 ある年の 6 月 8 日は日曜日です。このとき,次の問いに答えなさい。(5点×4)

(1) この年の 9 月 15 日は,6 月 8 日の何日後になりますか。

( )

(2) この年の 9 月 15 日は何曜日ですか。

( )

(3) この年の 4 月 25 日は,6 月 8 日の何日前になりますか。

( )

(4) この年の 4 月 25 日は何曜日ですか。

( )

3 ○,×,△の記号を,あるきまりにしたがって並べました。あとの問いに答えなさい。(4点×3)

× ○ ○ △ × × ○ ○ △ × × ○ ○ △ × ……

(1) はじめから 44 個目の記号は何ですか。

( )

(2) 222 個目の記号を並べ終わったとき,○は全部で何個並んでいますか。

( )

(3) 33 個目の×は,はじめから数えて何個目ですか。

( )

4 次のようにあるきまりにしたがって分数が並んでいます。あとの問いに答えなさい。(5点×2)

$\dfrac{1}{1}, \dfrac{1}{2}, \dfrac{2}{2}, \dfrac{1}{3}, \dfrac{2}{3}, \dfrac{3}{3}, \dfrac{1}{4}, \dfrac{2}{4}, \dfrac{3}{4}, \dfrac{4}{4},$ ……

(1) $\dfrac{5}{11}$ は,はじめから数えて何番目の数ですか。

( )

(2) はじめから 50 番目の数までの和を求めなさい。

( )

時間	得点
30分	
合格 **35点**	50点

上級 レベル 70　規則性と周期性（2）

1 次の問いに答えなさい。（4点×5）

(1) $\frac{4}{7}$ を小数にしたとき，小数第50位の数字は何ですか。

（　　　　　）

(2) $\frac{23}{37}$ を小数にしたとき，小数第1位から小数第80位までの数字の和はいくつですか。

（　　　　　）

(3) 7を2020個かけあわせた数の一の位の数字は何ですか。

〔立正大付属立正中一改〕

（　　　　　）

(4) 16を33個かけあわせたとき，できる数の十の位の数字は何ですか。

（　　　　　）

(5) [1，2，3，4]，[5，6，7，8]，[9，10，11，12]，…… のように数が4つずつの組になって並んでいます。4つの数の合計が426になるのは何番目の組ですか。

〔千葉日本大第一中〕

（　　　　　）

2 右の図のように，整数がある規則にしたがって並んでいます。次の問いに答えなさい。（6点×3）

```
1段目            1
2段目          1   1
3段目        1   2   1
4段目      1   3   3   1
5段目    1   4   6   4   1
6段目  1   5  10  10   5   1
```

(1) 8段目の左から3番目の数を求めなさい。

（　　　　　）

(2) 10段目の数の和を求めなさい。

（　　　　　）

(3) 2020段目の数の和を9でわったときの余りを求めなさい。

（　　　　　）

3 右の表は，ある規則にしたがって整数を順に書き入れたものです。次の問いに答えなさい。（6点×2）

(1) 3行目の7列目の数は何ですか。

	1列目	2列目	3列目	4列目	5列目
1行目	1	2	4	7	11
2行目	3	5	8	12	
3行目	6	9	13		
4行目	10	14			
5行目	15				

（　　　　　）

(2) 70は何行目の何列目の数ですか。

（　　　　　）

学習日 [月   日]

時間 25分　合格 40点　得点 ／50点

❶ A, B, C, Dの4人が横一列に並ぶ方法は何通りありますか。(4点)

(　　　　　)

❷ 1, 2, 3, 4, 5の5枚のカードから3枚選んで横一列に並べて, 3けたの整数をつくります。次の問いに答えなさい。(4点×2)
(1) 全部で何通りの整数がつくれますか。

(　　　　　)

(2) 偶数は全部で何通りつくれますか。

(　　　　　)

❸ 0, 1, 2, 3, 4の5枚のカードから3枚選んで横一列に並べて, 3けたの整数をつくります。次の問いに答えなさい。(4点×2)
(1) 全部で何通りの整数がつくれますか。

(　　　　　)

(2) 偶数は全部で何通りつくれますか。

(　　　　　)

❹ 次の問いに答えなさい。(6点×3)
(1) 5色の色えん筆の中から, 2色を選ぶ選び方は何通りですか。

(　　　　　)

(2) あるクラスはA, B, C, D, E, F, Gの7つの班に分かれています。この中から給食当番の班を2つ選びます。全部で何通りの班の組み合わせがありますか。

(　　　　　)

(3) 5人の班の中から, 4人が校庭のそうじをします。そうじをする人の選び方は何通りありますか。

(　　　　　)

❺ 右の図のように, 円周上に6つの点があります。次の問いに答えなさい。(6点×2)

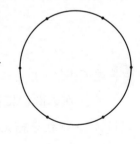

(1) 2つの点を結んで直線をひくと, 何本ひけますか。

(　　　　　)

(2) 4つの点を結んで四角形をつくると, 何個できますか。

(　　　　　)

学習日〔　　月　　日〕

時間	得点
30分	
合格	
35点	**50点**

上級レベル 72　場合の数 (1)

1 右の図のように，直線ℓ上に点A，Bがあり，直線m上に点C，D，E，F，Gがあります。3つの点を結んで三角形をつくるとき，次の問いに答えなさい。(4点×3)

ℓ ——— A ——— B ———

m C　D　E　F　G

(1) ℓ上から点Aと点Bを選び，あとの1つの点をm上から選ぶと，三角形は何個できますか。

(　　　　　　)

(2) ℓ上から点Aを選び，あとの2つの点をm上から選ぶと，三角形は何個できますか。

(　　　　　　)

(3) 全部で何個の三角形ができますか。

(　　　　　　)

2 右の図のように，円周上に7つの点があります。次の問いに答えなさい。(4点×2)

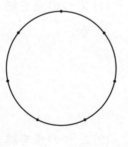

(1) 2つの点を結んで直線をひくと，何本ひけますか。

(　　　　　　)

(2) 3つの点を結んで三角形をつくると，何個の三角形ができますか。

(　　　　　　)

3 次の問いに答えなさい。(6点×5)

(1) 正八角形の対角線の本数は何本ですか。

(　　　　　　)

(2) 男子5人，女子4人のグループがあります。この中から，男子2人，女子1人の委員を選びます。何通りの選び方がありますか。

(　　　　　　)

(3) ①，②，③，④の4枚のカードから3枚選んで横一列に並べて，3けたの整数をつくります。このうち220より大きい整数は何通りできますか。

(　　　　　　)

(4) A，B，C，Dの4人が横一列に並ぶとき，AとBがとなりあうような並び方は何通りですか。

(　　　　　　)

(5) 長さが2cm，3cm，4cm，5cm，6cmの竹ひごが1本ずつあります。この中から3本取り出して三角形をつくるとき，全部で何種類の三角形ができますか。

(　　　　　　)

学習日〔　　月　　日〕

時間	30分	得点
合格	40点	/50点

1 次の問いに答えなさい。（6点×4）

(1) 500円玉，100円玉，50円玉が何枚かあります。どのこう貨も必ず1枚以上使って，ちょうど1000円支払う方法は何通りありますか。〔東京家政学院中〕

（　　　　　）

(2) 10円こう貨が3枚，50円こう貨が1枚，100円こう貨が2枚あります。これらのこう貨を何枚か使ってできる金額は，全部で何通りありますか。〔智辯学園中〕

（　　　　　）

(3) 100円玉が3枚，50円玉が5枚，10円玉が3枚あります。おつりのないように支払うことのできる金額は全部で何通りありますか。〔早稲田中〕

（　　　　　）

(4) 3種類のおかしA，B，Cの1個あたりの値段はそれぞれ，50円，30円，10円です。どの種類も少なくとも1個は買うことにして，200円分買うには何通りの買い方がありますか。

（　　　　　）

2 次の問いに答えなさい。

(1) 3人でじゃんけんをするとき，あいこになるような手の出し方は全部で何通りですか。（6点）

（　　　　　）

(2) 大，中，小3つのさいころを同時に投げるとき，出た目の和が16以上になる場合は何通りですか。（6点）〔星野学園中〕

（　　　　　）

(3) 階段をのぼるときに，一度に1段または2段しかのぼれないとします。たとえば3段の階段は，1段→1段→1段でのぼる方法と，2段→1段でのぼる方法と，1段→2段でのぼる方法の3通りののぼり方があります。このとき，6段の階段ののぼり方は全部で何通りありますか。（7点）

（　　　　　）

(4) 右の図のように，円周を8等分する点A～Hがあります。この8個の点A～Hから3個を選んで三角形をつくります。形も大きさも同じ三角形を1種類と考えるとき，三角形は全部で何種類できますか。（7点）

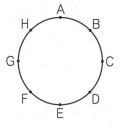

（　　　　　）

上級レベル 74 場合の数 (2)

1 次の問いに答えなさい。(5点×2)

(1)右の図のように，4本の平行な線とそれに交わるような4本の平行な線をひきました。この中に，平行四辺形は何個ありますか。

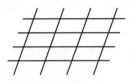

（　　　　　　　）

(2)3けたの整数で，7をふくむ整数（たとえば，117や177など）は全部で何個ありますか。
〔函館ラ・サール中〕

（　　　　　　　）

2 白色と赤色と青色の3種類の円柱の積み木がたくさんあります。底面は3種類とも同じ大きさの円で，高さは白色の積み木が1cm，赤色と青色の積み木はどちらも2cmです。**次のような高さの円柱に積み上げる方法は何通りありますか。**(5点×2)

(1)高さ3cm

（　　　　　　　）

(2)高さ5cm

（　　　　　　　）

3 大中小3個のさいころを同時に投げるとき，出た3つの目の積を考えます。このとき，次の問いに答えなさい。(6点×3)　　〔逗子開成中〕

(1)積が2の倍数になる目の出方は何通りありますか。

（　　　　　　　）

(2)積が3の倍数になる目の出方は何通りありますか。

（　　　　　　　）

(3)積が4の倍数になる目の出方は何通りありますか。

（　　　　　　　）

4 赤，青，黄，緑のボールが1つずつあります。これらを1番から4番までの番号のついた4つの箱に入れて片付けます。どの箱も4個のボールを入れることができ，1つもボールが入らない箱があってもかまいません。次の問いに答えなさい。(6点×2)

(1)ボールの入れ方は全部で何通りありますか。

（　　　　　　　）

(2)ボールを3つと1つに分け，2つの箱に入れる入れ方は何通りありますか。

（　　　　　　　）

時間	得点
25分	
合格	
40点	50点

学習日 [　　月　　日]

75 場合の数 (3)

1 右の図のように A 町と B 町は 2 本の道で，B 町と C 町は 3 本の道で結ばれています。A 町から B 町を通って C 町まで行くとき，何通りの行き方がありますか。(4点)

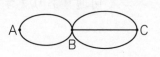

（　　　　　）

2 右の図のような道があります。A から C まで，最も短い道のりで行くとき，次の問いに答えなさい。(5点×4)

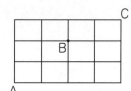

(1) A から C まで行く方法は何通りありますか。

（　　　　　）

(2) A から B まで行く方法は何通りありますか。

（　　　　　）

(3) A から B を通って C まで行く方法は何通りありますか。

（　　　　　）

(4) A から B を通らないで C まで行く方法は何通りありますか。

（　　　　　）

3 右の図のア，イ，ウの部分を赤，青，黄，緑の色でぬり，いろいろな種類の旗を作ろうと思います。となりあった部分には異なる色をぬることにしたとき，次の問いに答えなさい。(8点×2)

(1) 3 か所ともちがう色を使うとき，何通りのぬり方がありますか。

（　　　　　）

(2) 同じ色を使ってもよいことにすると，全部で何通りのぬり方がありますか。

（　　　　　）

4 右の図のように A，B，C，D に区切った部分を，赤・青・黄の 3 色でぬり分けます。同じ色がとなりあわないようにするには，何通りの色のぬり方がありますか。(10点)

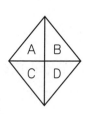

（　　　　　）

学習日〔　　月　　日〕

時間	得点
30分	
合格	
35点	_____ 50点

上級レベル 76 場合の数 (3)

1 次の問いに答えなさい。(6点×3)

(1) 右の図のような道があります。A の交差点から B の交差点まで遠回りをせずに行く方法は何通りありますか。

(2) 右の図のような直角に交わる道路をもつ町があります。C の道が通れないとき,A から出発して遠回りをせずに B まで行く行き方は何通りありますか。

〔平安女学院中〕

(3) 右の図のように,立方体を 2 つ重ねた立体があります。この図形の実線および点線を通って,点 A から点 B まで最短で移動する方法は何通りありますか。

〔岡山白陵中〕

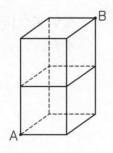

2 右の図のような道があり,A 地点から B 地点まで進みます。次の問いに答えなさい。(8点×2)

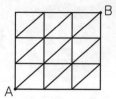

(1) 進む方向を右か上だけにすると,進み方は全部で何通りありますか。

(　　　　　　)

(2) 進む方向を右か上かななめ右上だけにすると,進み方は全部で何通りありますか。

(　　　　　　)

3 右の図において,5 つの場所 A〜E をぬり分けます。次の問いに答えなさい。(8点×2)　〔西武台新座中〕

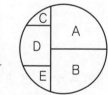

(1) 赤,黄,青,緑,黒の 5 色を全部使うとき,何通りのぬり分け方がありますか。

(　　　　　　)

(2) (1)の 5 色のうち,4 色使うときのぬり分け方は何通りありますか。ただし,同じ色がとなり合わないようにします。

(　　　　　　)

標準レベル 77 資料の調べ方 (1)

時間 20分	得点
合格 40点	50点

1 ある小学校の 6 年生で算数のテストをして, 次の結果を得ました。あとの問いに答えなさい。

76　85　74　72　84　92　95　72　66　85

68　75　82　84　90　88　89　78　95　85 (単位：点)

(1) このテストの中央値を求めなさい。(5点)

(　　　　　　　)

(2) このテストの最頻値を求めなさい。(5点)

(　　　　　　　)

(3) このテストの平均値を求めなさい。(5点)

(　　　　　　　)

(4) この結果を 60 点以上 70 点未満, 70 点以上 80 点未満, …の階級に分けて, 右のような表をつくります。空らんにあてはまる数を書きなさい。(8点)

階級(点)	人数(人)
60以上～70未満	
70～80	
80～90	
90～100	
合計	

2 右の表はあるクラスの体重の記録をまとめたものです。次の問いに答えなさい。

階級(kg)	人数(人)
①以上～35未満	2
35～40	3
40～②	5
45～50	③
50～55	4
55～60	2
60～65	1
合計	25

(1) 右の表で, ①～③にあてはまる数を答えなさい。(3点×3)

①(　　　　　　　)

②(　　　　　　　)

③(　　　　　　　)

(2) 人数がいちばん多いのはどの階級ですか。(5点)

(　　　　　　　)

(3) 50kg 以上の人は何人いますか。(5点)

(　　　　　　　)

(4) 記録をグラフに表しましょう。(8点)

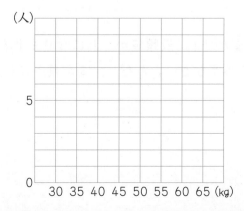

上級レベル 78　資料の調べ方 (1)

1 次の2つの資料について，あとの問いに答えなさい。

A：4，10，5，6，9，4，10，8，5，7，　①　，　②

B：13，13，11，13，7，11，9，13，11，　①　，　②　，　③

(1) 資料Aにおいて，平均値が7，最頻値が10になりました。①，②にあてはまる数を答えなさい。ただし，①のほうが②より大きいとします。(4点×2)

①(　　　　　)　②(　　　　　)

(2) 資料Aにおいて，中央値が6，最頻値が5になりました。①，②にあてはまる数を答えなさい。ただし，①のほうが②より大きいとします。(4点×2)

①(　　　　　)　②(　　　　　)

(3) 資料Bにおいて，平均値が11，最頻値が11になりました。①，②，③にあてはまる数を答えなさい。ただし，③が最小とします。

(4点×3)

①(　　　　)　②(　　　　)　③(　　　　)

2 右の柱状グラフはある6年生の身長の記録をまとめたものです。次の問いに答えなさい。(5点×2)

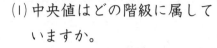

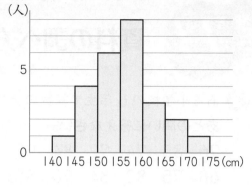

(1) 中央値はどの階級に属していますか。

(　　　　　　　　　)

(2) 160cm以上の人は全体の何%ですか。

(　　　　　　　　　)

3 右の表はあるクラスのソフトボール投げの記録を5mごとに区切ってまとめたものです。次の問いに答えなさい。(6点×2)

〔桃山学院中〕

番号	きょり(m)	人数(人)
①	5以上～10未満	2
②	10以上～15未満	4
③	15以上～20未満	A
④	20以上～25未満	10
⑤	25以上～30未満	B
⑥	30以上～35未満	1
合計		30

(1) 5m以上15m未満の人数は全体の何%ですか。

(　　　　　　　　　)

(2) 投げたきょりが短い人から順にならべたとき，20番目の人は表のどの部分に入っている可能性がありますか。あてはまる番号をすべて選びなさい。

(　　　　　　　　　)

学習日 [　　月　　日]

時間 25分	得点
合格 40点	／50点

1 あるクラスで，計算テストが2回ありました。右の表は，1回目と2回目のテストの結果を表したものです。＊のところは，1回目が4点，2回目が2点の人が1人であることを表しています。次の問いに答えなさい。(7点×3)

計算テスト	1回目(点)				
	1	2	3	4	5
2回目(点) 1	0	2	0	0	0
2	1	4	3	*1	0
3	0	3	5	2	0
4	0	2	4	6	0
5	0	0	1	2	3

(1) 1回目のテストの平均点は何点ですか。四捨五入して，小数第一位まで求めなさい。

(　　　　　　　)

(2) 1回目と2回目の合計点が7点以上の人は何人いますか。

(　　　　　　　)

(3) 2回目の点数が1回目の点数より高い人は何人いますか。

(　　　　　　　)

2 5点満点の算数の計算テストをしたら，右のような結果になりました。次の問いに答えなさい。(7点×2)

(1) 最頻値を求めなさい。

(　　　　　　　)

(2) 平均値を求めなさい。

(　　　　　　　)

3 右の表は，20人の生徒がそれぞれ10点満点の国語と算数のテストをし，その結果をまとめた表です。＊のところは，国語10点，算数9点の人が2人であることを表しています。次の問いに答えなさい。

算数＼国語	10点	9点	8点	7点	6点
10点	1		1		
9点	*2	3	1		
8点		4	㋐	㋑	
7点	1	1			
6点					1

(1) 算数の平均点は何点ですか。(7点)

(　　　　　　　)

(2) 国語の平均点が8.6点のとき，㋐，㋑にあてはまる数を求めなさい。(8点)

(㋐　　　　　，㋑　　　　　)

上級レベル 80　資料の調べ方 (2)

時間	得点
30分	
合格 30点	／50点

1　次の表は，阪急神戸線(はんきゅうこうべせん)の駅と駅のきょりを表したものの一部です。たとえば夙川(しゅくがわ)と梅田(うめだ)のきょりは 18.3 km です。このとき，①，②にあてはまる数をそれぞれ求めなさい。（10点×2）

	西宮北口	夙川	岡本(おかもと)	六甲(ろっこう)	三宮(さんのみや)
六甲					②
岡本					8.9
夙川			5.1		
西宮北口(にしのみやきたぐち)			7.8	11.8	
梅田	①	18.3			

（単位：km）

①（　　　　　　　）　②（　　　　　　　）

2　右の柱状グラフは，40人のクラスで10点満点のテストをした結果と人数の関係を表したものです。しかし，グラフの上に紙がのっていて，とちゅうから上は見えません。次の問いに答えなさい。（10点×2）

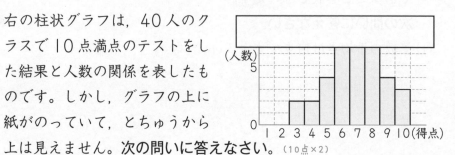

(1) 得点が6点，7点，8点の人の合計人数は，クラス全体の何％ですか。

（　　　　　　　）

(2) クラス全体の平均点は 6.9 点でした。7点をとった人は何人ですか。ただし，6点，7点，8点の人数は異(こと)なるものとします。

（　　　　　　　）

3　右の表はあるクラスの生徒の国語と算数のテストの点数をまとめたものです。たとえば，表のⒶの右のらんの2は国語が3点で，算数が2点の生徒が2人いることを表しています。また，表のⒸの左の5は国語が4点で算数が5点の生徒が5人いることを表しています。このクラスの国語の平均点は3.6点，算数の平均点は3.4点です。このクラスの生徒数は何人ですか。（10点）

算数 ＼ 国語	2点	3点	4点	5点
1点	1	2	1	0
2点	Ⓐ	2	1	1
3点	2	Ⓑ	4	3
4点	2	2	3	5
5点	0	4	5	Ⓒ

（　　　　　　　）

81 最上級レベル ⑪

1 面積が 9 cm² の正三角形があります。この正三角形の各辺を 3 等分して，まん中の部分にその長さを 1 辺とする正三角形をつけ加えると 2 番目のような図形になります。同様に 2 番目の図形の各辺を 3 等分して，まん中の部分にその長さを 1 辺とする正三角形をつけ加えると 3 番目のような図形になります。このような作業をくり返すとき，次の問いに答えなさい。(7点×3)

〔城西川越中〕

1番目　2番目　3番目

9cm²

(1) 1 番目の図形から 2 番目の図形になるときに，つけ加えられた正三角形の 1 つあたりの面積を求めなさい。

（　　　　　）

(2) 4 番目の図形の辺の数を求めなさい。

（　　　　　）

(3) 4 番目の図形から 5 番目の図形になるときに，つけ加えられた正三角形の面積の合計を求めなさい。

（　　　　　）

2 A, B, C, D, E の 5 人が 1 号室，2 号室の 2 部屋に分かれてとまることになりました。1 号室には 3 人まで，2 号室には 4 人までとまることができます。5 人のとまり方は全部で何通りありますか。(8点)

〔明治大付属中野八王子中〕

（　　　　　）

3 右の図のような同じ大きさの正三角形を 8 つ組み合わせてできる立体を考えます。点 P は A を出発して，この立体の辺を通り，1 秒後にはとなりの頂点に進みます。次の問いに答えなさい。

(7点×3)〔南山中男子部〕

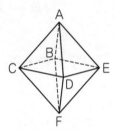

(1) 点 P が 2 秒後に F に着く方法は何通りですか。

（　　　　　）

(2) 点 P が 3 秒後に F に着く方法は何通りですか。

（　　　　　）

(3) 点 P が 4 秒後に F に着く方法は何通りですか。

（　　　　　）

82 最上級レベル ⑫

1 次の図のように，1辺の長さが1cmの正方形の紙を並べていきます。あとの問いに答えなさい。(6点×4) 〔聖セシリア女子中〕

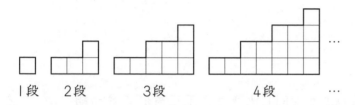

1段　　2段　　　3段　　　　4段　　…

(1) 7段のとき，正方形の紙を何枚並べますか。

（　　　　　　）

(2) 7段のとき，まわりの長さは何cmですか。ただし，まわりの長さとは図の太線部分を示します。

（　　　　　　）

(3) 40段のとき，まわりの長さは何cmですか。

（　　　　　　）

(4) まわりの長さが580cmになるのは，何段のときですか。

（　　　　　　）

2 10から99までの数字が1つずつ書かれた90枚のカードと，3つの豆電球A，B，Cがあります。太郎君は，カードを1枚引いて，次のルールにしたがってそれぞれの豆電球の点灯と消灯を切りかえます。

---

① カードの数字が2の倍数のとき，豆電球Aを切りかえます。

② カードの数字が3の倍数のとき，豆電球Bを切りかえます。

③ カードの数字の十の位の数が一の位の数より大きいとき，豆電球Cを切りかえます。

たとえば，A，B，Cの豆電球がすべて消灯しているとき，12の数字のカードを引いたら，豆電球AとBは点灯し，Cは消灯したままです。そのあとに，21の数字のカードを引いたら，豆電球Aは点灯したままで，Bは消灯し，Cは点灯します。**このとき，次の問いに答えなさい。**ただし，引いたカードは元にもどすものとします。 〔巣鴨中〕

(1) 最初に，A，B，Cの豆電球がすべて消灯しているとき，40の数字のカードを引きました。点灯している豆電球をすべて答えなさい。

(8点)

（　　　　　　）

(2) (1)のあと，1枚のカードを引いたら，3つとも点灯しました。考えられるカードは何枚ありますか。(8点)

（　　　　　　）

(3) (2)のあと，1枚のカードを引いたら，1つだけ点灯したままでした。考えられるカードは何枚ありますか。(10点)

（　　　　　　）

標準レベル 83 立体図形 (1)*

★印は，発展的な問題が入っていることを示しています。

1 次のそれぞれの立体について，下の表のア〜トにあてはまる言葉や数を書きなさい。(1点×20)

① 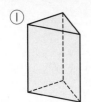　② 　③ 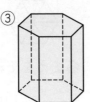　④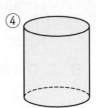

	立体の名まえ	底面の形	側面の形	面の数	頂点の数	辺の数
①	ア	オ	ケ	シ	ソ	ツ
②	イ	カ	コ	ス	タ	テ
③	ウ	キ	サ	セ	チ	ト
④	エ	ク				

2 次のそれぞれの立体について，下の表のア〜トにあてはまる言葉や数を書きなさい。(1点×20)

① 　② 　③ 　④

	立体の名まえ	底面の形	側面の形	面の数	頂点の数	辺の数
①	ア	オ	ケ	シ	ソ	ツ
②	イ	カ	コ	ス	タ	テ
③	ウ	キ	サ	セ	チ	ト
④	エ	ク				

3 右の展開図について，次の問いに答えなさい。(2点×3)

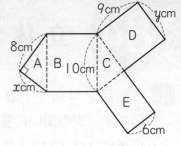

(1) 組み立てたときにできる立体の名まえを答えなさい。

（　　　　　　　　）

(2) x と y の値を求めなさい。

x（　　　　　　） y（　　　　　　）

4 右の図2は図1の円柱の展開図です。次の問いに答えなさい。円周率は3.14とします。(2点×2)

（図1）　（図2）

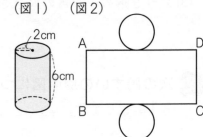

(1) AB の長さは何 cm ですか。

（　　　　　　　　）

(2) AD の長さは何 cm ですか。

（　　　　　　　　）

上級レベル**84** 立体図形 (1)★

学習日 [　　　月　　　日]

時間	30分	得点
合格	35点	／50点

1 右の図2は図1の立体の展開図です。次の問いに答えなさい。円周率は3.14とします。（3点×3）

（図1）
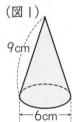
9cm
6cm

（図2）
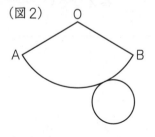
O
A　B

(1) OA の長さは何 cm ですか。

（　　　　　　　　　）

(2) 曲線 AB の長さは何 cm ですか。

（　　　　　　　　　）

(3) おうぎ形の中心角の大きさは何度ですか。

（　　　　　　　　　）

2 次の円すいの展開図について，x の値を求めなさい。円周率は3.14とします。（4点×3）

(1)
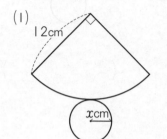
12cm
$x$cm

(2)
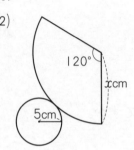
120°
$x$cm
5cm

(3)
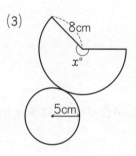
8cm
$x°$
5cm

（　　　）（　　　）（　　　）

3 次の図はある立体を真正面と真上から見た図です。あとの問いに答えなさい。

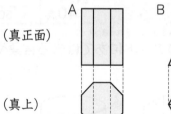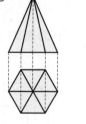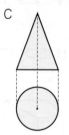
A　　　　　B　　　　　C
（真正面）

（真上）

(1) A，B，C の立体の名まえをそれぞれ答えなさい。（3点×3）

A（　　　　　）B（　　　　　）C（　　　　　）

(2) B の立体の頂点の数と辺の数をそれぞれ答えなさい。（4点×2）

頂点（　　　　　）辺（　　　　　）

4 右の展開図について，次の問いに答えなさい。ただし，四角形 EFGH は正方形，三角形はすべて二等辺三角形です。（3点×4）

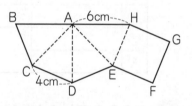
B　A　6cm　H
G
C　E
4cm　D　F

(1) 組み立てたときにできる立体の名まえを答えなさい。

（　　　　　　　　　）

(2) 頂点 D と重なるのはどの頂点ですか。

（　　　　　　　　　）

(3) 辺 GH と重なるのはどの辺ですか。

（　　　　　　　　　）

(4) 組み立てたときにできる立体の辺の長さの和を求めなさい。

（　　　　　　　　　）

立 体 図 形 (2)

1 次の角柱や円柱の体積を求めなさい。円周率は 3.14 とします。

(5点×4)

(1)
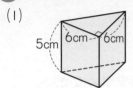
5cm　6cm　6cm

(　　　　　　)

(2)
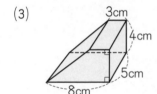
4cm　4cm　6cm　4.5cm

(　　　　　　)

(3)
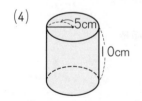
3cm　4cm　5cm　8cm

(　　　　　　)

(4)
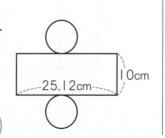
5cm　10cm

(　　　　　　)

2 右の図は円柱の展開図です。次の問いに答えなさい。円周率は 3.14 とします。(5点×2)

(1) 底面の半径は何 cm ですか。

25.12cm　10cm

(　　　　　　)

(2) 組み立ててできる円柱の体積は何 cm³ ですか。

(　　　　　　)

3 次の角柱や円柱の表面積を求めなさい。円周率は 3.14 とします。

(5点×4)

(1)

5cm　7cm　4cm　3cm

(　　　　　　)

(2)

7cm　4cm　4cm　5cm　6cm

(　　　　　　)

(3)

10cm　5cm　5cm　4cm　5cm　11cm

(　　　　　　)

(4)

8cm　2cm

(　　　　　　)

上級レベル 86 立 体 図 形 (2)

1 次の図はある立体を真正面と真上から見た図です。**立体の体積と表面積をそれぞれ求めなさい。** (4点×4)

(1)

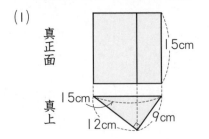

真正面　15cm

真上　15cm　12cm　9cm

体積（　　　　　）

表面積（　　　　　）

(2)

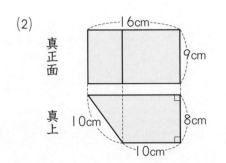

真正面　16cm　9cm

真上　10cm　8cm　10cm

体積（　　　　　）

表面積（　　　　　）

2 右の図はある立体を真正面と真上から見た図です。次の問いに答えなさい。円周率は 3.14 とします。(5点×2)

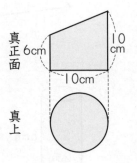

真正面　6cm　10cm　10cm

真上

(1) この立体を 2 つ使って円柱を作りました。できた円柱の高さは何 cm ですか。

（　　　　　）

(2) この立体の体積は何 cm³ ですか。

（　　　　　）

3 右の図の立体について，次の問いに答えなさい。(4点×2)

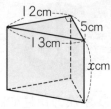

12cm　5cm　13cm　xcm

(1) $x=10$ のとき，この立体の表面積は何 cm² ですか。

（　　　　　）

(2) この立体の表面積が 300 cm² のとき，x の値を求めなさい。

（　　　　　）

4 次の長方形を，直線 ℓ を軸として 1 回転してできる立体の体積と表面積をそれぞれ求めなさい。円周率は 3.14 とします。(4点×4)

(1)

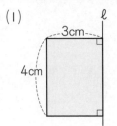

3cm　4cm　ℓ

体積（　　　　　）

表面積（　　　　　）

(2)

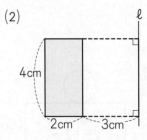

4cm　2cm　3cm　ℓ

体積（　　　　　）

表面積（　　　　　）

標準レベル 87 立体図形 (3)★

1 次の角すいや円すいの体積を求めなさい。円周率は 3.14 とします。(5点×4)

(1)
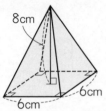

8cm
6cm
6cm

(　　　　　)

(2)
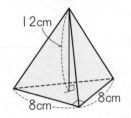

12cm
8cm
8cm

(　　　　　)

(3) 立方体から図のように切り取った三角すい
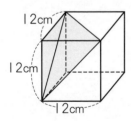

12cm
12cm
12cm

(　　　　　)

(4)

9cm
3cm

(　　　　　)

2 右の図の円すいについて，次の問いに答えなさい。円周率は 3.14 とします。(6点×2)

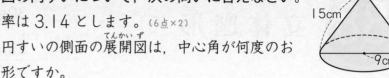

15cm
9cm

(1) この円すいの側面の展開図は，中心角が何度のおうぎ形ですか。

(　　　　　)

(2) この円すいの表面積は何 cm² ですか。

(　　　　　)

3 次の角すいや円すいの表面積を求めなさい。円周率は 3.14 とします。(6点×3)

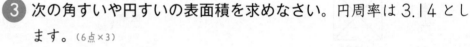

(1)
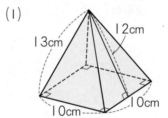

13cm
12cm
10cm
10cm

(　　　　　)

(2)
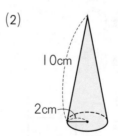

10cm
2cm

(　　　　　)

(3)
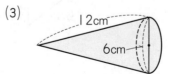

12cm
6cm

(　　　　　)

87

上級レベル 88 立体図形 (3) ★

1 次の図はある立体を真正面と真上から見た図です。**立体の体積と表面積をそれぞれ求めなさい。**円周率は 3.14 とします。(5点×4)

(1)
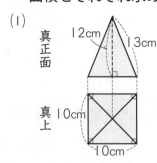
真正面 12cm 13cm
真上 10cm 10cm

体積 (   )

表面積 (   )

(2)
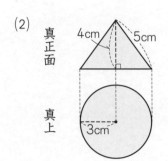
真正面 4cm 5cm
真上 3cm

体積 (   )

表面積 (   )

2 右の図形を，直線 ℓ を軸として 1 回転してできる立体の体積と表面積を求めなさい。円周率は 3.14 とします。(4点×2)

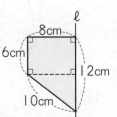
8cm 6cm 12cm 10cm ℓ

体積 (   )

表面積 (   )

3 底面の半径が 3cm の円すいをたおして，すべらないように転がすと，右の図のように円をかき，6 回転して元の位置にもどりました。このとき，次の問いに答えなさい。円周率は 3.14 とします。(5点×2)

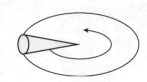

(1) かかれた円の半径は何 cm ですか。

(   )

(2) この円すいの表面積は何 cm² ですか。

(   )

4 右の図の四角形 ABCD は 1 辺 12cm の正方形で，E，F はそれぞれ辺 AB，BC のまん中の点です。いま，DE，EF，FD を折り目として折り曲げ，3 点 A，B，C を 1 つに重ねて三角すいを作りました。**このとき，次の問いに答えなさい。**(4点×3)

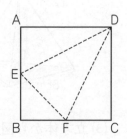
A D E B F C

(1) この三角すいの体積は何 cm³ ですか。

(   )

(2) 三角形 DEF の面積は何 cm² ですか。

(   )

(3) 三角形 DEF を底面とすると，三角すいの高さは何 cm になりますか。

(   )

標準レベル 89 立体図形 (4)★

時間 **30**分
合格 **40**点

得点 _____ / 50点

1 次の立体の体積と表面積をそれぞれ求めなさい。円周率は 3.14 とします。(4点×8)

(1)
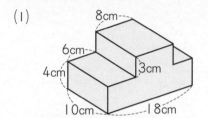
8cm
6cm
4cm
10cm
3cm
18cm

体積 (　　　　　)

表面積 (　　　　　)

(2)
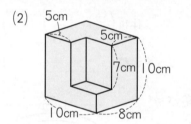
5cm
5cm
7cm
10cm
10cm
8cm

体積 (　　　　　)

表面積 (　　　　　)

(3)
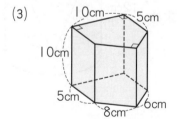
10cm
5cm
10cm
5cm
8cm
6cm

体積 (　　　　　)

表面積 (　　　　　)

(4)
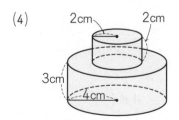
2cm
2cm
3cm
4cm

体積 (　　　　　)

表面積 (　　　　　)

2 右の図は 1 辺が 6 cm の立方体から, 1 辺が 2 cm の正方形を底面とする直方体をくりぬいたものです。この立体の表面積を求めなさい。(6点)

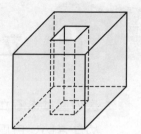

(　　　　　)

3 右の図は円すいを底面に平行な面で切ったものです。これについて, 次の問いに答えなさい。円周率は 3.14 とします。(4点×3)

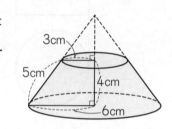
3cm
5cm
4cm
6cm

(1) もとの円すいの高さは何 cm ですか。

(　　　　　)

(2) この立体の体積は何 cm³ ですか。

(　　　　　)

(3) この立体の表面積は何 cm² ですか。

(　　　　　)

89

上級 レベル 90 立体図形 (4)★

1 次の図はある立体を真正面と真上から見た図です。**立体の体積を求めなさい。**円周率は 3.14 とします。(8点×3)

(1)
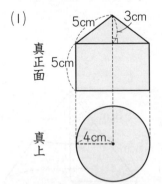
真正面　5cm
5cm　3cm
真上　4cm

(2)
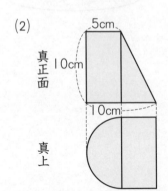
真正面　5cm
10cm　10cm
真上

(3) 真正面
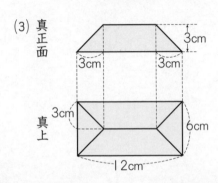
3cm
3cm　3cm
真上　3cm　6cm
12cm

2 右の図は，底面の半径が 6cm，高さが 10cm の円柱から，底面の半径が 2cm，高さが 10cm の円柱をくりぬいたものです。この立体の体積と表面積を求めなさい。円周率は 3.14 とします。(6点×2)

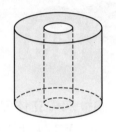

体積（　　　　　　　）

表面積（　　　　　　　）

3 右の図は，底面の直径が 14cm，高さが 12cm の円柱から，底面の直径が 10cm，高さが 12cm の円すいをくりぬいたものです。この立体の体積と表面積をそれぞれ求めなさい。円周率は 3.14 とします。(7点×2)

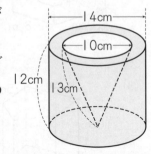

14cm
10cm
12cm
13cm

体積（　　　　　　　）

表面積（　　　　　　　）

時間 **30**分	得点
合格 **40**点	___ 50点

標準
レベル**91**　立体図形 (5)

❶ 右の図 | のような直方体の容器に,
8 cm の高さまで水が入っています。
図 2 は, 底面が | 辺 3 cm の正方形
で, 高さが 4 cm の四角すいの容器で
す。次の問いに答えなさい。(5点×2)

（図 | ）　（図 2）

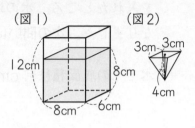

(1) 図 | の容器に入っている水の量は何 cm³ ですか。

（　　　　　　　）

(2) 図 | の容器の水を, 図 2 の容器でくみ出すとき, 何回くみ出すと
空になりますか。

（　　　　　　　）

❷ 右の図のような円柱形の容器の中に, 深さ
10 cm まで水が入っています。次の問いに答
えなさい。円周率は 3.14 とします。(5点×2)

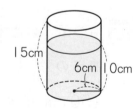

(1) 容器に入っている水の量は何 cm³ ですか。

（　　　　　　　）

(2) この水の中に石をしずめると, 水が 20 cm³ あふれました。石の
体積は何 cm³ ですか。

（　　　　　　　）

❸ 右の図のような容器に, 深さ 7 cm まで水が入
っています。次の問いに答えなさい。(6点×3)

(1) DE の長さは何 cm ですか。

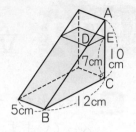

（　　　　　　　）

(2) 容器に入っている水の量は何 cm³ ですか。

（　　　　　　　）

(3) この容器をたおして三角形 ABC を底面にすると水の深さは何 cm
になりますか。

（　　　　　　　）

❹ 縦 6 cm, 横 8 cm, 高さ 6 cm の
直方体の水そう A に 3 cm の深さ
まで水が入っています。底面が |
辺 4 cm の正方形である直方体 B
をこの水そうの中に横にして入れた
ところ, 直方体 B は水の中に完全にしずみ, 水面の高さは 2 cm
高くなりました。次の問いに答えなさい。(6点×2)

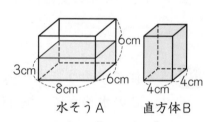

水そう A　直方体 B

(1) 直方体 B の高さは何 cm ですか。

（　　　　　　　）

(2) しずんでいる直方体 B を立てたとき, 水面の高さは何 cm になり
ますか。

（　　　　　　　）

上級レベル 92　立体図形 (5)

1 円柱の形をした容器に水が
入っています。この中に図
1のような直方体のおもり
を入れると，図2，図3
のようになりました。**次の
問いに答えなさい。**(6点×2)

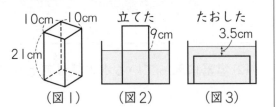

(1) 容器の底面積は何 cm² ですか。

(　　　　　　　)

(2) 入っている水の量は何 cm³ ですか。

(　　　　　　　)

2 直方体の水そうに水が入っていま
す。この水そうに，縦10 cm，横
15 cm，高さ20 cm の直方体の
レンガを入れます。水の深さは，
図1のように入れると8 cm，図2のように入れると13 cm です。
次の問いに答えなさい。(6点×2)

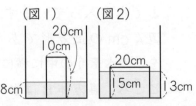

(1) 水そうの底面積は何 cm² ですか。

(　　　　　　　)

(2) 水の体積は何 cm³ ですか。

(　　　　　　　)

3 右の図のような直方体の水そうに，底面
が1辺20 cm の正方形である四角柱が
入っています。この水そうに50L の水
を入れたところ，水の深さは40 cm に
なりました。**次の問いに答えなさい。**

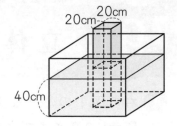

(6点×3)

(1) 水そうの底面積は何 cm² ですか。

(　　　　　　　)

(2) 四角柱を10 cm 持ち上げたときの水の深さは何 cm ですか。

(　　　　　　　)

(3) 水の深さが35.2 cm になるのは，四角柱を何 cm 持ち上げたとき
ですか。

(　　　　　　　)

4 右の図1の直方体の容器に，容器の
高さの $\frac{2}{3}$ まで水が入っています。
150 cm³ の水を捨てたあとふたをし
てたおすと，水面の高さが6 cm に
なりました(図2)。**図1の容器の高さは何 cm ですか。**(8点)

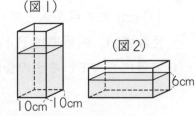

(　　　　　　　)

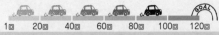
標準レベル 93 立体図形 (6)★

1 右の図は 1 辺が 6 cm の立方体で，P，Q，R
はそれぞれ辺のまん中の点です。次の 3 点を
通る平面で立方体を切ったとき，切り口の形の
名まえを答え，分けられた小さいほうの立体の
体積を求めなさい。（3点×8）

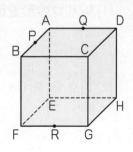

(1) A，C，F

切り口（　　　　　　　）体積（　　　　　　　）

(2) A，C，G

切り口（　　　　　　　）体積（　　　　　　　）

(3) B，Q，R

切り口（　　　　　　　）体積（　　　　　　　）

(4) P，Q，F

切り口（　　　　　　　）体積（　　　　　　　）

2 左の図の立方体を，面 APQH で切りました。右の展開図に切り口
になっている線をかき入れなさい。ただし，P は BC の，Q は CG
のまん中の点です。（4点）

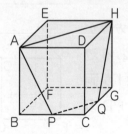

3 左の図は立方体で，P，Q，R はそれぞれ辺のまん中にあります。
右の展開図の（　）にあてはまるアルファベットを書きなさい。また
立方体の面につけた太い線を展開図にかき入れなさい。（5点×2）

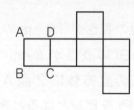

4 右の図のような円すいがあります。次の問いに答え
なさい。円周率は 3.14 とします。（6点×2）

(1) この円すいの表面積を求めなさい。

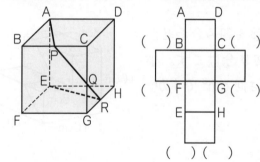

（　　　　　　　）

(2) 図のように，この円すいの底面の円周上にある点
A から，円すいの側面を通って，再び点 A にもどる線をかくこと
にします。この線が最も短くなるときの長さを求めなさい。

（　　　　　　　）

94 立体図形 (6)★

時間	得点
30分	
合格 35点	／50点

1 右の図のような1辺の長さが12cmの立方体があります。点Iは，GIの長さが4cmである辺GH上の点です。この立方体に2点AとIが両端になるように糸APIをピンとはるとき，PDの長さは何cmですか。(8点)

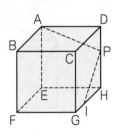

（　　　　　）

2 右の図のように，直方体を組み合わせた立体を2つの立体に切り分けます。小さいほうの立体の体積は何cm³ですか。(8点)

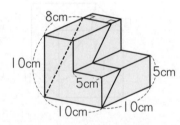

（　　　　　）

3 右の図のように，同じ大きさの小さい立方体64個を積み重ねて大きな立方体を作りました。3点A，B，Cを通る平面でこの大きい立方体を切ったとき，切断された小さい立方体の数は何個ですか。(8点)

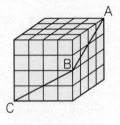

（　　　　　）

4 右の図のような三角柱を，3点P，D，Eを通る平面で切るとき，次の問いに答えなさい。(8点×2)

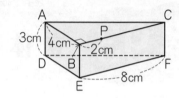

(1) 切り口の形を図に斜線で示しなさい。

(2) 頂点Bをふくむ立体の体積を求めなさい。

（　　　　　）

5 右の図のような1辺が6cmの立方体があります。最初に頂点A，F，Cをふくむ平面で立体を2つに切り，頂点Hをふくむ立体を残します。次に，頂点D，Eと切り取る前の頂点Bの位置の点をふくむ平面でもう一度立体を2つに切り，頂点Hをふくむ立体を残します。残った立体の体積は何cm³ですか。(10点)

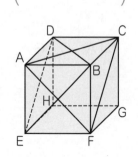

（　　　　　）

95 最上級レベル ⑬

1 右の図のように1辺6cmの立方体から，面に垂直に直方体と円柱をくりぬきました。くりぬいたあとの残りの部分の体積は何cm³ですか。円周率は3.14とします。
（8点）〔広島大附中〕

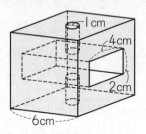

（　　　　　　　　）

2 1辺が12cmの立方体があります。点Pを辺BC上にCP＝4cmとなるようにとります。この立方体を3点P，D，Hを通る平面で切ったとき，頂点Bを含む立体の体積を求めなさい。
（10点）〔城北埼玉中〕

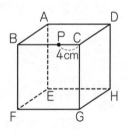

（　　　　　　　　）

3 図1のようなマス目がかかれた立方体があります。次の問いに答えなさい。ただし1マスはたて，横ともに1cmとします。
（8点×2）〔恵泉女学園中〕

（図1）　　（図2）　　（図3）

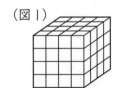 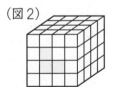 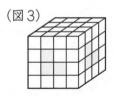

(1)図2の色のついた部分を反対側の面までくりぬいたとき，残った立体の体積を求めなさい。

（　　　　　　　　）

(2)図3の色のついた部分をそれぞれ反対側の面までくりぬいたとき，残った立体の体積を求めなさい。

（　　　　　　　　）

4 図1のような直方体の水そうに円柱A，Bが入っています。円柱Aの底面の半径は10cmで，高さは円柱Bより低いものとします。この水そうに毎秒40cm³の水を入れたときの，経過時間と水の深さの関係を表したものが図2のグラフです。次の問いに答えなさい。円周率は3.14とします。（8点×2）〔日本大二中〕

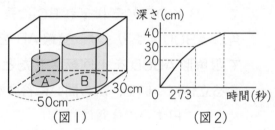

（図1）　　（図2）

(1)円柱Bの底面の面積を求めなさい。

（　　　　　　　　）

(2)この水そうが満水になるのは水を入れ始めてから何秒後ですか。

（　　　　　　　　）

96 最上級レベル 14

学習日〔　　月　　日〕	
時間 **35分**	得点
合格 **35点**	50点

1 右の図は，いくつかの直方体を組み合わせてできた立体です。この立体の体積を求めなさい。(8点)　　　　　〔報徳学園中〕

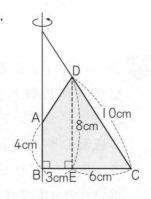

（　　　　　）

2 右の図のように，AB = 4 cm，BE = 3 cm，EC = 6 cm，CD = 10 cm，DE = 8 cm で，AB と DE がそれぞれ BC に垂直な四角形 ABCD があります。直線 AB を軸として四角形 ABCD を1回転させたときにできる立体について，次の問いに答えなさい。
ただし，円すいの体積は，
「(底面積)×(高さ)÷3」で求められます。
また，円周率は3.14とします。(8点×2)　　〔サレジオ学院中〕

(1) この立体の体積は何 cm³ ですか。

（　　　　　）

(2) この立体の表面積は何 cm² ですか。

（　　　　　）

3 右の図1の水そうに，じゃロから水を入れます。水を入れ始めてから15分後にじゃロ A を開いたまままじゃロ B も開き，毎分 320 cm³ の水をぬくものとします。次の問いに答えなさい。(6点×2)　　〔大妻中〕

（図1）
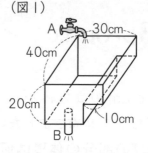

（図2）
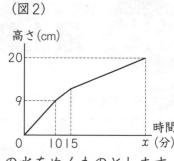

(1) じゃロ A からは毎分何 cm³ の水を入れていますか。

（　　　　　）

(2) 図2のグラフの x の値はいくつですか。

（　　　　　）

4 右の図のような立体があります。三角形 ABC，三角形 DEF は直角二等辺三角形でその面はたがいに平行です。この立体を A, C, E を通る平面で切って2つの立体に分けました。このとき，次の問いに答えなさい。(7点×2)　　〔世田谷学園中〕

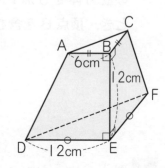

(1) 大きいほうの立体の体積は何 cm³ ですか。

（　　　　　）

(2) 大きいほうの立体の表面積は何 cm² ですか。

（　　　　　）

学習日〔　　月　　日〕

時間	得点
30分	
合格	
40点	50点

標準レベル 97　文章題特訓 ⑴ (相当算)

1 次の問いに答えなさい。(5点×5)

⑴ あき子さんは 1400 円を持ってスーパーに行き，所持金の $\frac{3}{7}$ を使って，りんごを 5 個買いました。りんご 1 個の値段(ねだん)は何円ですか。

（　　　　　　　）

⑵ こういち君は 2000 円を持って本屋に行き，所持金の $\frac{2}{5}$ を使って本を買いました。残金は何円ですか。

（　　　　　　　）

⑶ A 君が自分の持っているお金の 30% を使うと，2100 円残りました。A 君がはじめに持っていたお金は何円ですか。

（　　　　　　　）

⑷ たつき君が，冷蔵庫(れいぞうこ)にある牛乳の $\frac{3}{8}$ を飲むと 15 dL 残りました。はじめにあった牛乳の量は何 dL ですか。

（　　　　　　　）

⑸ 落ちた高さの $\frac{2}{3}$ だけはねあがるボールがあります。このボールを 3.6 m の高さから落とすと，2 回目は何 cm はねあがりますか。

（　　　　　　　）

2 次の問いに答えなさい。(5点×5)

⑴ ある数とその数の $\frac{1}{4}$ との和が 60 になります。ある数はいくつですか。

（　　　　　　　）

⑵ ある日の昼の時間が夜の時間の $\frac{5}{7}$ にあたりました。この日の昼の時間は何時間でしたか。

（　　　　　　　）

⑶ 文ぼう具店へえん筆と消しゴムを買いに行きました。えん筆の値段は持っていたお金の $\frac{1}{9}$ で，消しゴムの値段は持っていたお金の $\frac{1}{12}$ であり，値段の差は 20 円です。持っていたお金は何円ですか。

（　　　　　　　）

⑷ ひとし君が持っていたお金の 20% を使って本を買い，残りのお金の 40% を使って筆箱を買うと，最後に 1200 円残りました。ひとし君ははじめに何円持っていましたか。

（　　　　　　　）

⑸ ある長さのテープから，はじめに全体の $\frac{1}{5}$ を使い，次に残りの $\frac{4}{9}$ を使うと 120 cm 残りました。このテープのはじめの長さは何 cm でしたか。

（　　　　　　　）

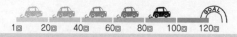

時間	得点
30分	
合格 **35**点	**50**点

上級レベル 98　文章題特訓 (1) (相当算)

1 次の問いに答えなさい。(5点×5)

(1) びんに入っているジュースを，1日目に全体の $\frac{1}{3}$，2日目には全体の $\frac{1}{5}$ 飲んだところ，まだ2.8dL残っていました。ジュースははじめに何Lありましたか。

(　　　　　　)

(2) ある本を読むのに，昨日は全体の $\frac{2}{5}$，今日は全体の $\frac{4}{9}$ を読みました。昨日と今日の読んだページ数のちがいは12ページです。この本は全部で何ページありますか。

(　　　　　　)

(3) ただし君が，持っていたお金の $\frac{1}{3}$ より240円多く使い，次に，残りの $\frac{1}{4}$ を使うと，720円残りました。ただし君ははじめに何円持っていましたか。

(　　　　　　)

(4) けい子さんが，持っていたお金の $\frac{2}{5}$ より90円多い金額で絵の具セットを買い，次に，残りの $\frac{2}{3}$ より40円多い金額ではさみを買ったところ，400円残りました。けい子さんははじめに何円持っていましたか。また，絵の具セットの値段は何円ですか。

はじめのお金(　　　　　) 絵の具セット(　　　　　)

2 次の問いに答えなさい。(5点×5)

(1) ある学校の男子の生徒数は全体の $\frac{5}{9}$ で，女子の生徒数は全体の $\frac{2}{3}$ より64人少ないそうです。この学校の全生徒数は何人ですか。

(　　　　　　)

(2) ある中学校の入学試験で，合格者は受験者の $\frac{1}{3}$ より10人多く，不合格者は受験者の $\frac{5}{8}$ より15人多かったそうです。合格者は何人でしたか。

(　　　　　　)

(3) 太郎君が持っていたお金の $\frac{1}{4}$ より200円多い金額を使い，次に残りの $\frac{3}{7}$ より200円少ない金額を使ったところ，1800円残りました。太郎君ははじめに何円持っていましたか。

(　　　　　　)

(4) 水が氷になると，体積は $\frac{1}{11}$ だけ増えます。240cm³ の氷がすべてとけると，何cm³ の水になりますか。

(　　　　　　)

(5) A君の所持金は，B君の所持金の $\frac{3}{4}$ より70円多く，$\frac{5}{6}$ より50円少ないそうです。A君の所持金は何円ですか。

(　　　　　　)

標準レベル **99** 文章題特訓 (2) (倍数算)

1 次の問いに答えなさい。(6点×4)

(1) 夏子さんは 3800 円，雪子さんは 2200 円持っています。2人はお母さんから同じ額のお金をもらったので，所持金の比が 25：17 になりました。お母さんにもらった金額は何円ですか。

〔甲南女子中〕

（　　　　　　　　）

(2) 姉と妹の所持金の比は，はじめ 3：2 でした。姉が妹に 130 円あげたので，所持金の比は 4：7 になりました。最初に妹は何円持っていましたか。

（　　　　　　　　）

(3) 姉と妹が持っているお金の比は 7：4 です。姉と妹がそれぞれ 2000 円ずつ使ったところ，残ったお金の比は 3：1 になりました。このとき，姉がはじめに持っていたお金はいくらですか。

〔江戸川女子中一改〕

（　　　　　　　　）

(4) 兄と弟の2人の所持金の比は 25：32 でしたが，2人とも母から 10000 円もらったので，2人の所持金の比は 5：6 になりました。いま，2人の合計金額は何円ですか。

（　　　　　　　　）

2 次の問いに答えなさい。(6点×2)

(1) 現在，兄の年令と弟の年令の比は 5：1 です。3年たつと兄の年令と弟の年令の比は 3：1 になります。現在の兄の年令は何才ですか。

（　　　　　　　　）

(2) A，B の 2 つの容器に 5：4 の割合で水が入っています。A の容器から 2L の水を B の容器に入れたところ，容器の中の水の割合が 7：8 になりました。B の容器の水は何 L になりましたか。

〔明治大付属中野八王子中〕

（　　　　　　　　）

3 夏子さんと秋子さんと冬子さんの3人で買い物に行きました。最初，夏子さんと秋子さんの所持金の比は 3：7 で，夏子さんと冬子さんの所持金の比は 9：5 でした。夏子さんと秋子さんは同じTシャツを買い，冬子さんは 600 円のくつ下を買いました。夏子さんと秋子さんの残金の比は 7：25 で，2人の残金の合計は 6400 円になりました。**次の問いに答えなさい。** (7点×2)　〔甲南女子中〕

(1) Tシャツの値段(ねだん)は何円ですか。

（　　　　　　　　）

(2) 冬子さんの残金は何円ですか。

（　　　　　　　　）

学習日〔　　月　　日〕

時間	30分	得点	
合格	35点		50点

上級レベル 100　文章題特訓 (2)（倍数算）

1 次の問いに答えなさい。

(1) 兄と弟の所持金の比は 13：7 でした。兄が 120 円のボールペンを買ったところ，所持金の比は 17：11 になりました。兄のはじめの所持金は何円でしたか。(6点)　〔桃山学院中〕

（　　　　　　　）

(2) 今から 5 年前母と子の年令の比は 4：1 でした。そして，今から 11 年後には母と子の年令の比は 2：1 になるそうです。現在の母の年令を答えなさい。(7点)　〔千葉日本大第一中一改〕

（　　　　　　　）

(3) 兄と弟が持っている金額の比は 7：5 でした。兄は 1500 円，弟は 750 円のおもちゃをそれぞれ買ったので，残った金額の比が 8：7 になりました。このとき，兄がはじめに持っていた金額を求めなさい。(7点)　〔浅野中一改〕

（　　　　　　　）

2 次の問いに答えなさい。(10点×3)

(1) A：B：C の所持金の比は，4：3：2 で A が B に 120 円をわたして，B が C に 80 円わたしたので，9：10：8 になりました。最初，C は何円持っていましたか。

（　　　　　　　）

(2) A さんと B さんの所持金の比は 2：3 です。C さんは B さんよりも 500 円多く持っています。全員 1500 円ずつの買い物をしたので，A さんと C さんの所持金の比は 1：2 になりました。A さんのはじめの所持金は何円ですか。　〔甲南女子中〕

（　　　　　　　）

(3) はじめにふくろの中にある A と B と C の枚数の比は 8：7：5 です。A を取り出したときは，ふくろに入っていない C を 3 枚選んで A とともにもどし，B を取り出したときは，ふくろに入っていない A を 2 枚選んで B とともにもどし，C を取り出したときは，ふくろに入っていない B を 1 枚選んで C とともにもどすこととします。この作業を何回か行ったところ，ふくろの中にある A と B と C の枚数の比が 8：7：5 となりました。（A を取り出した回数）と（B を取り出した回数）と（C を取り出した回数）の比を，もっとも簡単な整数の比で表しなさい。　〔東京都市大付中〕

（　　　　　　　）

学習日〔　月　日〕

時間 30分	得点
合格 40点	50点

標準レベル 101 文章題特訓 (3) (時計算)

1 次の文のア～キにあてはまる数を求めなさい。(2点×7)

時計の長針(ちょうしん)は，1時間に［ア］度回るので，1分間に［イ］度，また1秒間に［ウ］度回ります。短針は1時間に［エ］度回るので，1分間に［オ］度回ります。秒針は1分間に［カ］度回るので，1秒間に［キ］度回ります。

ア(　　) イ(　　) ウ(　　) エ(　　)

オ(　　) カ(　　) キ(　　)

2 次の時刻(じこく)のとき，時計の長針と短針のつくる角のうち，小さいほうの角の大きさを求めなさい。(3点×6)

(1) 4時

(　　)

(2) 10時

(　　)

(3) 2時30分

(　　)

(4) 7時16分

(　　)

(5) 1時24分

(　　)

(6) 11時14分

(　　)

3 次の問いに答えなさい。

(1) 3時と4時の間で，長針と短針が重なる時刻を求めなさい。(4点)

(　　)

(2) 9時と10時の間で，長針と短針が反対向きに一直線になる時刻を求めなさい。(4点)

(　　)

(3) 2時と3時の間で，長針と短針が反対向きに一直線になる時刻を求めなさい。(4点)

(　　)

(4) 5時と6時の間で，長針と短針が直角になる時刻は2回あります。その時刻を両方とも求めなさい。(3点×2)

(　　)(　　)

学習日 〔　　月　　日〕

時間	30分	得点	
合格	35点		50点

上級レベル 102　文章題特訓 (3) (時計算)

1 次の時刻のとき，時計の長針と短針のつくる角のうち，小さいほうの角の大きさを求めなさい。(5点×3)

(1) 6 時 22 分

(　　　　　)

(2) 5 時 47 分

(　　　　　)

(3) 10 時 12 分

(　　　　　)

2 次の問いに答えなさい。(5点×7)

(1) 4 時と 5 時の間で，長針と短針のつくる角の大きさが 2 回目に直角になる時刻は，4 時何分ですか。

(　　　　　)

(2) 6 時を過ぎて，長針と短針のつくる角の大きさがはじめて 60° になる時刻は，6 時何分ですか。

(　　　　　)

(3) 8 時と 9 時の間で，時計の長針と短針のつくる角の大きさが 150° になる時刻は 2 回あります。その時刻を両方とも求めなさい。

(　　　　　)

(　　　　　)

(4) 長針と短針が重なってから，次に重なるまでに何分かかりますか。

(　　　　　)

(5) (4) を利用して，24 時間(1 日)に長針と短針が重なることは何回あるかを答えなさい。

(　　　　　)

(6) 6 時と 7 時の間で，時計の長針と短針が文字板の 6 の文字をはさんで，等しい角度になっていました。このときの時刻は何時何分ですか。

(　　　　　)

標準レベル 103　文章題特訓 (4) (通過算)

1 次の問いに答えなさい。(4点×5)

(1) 長さ80mの電車が，秒速16mで走っています。この電車がふみきりの前で立っているA君の前を通過するのに，何秒かかりますか。

(　　　　　)

(2) 太郎君が駅のホームで電車を待っていると，長さ200mの貨物列車が太郎君の前を10秒間で通過していきました。この貨物列車の速さは時速何kmですか。

(　　　　　)

(3) 長さ80mの電車が秒速18mで走っています。この電車が，長さ388mの鉄橋をわたり始めてからわたり終えるまでには何秒かかりますか。

(　　　　　)

(4) 秒速25mで走る列車が長さ900mのトンネルに，入り始めてから完全に出るまでに38秒かかりました。この列車の長さは何mですか。

(　　　　　)

(5) 長さ126mの電車が，長さ450mの鉄橋をわたり始めてからわたり終えるまでに，24秒かかりました。この電車の速さは時速何kmですか。

(　　　　　)

2 次の問いに答えなさい。(5点×6)

(1) 長さが120m，秒速17mで走るA列車と，長さが195m，秒速18mで走るB列車は，すれちがい始めてからすれちがい終わるまでに何秒かかりますか。

(　　　　　)

(2) 長さ135m，秒速20mの上り列車と，長さが145mの下り列車が，出会ってからすれちがってはなれるまでに8秒かかります。下り列車の速さは秒速何mですか。

(　　　　　)

(3) 秒速16mのA列車と，秒速22mで走るB列車がすれちがうのに12秒かかりました。B列車の長さが160mであるとき，A列車の長さは何mですか。

(　　　　　)

(4) 長さが80m，秒速18mの急行列車が，長さが112m，秒速15mの普通列車に追いついてから追いこすまでに何分何秒かかりますか。

(　　　　　)

(5) 秒速19mで走るA列車が，秒速13mで走るB列車を36秒で追いこしました。A列車の長さが120mのとき，B列車の長さは何mですか。

(　　　　　)

(6) 長さが156mあり，秒速23mで走る特急列車が，長さ344mの貨物列車に追いついてから追いこすまでに1分40秒かかりました。この貨物列車は秒速何mですか。

(　　　　　)

文章題特訓 (4) (通過算)

1 次の問いに答えなさい。(6点×5)

(1) ある電車が長さ 240 m の鉄橋を通過するのに 15 秒かかり，長さ 300 m のトンネルを通過するのに 18 秒かかりました。この電車の速さは時速何 km ですか。またこの電車の長さは何 m ですか。

速さ (　　　　　　　) 長さ (　　　　　　　)

(2) 列車が長さ 800 m の鉄橋を通過するのに 1 分かかり，また信号機のところを通過するのに 20 秒かかっています。この列車の速さは秒速何 m ですか。またこの列車の長さは何 m ですか。

速さ (　　　　　　　) 長さ (　　　　　　　)

(3) 長さが 150 m あり，時速 90 km で走る急行列車が，長さ 1 km のトンネルの中に完全にかくれてしまっている時間は何秒ですか。

(　　　　　　　)

2 次の問いに答えなさい。(5点×4)

(1) 普通電車がある人の前を通過するのに 16 秒かかり，1800 m のトンネルの中に完全にかくれている時間が 2 分 8 秒でした。この電車の長さは何 m ですか。

(　　　　　　　)

(2) 秒速 22 m で走る上り列車と秒速 16 m で走る下り列車が鉄橋ですれちがいました。鉄橋をわたり始めてからわたり終えるまでに，上り列車は 30 秒，下り列車は 45 秒かかり，列車どうしがすれちがうのにかかった時間は 10 秒でした。鉄橋の長さは何 m ですか。

(　　　　　　　)

(3) 長さ 240 m の鉄橋をわたり始めてからわたり終えるまでに 16 秒かかる列車があります。この列車が，長さ 860 m のトンネルに入り終わってから出始めるまでに 39 秒かかりました。この列車の速さは秒速何 m ですか。また列車の長さは何 m ですか。

速さ (　　　　　　　) 長さ (　　　　　　　)

標準
レベル **105** **文章題特訓 ⑸ (流水算)**

学習日〔　月　日〕

時間	得点
30分	
合格	
40点	50点

1 次の問いに答えなさい。(4点×6)

(1) 流れのないところでは時速 12 km で進む船があります。この船が時速 2 km で流れる川を上るときの速さは, 時速何 km ですか。また下るときの速さは, 時速何 km ですか。

上り (　　　　　　) 下り (　　　　　　)

(2) 時速 3 km で流れる川を 24 km 上るのに 4 時間かかりました。このとき, この船の静水時における速さは時速何 km ですか。また, 同じきょりを下ると, 何時間かかりますか。

速さ (　　　　　　) かかる時間 (　　　　　　)

(3) 時速 2 km で流れる川を, 静水時における速さが時速 10 km の船が往復します。川に沿って上流の A 町から 36 km はなれた下流の B 町まで, 船で往復すると, 下るのに何時間かかりますか。また上るのに何時間かかりますか。

下り (　　　　　　) 上り (　　　　　　)

2 次の問いに答えなさい。

(1) 川に沿って 54 km はなれた P と Q の 2 つの町があります。P から Q までこの川を船で上っていくと 6 時間, Q から P まで下っていくと 4 時間 30 分かかります。川の流れの速さは時速何 km ですか。また, この船の静水時における速さは時速何 km ですか。(4点×2)

川 (　　　　　　) 静水時 (　　　　　　)

(2) 流れの速さが時速 3 km の川の A 地点と, そこから 12 km 下流にある B 地点の間を, P と Q の 2 そうの船が往復しています。静水時の速さは P が時速 9 km, Q は時速 15 km です。いま, P は A 地点から, Q は B 地点からそれぞれ向かい合って同時に出発しました。あとの問いに答えなさい。(6点×2)

① Q の船は, 往復するのに何時間何分かかりますか。

(　　　　　　)

② 2 そうの船がはじめて出会うのは出発してから何分後ですか。

(　　　　　　)

(3) 流れのないところなら時速 6 km で船をこぐ人が, A 地点から 9 km 上流にある B 地点まで船で上っていきました。ところが途中で 1 時間船をこぐのをやめたために川に流されました。川の流れの速さが時速 1.5 km のとき, A 地点から B 地点まで何時間何分かかりましたか。(6点)

(　　　　　　)

学習日〔　　月　　日〕

時間	30分	得点
合格	35点	50点

1 流れの速さが一定である川の上流にあるＡ地点と，2400ｍはなれた下流のＢ地点の間をＰとＱの２そうの船が往復します。ＰはＡからＢまでは20分，ＢからＡまでは40分かかりました。ＱはＡからＢまで30分かかりました。次の問いに答えなさい。

(5点×2)

(1) Ｐの下りの速さと上りの速さの比を，最も簡単な整数の比で表しなさい。

(　　　　　)

(2) ＱはＢからＡまで何分かかりますか。

(　　　　　)

2 次の問いに答えなさい。(8点×5)

(1) 静水上を時速12kmで進む船で，ある川を32km上るのに昨日は4時間かかりました。今日は水の量が少ないので，流れの速さはいつもの$\frac{3}{4}$です。今日，この川を27km下るのに何時間何分かかりますか。

(　　　　　)

(2) 時速4kmで流れている川を，ある船がＡ町から110kmはなれたＢ町まで上っていくのに5時間30分かかりました。Ｂ町からＡ町まで下るとき，エンジンの調子が悪くて静水での速さが上りのときに比べて$\frac{3}{4}$しか出せませんでした。Ｂ町からＡ町までは何時間かかりましたか。

(　　　　　)

(3) ある船が川を48km往復するのに，いつもは上りが4時間，下りが3時間かかります。川の流れの速さが2倍になると，この船で川を48km往復するのに何時間何分かかりますか。

(　　　　　)

(4) ある川を30km上るのに昨日は5時間かかりました。今日は川が増水して流れの速さが昨日の2倍になったので，30km下るのに2時間30分かかりました。この船の静水時の速さは，時速何kmですか。

(　　　　　)

(5) ある川を48km下るのに4時間かかりました。上るとき，静水時の速さを下りのときの1.5倍にしたところ，39km上るのに3時間かかりました。この船の下りのときの静水時の速さは，時速何kmですか。

(　　　　　)

文章題特訓 ⑥ (仕事算)

時間	得点
30分	
合格	
40点	50点

1 次の問いに答えなさい。(5点×5)

(1) A1人ですると10日かかり,B1人ですると15日かかる仕事があります。この仕事をAとBの2人ですると,何日で仕上げることができますか。

（　　　　　　）

(2) 水そうを満水にするのに,A管を使うと12分,B管を使うと20分かかります。A管とB管を同時に使うと,満水にするのに何分何秒かかりますか。

（　　　　　　）

(3) ある仕事を仕上げるのに,A1人ですると20日かかり,AとBの2人ですると,15日かかります。この仕事をB1人ですると,仕上げるのに何日かかりますか。

（　　　　　　）

(4) ある仕事で,3人が8日間働いて,144000円の賃金をもらいました。この仕事で5人が4日間働くと,賃金は何円もらえますか。

（　　　　　　）

(5) ある仕事を,6人で1日7時間ずつ働いて8日で仕上げました。この仕事は,4人で1日6時間ずつ働くと,何日で仕上がりますか。

（　　　　　　）

2 次の問いに答えなさい。

(1) 倉庫の荷物を全部運び出すのに,A1人ですると1時間40分,B1人ですると2時間30分かかります。はじめ,AとBの2人で運び出し始めましたが,42分後にBが用事でぬけたために,残りはA1人で運び出しました。すべての荷物を運び出し終わるまでに,全部で何時間何分かかりましたか。(6点)

（　　　　　　）

(2) A管1本とB管2本を使って水そうに水を入れていくと,5分で満水になります。またB管1本だけで水を入れると12分で満水になります。A管1本で水を入れると,何分で満水になりますか。(6点)

（　　　　　　）

(3) ある仕事を仕上げるのに,A1人だと20日かかり,B1人だと30日かかります。この仕事を2人でいっしょに始めましたが,とちゅうでBが病気で5日休みました。仕事を仕上げるのに,全部で何日かかりますか。(6点)

（　　　　　　）

(4) ある仕事を仕上げるのに,A1人だと6時間かかり,B1人だと4時間30分かかります。いま,A1人で仕事全体の$\frac{2}{3}$を仕上げ,残りをB1人で仕上げるとすると,全部で何時間何分かかりますか。(7点)

（　　　　　　）

上級レベル 108 文章題特訓 ⑹ (仕事算)

1 次の問いに答えなさい。(6点×4)

(1) A 1人ですると 21日, B 1人ですると 28日かかる仕事があります。この仕事を A と B の 2人で始めましたが, とちゅうで A が何日か休んだので, 仕上げるのに 16日かかりました。A は何日休みましたか。

(　　　　　　)

(2) ある水そうを満水にするのに, A 管では 60分, B 管では 40分かかります。いま, この水そうに A 管だけで水を入れ始めましたが, とちゅうで A 管を止めて, B 管だけで水を入れたところ, 満水にするのに 45分かかりました。A 管を止めたのは, 水を入れ始めてから何分後でしたか。

(　　　　　　)

(3) ある仕事をするのに, A と B の 2人だと 15日, B と C の 2人だと 20日, C と A の 2人だと 12日かかります。A, B, C の 3人でこの仕事をすると, 何日かかりますか。

(　　　　　　)

(4) A 1人だと 30日, B 1人だと 40日かかる仕事があります。この仕事を 1日目は A, 2日目は B, 3日目は A, 4日目は B, ……というように毎日交代ですると, 何日目に仕上がりますか。

(　　　　　　)

2 A 1人ですると 45日, B 1人ですると 60日, C 1人ですると 90日かかる仕事があります。このとき, 次の問いに答えなさい。

(6点×2)

(1) この仕事を 3人ですると, 全部で何日かかりますか。

(　　　　　　)

(2) A は 1日働くと 1日休み, B は 2日働くと 1日休み, C は 3日働くと 1日休むことにして, 初日は 3人で働き始めました。この約束で仕事をしていくと, すべての仕事が仕上がるのは何日目ですか。

(　　　　　　)

3 A 駅から B 駅まで, 4人が列車で移動します。しかし, 座席が 3人分しか空いていなかったので, 交代で座ることにしました。A 駅から B 駅まで 2時間 20分かかるとき, 次の問いに答えなさい。

(7点×2)

(1) 4人が同じ時間ずつ座れるようにします。立っている時間は 1人何分ずつになりますか。

(　　　　　　)

(2) とちゅうの C 駅で, B 駅まで行く 1人のお年寄りに席をゆずることになり, 残りの座席でみんなが同じ時間ずつ座れるようにすると, 1人あたりの座れる時間が予定よりも 20分短くなりました。C 駅に着いたのは A 駅を出てから何分後ですか。

(　　　　　　)

学習日〔　　月　　日〕

時間 30分	得点
合格 40点	___ 50点

標準レベル 109　文章題特訓 (7) (ニュートン算)

1 次の問いに答えなさい。

(1) 水そうが満水になっていて，ここに毎分2Lの割合で水道から水が入ってきます。この水そうの水を毎分5Lずつくみ上げる管でくみ上げたところ，30分後に水そうが空になりました。この水そうの容積は何Lですか。(6点)

(　　　　　　　)

(2) ある水そうに毎分3Lの割合で水が入っています。はじめ180Lの水が入っているとき，水をくみ上げるポンプ1台を使ってくみ出したところ，30分後に水がなくなりました。ポンプは1分間に何Lずつくみ出せますか。また，同じポンプ2台だと，水そうの水がなくなるのは何分後ですか。(5点×2)

(　　　　　　　)(　　　　　　　)

2 ある遊園地の入場券売り場に120人の行列ができていて，毎分一定の入場者がやってきます。いま，1つの窓口で1分間に3人ずつ入場券を売っていくと，行列がなくなるまでに2時間かかります。次の問いに答えなさい。(5点×2)

(1) 新しい入場者は1分間に何人ずつやってきますか。

(　　　　　　　)

(2) もし窓口を4つに増やすと，行列がなくなるまでに何分かかりますか。

(　　　　　　　)

3 ある遊園地で入場券を買う人が，毎分5人ずつ来ます。売り始める前に150人が並んでいましたが，2つの窓口で入場券を売ったら，50分で行列がなくなりました。次の問いに答えなさい。(6点×2)

(1) 入場券は，1つの窓口で毎分何人に売りましたか。

(　　　　　　　)

(2) 5つの窓口で入場券を売ると，何分で行列はなくなりますか。

(　　　　　　　)

4 容積1200Lのタンクから，一定の割合で水がもれていることがわかっています。A管は1分間に7Lずつ水を入れることができ，空の状態からタンクを満水にするのに4時間かかります。次の問いに答えなさい。(6点×2)

(1) タンクからもれる水の量は，1分間に何Lずつですか。

(　　　　　　　)

(2) いま，A管のほかに，1分間に10Lずつ水を入れることができるB管も使うと，空の状態から満水にするのに，何時間何分かかりますか。

(　　　　　　　)

文章題特訓 (7)
(ニュートン算)

学習日 [　　月　　日]

時間 **30分**
合格 **35点**

得点
50点

1 ある水そうに水が入っています。この水そうに一定の割合で水を入れ続けます。水を入れながら同時に毎分10Lの割合で排水すると90分で,毎分14Lの水を排水すると60分で水そうは空になります。次の問いに答えなさい。(5点×3)

(1) この水そうには毎分何Lの水が入っていますか。

(　　　　　)

(2) はじめに入っていた水の量は何Lですか。

(　　　　　)

(3) 毎分18Lの割合で排水すると,何分で空になりますか。

(　　　　　)

2 ある牧草地に50頭の牛を放牧すると,10日で牧草を食べつくします。また34頭の牛を放牧すると18日で牧草を食べつくします。草は毎日一定の割合で生えており,1頭の牛が1日に食べる草の量が1kgであるものとして,次の問いに答えなさい。(6点×3)

(1) 1日に生える草の量は何kgですか。

(　　　　　)

(2) はじめに生えていた草の量は何kgですか。

(　　　　　)

(3) 86頭の牛を放牧すると,何日で牧草を食べつくしますか。

(　　　　　)

3 ある劇場で入場券を売り始める前から行列ができ始め,毎分一定の割合で人がやってきます。いま,入場券売り場を2つにすると,売り始めてから20分後に行列がなくなり,売り場を4つにすると8分後に行列がなくなります。次の問いに答えなさい。

(1) 1分間に来場する人数と,売り場1つが1分間に売ることのできる人数との比を,最も簡単な整数の比で表しなさい。(5点)

(　　　　　)

(2) この行列ができ始めたのは,入場券を売り始める何分前からですか。(6点)

(　　　　　)

(3) 売り場を6つにすると,行列がなくなるのは何分後ですか。(6点)

(　　　　　)

111

最上級レベル ⑮

1回 20回 40回 60回 80回 100回 120回

学習日〔　　月　　日〕

| 時間 | 35分 | 得点 | |
| 合格 | 35点 | | 50点 |

1 砂糖をA，B，Cの3つの容器に分けました。Aの容器には砂糖全体の $\frac{1}{3}$ と120gを入れ，Bの容器にはその残りの $\frac{1}{3}$ と150gを入れ，Cの容器には残っている砂糖を全部入れました。すると，Aの容器に入っている砂糖の重さとBとCに入っている砂糖の重さの和との比は5：8になりました。このとき，Cに入っている砂糖の重さは何gですか。(8点) 　〔本郷中〕

(　　　　　　)

2 1両が20mの車両があります。同じ型の車両を6両連結した電車Aと12両連結した電車Bがあり，それぞれ一定の速さで同じ方向に進んでいきます。ただし，電車Aも電車Bもともに，車両と車両の間には同じ長さの連結部分があります。電車Aは337.5mのトンネルを通過するのに23秒かかり，477.5mの鉄橋をわたり終えるのに30秒かかりました。このとき，次の各問いに答えなさい。(7点×3) 　〔日本大中一改〕

(1) 電車Aの速さは毎秒何mですか。

(　　　　　　)

(2) 車両と車両の間の連結部分の長さは，1か所あたり何mですか。

(　　　　　　)

(3) 電車Bが電車Aに追いついてから追いぬくまでに46秒かかりました。電車Bの速さは毎秒何mですか。

(　　　　　　)

3 1周180mの流れるプールがあり，その流れの速さは一定とします。P地点から同時にAさんは水の流れに逆らって泳ぎ，Bさんは水の流れにのって泳ぎます。2人が出発すると同時にP地点からうき輪を流したところ，Aさんは出発してから1分48秒後に初めてBさんとすれちがい，それからさらに2分42秒後にAさんは初めてうき輪とすれちがいました。また，Bさんは出発してからうき輪を2回追いぬくまでに2.5周泳ぎました。このとき，次の問いに答えなさい。ただし，AさんとBさんが静水で泳ぐ速さはそれぞれ一定で，その速さは水の流れよりも速いものとします。また，うき輪は水の流れと同じ速さで流れるものとします。(7点×3)

〔中央大附属横浜中一改〕

(1) 静水でのAさんの泳ぐ速さは毎分何mですか。

(　　　　　　)

(2) プールの水が流れる速さは毎分何mですか。

(　　　　　　)

(3) Aさん，Bさん，うき輪が出発してから初めてすべてが同じ位置にくるのは，Bさんが何周泳いだときですか。

(　　　　　　)

1 時計の長針と短針の位置関係について，次の各問いに答えなさい。
ただし，答えがわり切れないときは，分数で答えなさい。（7点×3）

〔巣鴨中一改〕

(1) 0時30分のとき，長針と短針のつくる角のうち小さいほうの角度を求めなさい。

（　　　　　）

(2) 0時からスタートして，最初に長針と短針が一直線になる時刻は何時何分ですか。

（　　　　　）

(3) 8時から9時の間で，時計の長針と短針の位置が6の目もりをはさんで左右対称となる時刻は何時何分ですか。

（　　　　　）

2 ある工事を完成させるために3種類の機械A，B，Cを準備しました。この工事は，A，Bを1台ずつ同時に使うとちょうど105日で完成します。また，この工事は，Aを1台とBを5台同時に使うとちょうど42日で完成し，Aを2台とCを5台同時に使うとちょうど28日で完成します。このとき，次の問いに答えなさい。

（7点×3）〔サレジオ学院中〕

(1) この工事は，Bを1台だけ使うと，ちょうど何日で完成しますか。

（　　　　　）

(2) この工事は，A，B，Cを1台ずつ同時に使うと，ちょうど何日で完成しますか。

（　　　　　）

(3) この工事をちょうど20日で完成させるためには，Aを1台とBを7台に加えて，さらにCを何台同時に使えばいいですか。

（　　　　　）

3 ある牧場では，毎日一定の割合で牧草が生えてきます。そこに10頭の牛を放牧すると，15日で牧草を食べつくし，12頭だと，10日で食べつくします。この牧場で8頭の牛を10日間放牧したあと，さらに何頭か牛を加えたところ，加えてから4日間で牧草は食べつくされました。**あとから加えた牛は何頭ですか。**ただし，牛が1日で食べる牧草の量は一定とします。（8点）〔東京農業大第一高等学校中一改〕

（　　　　　）

113 仕上げテスト ①

1 □にあてはまる数を答えなさい。(5点×4)

(1) $\left(\dfrac{1}{3}+0.3\times\boxed{}\right)\div 2\dfrac{1}{2}-0.25=1$

(　　　　　)

(2) A，B，Cの3人の所持金の比は4:2:3でしたが，AがCに200円あげたので所持金の比が10:6:11となりました。Aの最初の所持金は□円です。

(　　　　　)

(3) 去年のK中学校の生徒数は男子が女子より80人多かったそうです。今年は男子が5%減り，女子が8%増えたので，男子は女子より24人多くなりました。今年の男子の生徒数は□人です。

(　　　　　)

(4) 品物A，Bはともに原価の3割増しの定価をつけましたが，売れないので，品物Aは定価の1割引きで，品物Bは定価の2割引きで売ったところ，利益はどちらも同じ金額でした。Bの原価はAの原価の□倍です。

(　　　　　)

2 □にあてはまる数を答えなさい。(6点×5)

(1) りんご1個の値段はみかん3個の値段より12円安くなっています。りんご5個とみかん3個の代金の和が390円のとき，みかん1個の値段は□円です。

(　　　　　)

(2) 4個のサイコロを投げたとき，出た目の数の積が36になりました。このとき，裏側の目の数の積がいちばん大きくなるときは□になります。

(　　　　　)

(3) 7%の食塩水120gと12%の食塩水180gと14%の食塩水□gを混ぜると，11%の食塩水になります。

(　　　　　)

(4) 川に沿った2つの町を船が往復するのに，上りに5時間，下りに2時間かかりました。川の流れの速さが時速3kmのとき，2つの町のきょりは□kmです。

(　　　　　)

(5) 右の図の正方形DEFGの一辺の長さは□cmです。

(　　　　　)

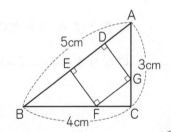

114 仕上げテスト ❷

学習日〔　月　日〕

時間	得点
35分	
合格 **35点**	50点

1 □にあてはまる数を答えなさい。（5点×4）

(1) $4\dfrac{1}{3} \div 5.2 - \left\{\left(□ \times 0.5 + \dfrac{1}{4}\right) \div \dfrac{9}{5}\right\} = \dfrac{5}{12}$

（　　　　　）

(2) ある本を，はじめの日に全体の半分より10ページ多く読み，次の日は残りの半分より20ページ多く読みましたが，まだ全体の9分の1が残っていました。この本は□ページです。

（　　　　　）

(3) ある品物を作るのに，はじめの15個は2000円かかりますが，16個目からは1個120円ででき，51個目からは1個80円でできます。1個作るのにかかる金額の平均を100円以下にするには，□個以上作ればよいことになります。

（　　　　　）

(4) 2枚のテープA，Bを重ねてはり合わせたところ，重なった部分の長さはAの長さの$\dfrac{2}{7}$，Bの長さの$\dfrac{1}{5}$で，全体の長さは150cmになりました。このとき，テープAの長さは□cmです。

（　　　　　）

2 □にあてはまる数を答えなさい。（6点×5）

(1) 現在，Aと母親の年れいの和は48才です。5年後には，Aの年れいの3倍は母親の年れいより6才少なくなります。現在のAの年れいは□才です。

（　　　　　）

(2) 右の円グラフは，ある学校の生徒432人について，通学の方法を調べたものです。電車で通学している生徒は□人です。〔桐蔭学園中〕

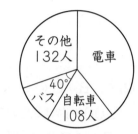

（　　　　　）

(3) AとBとCの3人の所持金の比は2：3：4です。いま，AがCに450円もらうと，3人の所持金の比は11：9：7になりました。Aのはじめの所持金は□円です。

（　　　　　）

(4) 川の下流にA地，上流にB地があります。A地からB地までボートで上るのに50分かかり，B地からA地まで下るのに30分かかります。静水時でのボートの速さを毎時20kmとすると，川の流れの速さは毎時□kmです。

（　　　　　）

(5) 右の図のように，長方形の内部に4本の直線をひきました。色のついた部分の面積は□cm²です。

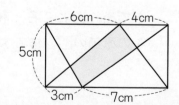

（　　　　　）

114

115 仕上げテスト ❸

❶ □にあてはまる数を答えなさい。(5点×4)

(1) $\left\{1\frac{1}{2}-\left(1\frac{2}{5}\div 6.3-\frac{1}{9}\right)\times 2\frac{1}{4}\right\}\times 16=$ □

(　　　　　)

(2) あるクラスの生徒に色紙を配ります。1人に4枚ずつ配ると21枚余りますが，このクラスの人数より6人少ない生徒に7枚ずつ配ると60枚不足します。色紙は□枚あります。

(　　　　　)

(3) A君とB君はそれぞれいくらかのお金を持っています。2人とも100円使うとA君のお金はB君のお金の9倍になり，2人とも250円もらうと，A君のお金はB君のお金の2倍になります。A君の持っているお金は□円です。

(　　　　　)

(4) 2つの長方形A，Bがあります。Aの縦と横の長さの比は3：16で，Bの縦と横の長さの比は1：3です。AとBの面積が等しいとき，AとBのまわりの長さの比は□です。

(　　　　　)

❷ □にあてはまる数を答えなさい。円周率は3.14とします。(6点×5)

(1) ある人が，目的地に9時間後に着く予定で出発しましたが，出発して4時間後に，まだ全体の道のりの40％しかきていないことに気づきました。速度を今までの□倍にすれば，予定通りに着きます。

(　　　　　)

(2) 白玉3個と黒玉5個を，○●●○●○●●というように両はしの色が同じにならないようにならべる方法は全部で□通りあります。

(　　　　　)

(3) 4けたの整数7AB7が2けたの整数ABでわり切れるとき，ABのうちで最も大きい数は□です。

(　　　　　)

(4) 右の図で，正方形ABCDの面積が40cm²のとき，色のついた部分の面積は□cm²です。

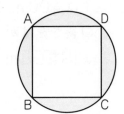

(　　　　　)

(5) 右の図で，AD：DB＝3：2，BE：EC＝2：1です。このとき，三角形ADFの面積は三角形FECの面積の□倍です。

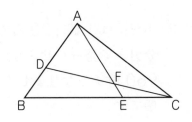

(　　　　　)

116 仕上げテスト ④

学習日〔　月　日〕

時間	35分	得点	
合格	35点		50点

 1 □にあてはまる数を答えなさい。(5点×4)

(1) $\left\{75-\left(\dfrac{1}{2}-\boxed{}\right)\div\dfrac{5}{6}\right\}\times\dfrac{5}{4}=93.5$

（　　　　　）

(2) Aが8歩で走るきょりをBは7歩で走ります。また，Aが15歩走る間にBは13歩走ります。AとBが同時にスタートしたとき，AとBの差が1mになるのはAが□m走ったときです。

（　　　　　）

(3) AB間のきょりを2つの巻尺ア，イではかったら，アは390m，イは400mでした。そこで，正しい巻尺で2つの巻尺の10mの長さをはかったら26cmの差がありました。AB間の正しいきょりは□mです。

（　　　　　）

(4) ふだんは1個120円で売っていた缶コーヒーを，ある日，1割5分引きで売ったところ，ふだんよりも20個多く売れて売り上げは960円多くなりました。この日に売れた缶コーヒーの個数は□個です。

（　　　　　）

2 □にあてはまる数を答えなさい。(6点×5)

(1) 左半分と右半分に同じ数字が並ぶ6けたの整数(456456や222222など)があります。これらの中で，1859でわり切れる最大の数は□です。

（　　　　　）

(2) 一辺の長さが□cmの正方形の，縦を7cm，横を3cm短くした長方形の面積は，もとの正方形の面積より189cm²少なくなります。

（　　　　　）

(3) 5段の階段があり，その階段を1歩で1段ずつまたは2段ずつ上がっていくとき，上がり方は□通りあります。

（　　　　　）

(4) 右の図で，三角形ABCは正三角形，四角形EBCDは平行四辺形です。AB＝9cm，AF＝3cmのとき，三角形ABCと四角形EFCDの面積の比は□です。

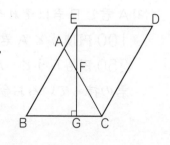

（　　　　　）

(5) 右の図のように，2つの直角三角形が重なっています。色のついた部分の面積は□cm²です。

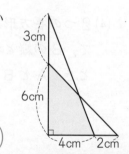

（　　　　　）

116

117 仕上げテスト ⑤

時間	得点
35分	
合格	
35点	**50点**

1 □にあてはまる数を答えなさい。（5点×4）

(1) $\dfrac{4}{5} \times 3\dfrac{3}{4} \div \left\{ 7\dfrac{3}{10} - \left(2\dfrac{1}{3} + 1\dfrac{4}{5} \right) \right\} = \boxed{}$

（　　　　　）

(2) ある品物を古い機械では20分間に260個，新しい機械では15分間に255個作ります。□個の品物を作るとき，古い機械は新しい機械より8分多く時間がかかります。

（　　　　　）

(3) ある会社の昨年の社員数は42人で，平均年れいは35才でした。今年は，3人の新入社員が加わりましたが，平均年れいは昨年と同じでした。3人の新入社員の今年の年れいの平均は□才です。

（　　　　　）

(4) A君は分速60mで，B君は分速70mで家と学校の間を往復しました。A君が家を出発してから6分後にB君が同じ家を出発しました。A君が学校に着いたあとすぐに引き返すと，学校から100mもどったところで，学校に向かうB君と出会いました。家と学校の間のきょりは□mです。

（　　　　　）

2 □にあてはまる数を答えなさい。円周率は3.14とします。（6点×5）

(1) ある製品を□個注文したら，注文した個数より12個不足して届き，届いた製品の4%が不良品でした。そのため，良品の個数は注文した個数の $\dfrac{8}{9}$ でした。

（　　　　　）

(2) 4をたすと5の倍数になり，5をたすと4の倍数になる整数のうち，300に最も近い数は□です。

（　　　　　）

(3) 時計の針が3時24分を示しています。長針と短針のつくる小さいほうの角の大きさは□度です。

（　　　　　）

(4) 右の図の三角形ABCを，直線ABのまわりに1回転させてできる立体の体積は□cm³です。

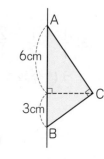

（　　　　　）

(5) 右の図の四角形ABCDは一辺が8cmの正方形です。色のついた部分の面積は□cm²になります。

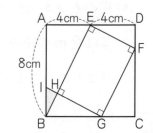

（　　　　　）

118 仕上げテスト ❻

⭐1 □にあてはまる数を答えなさい。(5点×4)

(1) $\left(\dfrac{5}{8} - \square\right) \div 2\dfrac{11}{32} \div \dfrac{9}{25} = \dfrac{14}{27}$

（　　　　　）

(2) A君は時速45kmで，B君は時速75kmでP町からQ町へ行きました。B君はA君よりも32分おくれて出発しましたが，A君より58分早くQ町に着きました。P町からQ町までの道のりは□kmです。

（　　　　　）

(3) $\dfrac{1}{1}$，$\dfrac{1}{2}$，$\dfrac{2}{1}$，$\dfrac{1}{3}$，$\dfrac{2}{2}$，$\dfrac{3}{1}$，$\dfrac{1}{4}$，$\dfrac{2}{3}$，$\dfrac{3}{2}$，$\dfrac{4}{1}$，$\dfrac{1}{5}$，$\dfrac{2}{4}$，……のように分数を並べるとき，99番目の分数は□です。

（　　　　　）

(4) 横の長さが36mの長方形の形をした公園の中に，周囲に沿ってはば2mの道をつけたら，道の面積はもとの公園の面積の$\dfrac{1}{3}$になりました。もとの公園の縦の長さは□mです。

（　　　　　）

⭐2 □にあてはまる数を答えなさい。(6点×5)

(1) 上り5.2km，下り4.6kmの山道を歩きました。下りは上りの2倍の速さで歩き，かかった時間の合計は4時間10分でした。上りの速さは時速□kmです。

（　　　　　）

(2) ある人が6日間である仕事の$\dfrac{12}{35}$をし，残りを11日と4時間で仕上げました。この人は毎日□時間ずつ働きました。

（　　　　　）

(3) 1，1，2，1，1，2，3，2，1，1，2，3，4，3，2，1，……というようにある規則にしたがって数が並んでいます。12という数が3回目に出てくるのは，はじめから数えて□番目です。

（　　　　　）

(4) 右の立体は直方体を2個組み合わせたもので，表面積は262cm²です。この立体の体積は□cm³です。

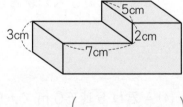

（　　　　　）

(5) 右の図で，角アの大きさは角イの大きさの2倍です。辺BCの長さは□cmです。

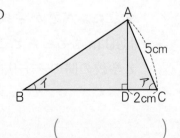

（　　　　　）

119 仕上げテスト ⑦

1 ☐にあてはまる数を答えなさい。(5点×4)

(1) $2.75 \times 0.3 \div \left(0.2 + \dfrac{1}{6}\right) - 0.25 \div 1\dfrac{1}{2} = $ ☐

(　　　　　)

(2) あきら君のお父さんが，24 m 先にいるあきら君を追いかけます。お父さんが 3 歩歩く間に，あきら君は 4 歩歩きます。1 歩の歩ばはお父さんが 72 cm，あきら君が 46 cm です。お父さんは ☐ 歩歩いたときにあきら君に追いつきます。

(　　　　　)

(3) 20 人で 18 日かかる仕事があります。この仕事を，はじめの 10 日は x 人で，次の 5 日は x 人の 2 倍の人数で，最後は x 人の半分の人数ですると，全部で 20 日かかりました。このとき，x は ☐ です。

(　　　　　)

(4) はじめ，A 君と B 君の所持金の比は 7：4 でした。A 君は 600 円の本を，B 君は 200 円のノートを買ったので，A 君と B 君の所持金の比は 5：3 になりました。A 君のはじめの所持金は ☐ 円です。

(　　　　　)

2 ☐にあてはまる数を答えなさい。(6点×5)
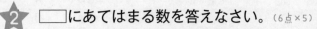

(1) 1，1，2，2，2 の 5 つの数字から 4 つを使って 4 けたの整数をつくるとき，☐ 通りの整数をつくることができます。

(　　　　　)

(2) ある仮分数に $\dfrac{15}{14}$ をかけても，$\dfrac{35}{12}$ でわっても，答えはともに整数になります。このような仮分数でいちばん小さいものは ☐ です。

(　　　　　)

(3) 線路と平行な道路を毎時 4 km で歩いている人を 6 秒で，毎時 67 km で走っている自動車を 48 秒で追いぬいた電車の長さは ☐ m です。ただし，自動車の長さは考えないものとします。

(　　　　　)

(4) 台形 ABCD で，3 つの辺を 2 等分，3 等分，4 等分した点を結びました。BC が AD の 3 倍で，台形 ABCD の面積が 48 cm² のとき，色のついた部分の面積は ☐ cm² です。

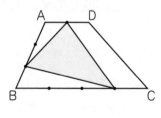

(　　　　　)

(5) 右の図は，正方形 ABCD の各辺を 3 等分する点を結んだものです。色のついた部分の面積は正方形 ABCD の面積の ☐ 倍です。

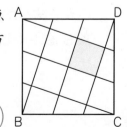

(　　　　　)

120 仕上げテスト ❽

学習日 [　　月　　日]

時間 **35分**	得点
合格 **35点**	50点

1 □にあてはまる数を答えなさい。(5点×4)

(1) $9.8 \div 2.8 \times \left(1.25 \times 1\frac{1}{3} - 3\frac{4}{7} \times 0.32\right) = $ □

（　　　　　）

(2) かき 54 個，りんご 75 個，みかん 110 個を，それぞれ同じ数ずつ□人の子どもたちに分けると，どの果物も同じ数ずつ余りました。

（　　　　　）

(3) 異なる 6 冊の本を，3 冊ずつの 2 つのグループに分ける分け方は□通りです。ただし，2 つのグループは区別できるものとします。

（　　　　　）

(4) 右の図のように，AB＝10 cm，BC＝6 cm，CA＝8 cm，角 C が 90°の直角三角形 ABC を底面とする三角すい O-ABC があります。OA は底面に垂直で長さは 6 cm です。この三角すいを，OB，OC，AC，AB のまん中の点を結んだ四角形 DEFG の面で切るとき，点 B をふくむ側の立体の体積は□cm³です。

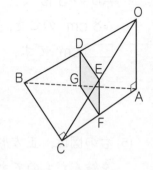

（　　　　　）

2 □にあてはまる数を答えなさい。(6点×5)

(1) 分速の合計が 100 m の A と B が P 地点と Q 地点から向かい合って同時に出発すると，2 人は Q 地点から 360 m のところで出会いました。もし，A だけが速さを毎分 20 m 速くすると，2 人は Q 地点から□m の地点で出会うことになります。

（　　　　　）

(2) 午前中に 1 個 100 円で売っていたおにぎりを，午後からは 1 割 5 分引きで売ったところ，午前中よりも 25 個多く売れて，売り上げは 1300 円多くなりました。午前中に売れたおにぎりの個数は□個です。

（　　　　　）

(3) 6％の食塩水 450 g に，食塩 13 g と水□g を加えたら，4％の食塩水になりました。

（　　　　　）

(4) 整数の中で 1 と 2 だけからつくられるものを，1，2，11，12，21，22，111，112，……のように小さい順に並べたとき，70 番目の数は□です。

（　　　　　）

(5) 半径 4 cm の円が右の図のように並んでいます。外側の太い線の長さは□cm です。円周率は 3.14 とします。

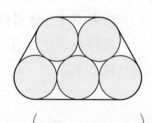

（　　　　　）

標準レベル 1 分数のかけ算

☑解答

❶ (1) $\dfrac{8}{9}$　(2) $3\dfrac{3}{5}$　(3) $\dfrac{3}{8}$　(4) $\dfrac{12}{35}$　(5) $\dfrac{4}{11}$

(6) $\dfrac{2}{3}$　(7) $1\dfrac{1}{9}$　(8) 4　(9) $\dfrac{2}{27}$　(10) $\dfrac{1}{8}$

❷ (1) 1　(2) $2\dfrac{2}{9}$　(3) $1\dfrac{1}{4}$　(4) $3\dfrac{3}{4}$　(5) $2\dfrac{1}{2}$

(6) $13\dfrac{3}{4}$

❸ (1) $9\dfrac{4}{5}$ kg　(2) 15 cm^2

解説

❶ 分数のかけ算は，分母は分母どうし，分子は分子どうしをかけ合わせる。整数は分母を１とする分数に，帯分数は仮分数になおしてから計算する。計算するときは，分母と分子でできるだけ約分してからかけ合わせよう。結果の分母が１になる場合は，整数にして答えよう。

❸ (1) $1\dfrac{2}{5}\times7=\dfrac{49}{5}=9\dfrac{4}{5}$ (kg)

(2) 平行四辺形の面積＝底辺×高さより，

$4\dfrac{1}{6}\times3\dfrac{3}{5}=\dfrac{25}{6}\times\dfrac{18}{5}=15$ (cm^2)

上級レベル 2 分数のかけ算

☑解答

❶ (1) $15\dfrac{1}{6}$　(2) $9\dfrac{3}{8}$　(3) $11\dfrac{7}{18}$　(4) $53\dfrac{7}{9}$

(5) 20　(6) $7\dfrac{7}{8}$　(7) 25　(8) $11\dfrac{2}{3}$

(9) $5\dfrac{3}{5}$　(10) $24\dfrac{1}{2}$

❷ (1) 6 個　(2) 60　(3) $11\dfrac{1}{4}$　(4) $2\dfrac{10}{13}$

---

(5) $10\dfrac{2}{7}$

解説

❷ (1) ある整数を x とすると，$x\times\dfrac{9}{16}$ が整数になるには，x が16でわり切れなければならない。つまり，x は100以下の16の倍数なので，16，32，48，64，80，96の6個。

(2) ある整数を x とすると，$x\times\dfrac{7}{12}$ と $x\times\dfrac{4}{15}$ が整数になるには x が12と15の両方でわり切れなければならない。つまり，x は12，15の公倍数の中でいちばん小さい数(最小公倍数)なので，答えは60

(3) ある分数を $\dfrac{y}{x}$ とすると，$\dfrac{y}{x}\times\dfrac{8}{9}$ と $\dfrac{y}{x}\times\dfrac{4}{15}$ が整数になるには，y は9と15の両方でわり切れなければならず，4と8は両方とも x でわり切れなくてはならない。また，最小の分数を求めるので，分母は大きく，分子は小さくしなければならない。

最大の x は4，最小の y は45なので，$\dfrac{45}{4}=11\dfrac{1}{4}$

(5) ある分数を $\dfrac{y}{x}$ とすると，$5\dfrac{5}{6}=\dfrac{35}{6}$，$2\dfrac{5}{8}=\dfrac{21}{8}$，$3\dfrac{1}{9}=\dfrac{28}{9}$ より，$\dfrac{35}{6}\times\dfrac{y}{x}$，$\dfrac{21}{8}\times\dfrac{y}{x}$，$\dfrac{28}{9}\times\dfrac{y}{x}$ がすべて整数になるには，x は35と21と28の最大公約数の7，y は6と8と9の最小公倍数の72にする。

よって，$\dfrac{72}{7}=10\dfrac{2}{7}$

標準レベル 3 分数のわり算

☑解答

❶ (1) $1\dfrac{2}{3}$　(2) $\dfrac{7}{16}$　(3) $\dfrac{1}{5}$　(4) 2

❷ (1) $\dfrac{1}{18}$　(2) $\dfrac{3}{28}$　(3) $\dfrac{2}{27}$　(4) $\dfrac{9}{10}$　(5) 3

---

(6) $\dfrac{2}{25}$

❸ (1) $49\dfrac{1}{2}$　(2) 16　(3) $2\dfrac{1}{2}$　(4) $\dfrac{5}{12}$　(5) $1\dfrac{1}{2}$

(6) $\dfrac{3}{5}$

❹ (1) $2\dfrac{2}{5}$　(2) $12\dfrac{4}{5}$

解説

❶ 逆数とは，それとかけ合わせると１になる数である。分数の場合，分母と分子が逆になっている数である。

(1) $\dfrac{3}{5}$ → $\dfrac{5}{3}=1\dfrac{2}{3}$　(2) $2\dfrac{2}{7}=\dfrac{16}{7}$ → $\dfrac{7}{16}$

(3) $5=\dfrac{5}{1}$ → $\dfrac{1}{5}$　(4) $\dfrac{1}{2}$ → $\dfrac{2}{1}=2$

❷ 分数のわり算は，わる数の逆数をかけることに等しい。

(1) $\dfrac{1}{6}\div3=\dfrac{1}{6}\times\dfrac{1}{3}=\dfrac{1}{18}$　(2) $\dfrac{3}{7}\div4=\dfrac{3}{7}\times\dfrac{1}{4}=\dfrac{3}{28}$

(3) $\dfrac{8}{9}\div12=\dfrac{8}{9}\times\dfrac{1}{12}=\dfrac{2}{27}$　(4) $\dfrac{9}{14}\div\dfrac{5}{7}=\dfrac{9}{14}\times\dfrac{7}{5}=\dfrac{9}{10}$

(5) $1\dfrac{3}{5}\div\dfrac{8}{15}=\dfrac{8}{5}\times\dfrac{15}{8}=3$

(6) $\dfrac{7}{20}\div4\dfrac{3}{8}=\dfrac{7}{20}\div\dfrac{35}{8}=\dfrac{7}{20}\times\dfrac{8}{35}=\dfrac{2}{25}$

❸ (1) $18\div\dfrac{4}{11}=\dfrac{18}{1}\times\dfrac{11}{4}=\dfrac{99}{2}=49\dfrac{1}{2}$

(3) $6\div2\dfrac{2}{5}=\dfrac{6}{1}\div\dfrac{12}{5}=\dfrac{6}{1}\times\dfrac{5}{12}=\dfrac{5}{2}=2\dfrac{1}{2}$

(4) $5\dfrac{5}{6}\div14=\dfrac{35}{6}\div\dfrac{14}{1}=\dfrac{35}{6}\times\dfrac{1}{14}=\dfrac{5}{12}$

(6) $2\dfrac{2}{7}\div3\dfrac{17}{21}=\dfrac{16}{7}\div\dfrac{80}{21}=\dfrac{16}{7}\times\dfrac{21}{80}=\dfrac{3}{5}$

❹ (1) ある数を x とすると，$x\div5\dfrac{1}{3}=\dfrac{9}{20}$

$x=\dfrac{9}{20}\times5\dfrac{1}{3}=2\dfrac{2}{5}$

(2) 正しい答えは，$2\dfrac{2}{5}\times5\dfrac{1}{3}=\dfrac{12}{5}\times\dfrac{16}{3}=\dfrac{64}{5}=12\dfrac{4}{5}$

上級 レベル 4 分数のわり算

☑解答

1 (1) $2\frac{1}{10}$　(2) $\frac{18}{25}$　(3) $\frac{1}{4}$　(4) $\frac{7}{18}$

2 (1) $1\frac{7}{8}$　(2) $2\frac{1}{12}$ m

3 (1) $\frac{5}{7}$ m　(2) $5\frac{1}{25}$ cm　(3) 1 本　(4) $1\frac{5}{12}$ L

解説

1 (1) $3\frac{3}{5}\div1\frac{5}{7}=\frac{18}{5}\div\frac{12}{7}=\frac{18}{5}\times\frac{7}{12}=\frac{21}{10}=2\frac{1}{10}$

(2) $2\frac{11}{35}\div3\frac{3}{14}=\frac{81}{35}\div\frac{45}{14}=\frac{81}{35}\times\frac{14}{45}=\frac{18}{25}$

(3) $1\frac{1}{14}\div4\frac{2}{7}=\frac{15}{14}\div\frac{30}{7}=\frac{15}{14}\times\frac{7}{30}=\frac{1}{4}$

(4) $2\frac{9}{34}\div5\frac{14}{17}=\frac{77}{34}\div\frac{99}{17}=\frac{77}{34}\times\frac{17}{99}=\frac{7}{18}$

2 (1) $5\frac{5}{6}\div3\frac{1}{9}=\frac{15}{8}=1\frac{7}{8}$

(2) $5\frac{5}{6}\div2\frac{4}{5}=\frac{25}{12}=2\frac{1}{12}$ (m)

3 (1) $5\frac{5}{7}\div\frac{5}{6}=\frac{48}{7}=6\frac{6}{7}$ より，6 本切り取れる。

余りは，$5\frac{5}{7}-\frac{5}{6}\times6=\frac{5}{7}$ (m)

(2)正方形の面積は，$2\frac{2}{5}\times2\frac{2}{5}=\frac{144}{25}$ (cm^2)

長方形の横の長さは，$\frac{144}{25}\div1\frac{1}{7}=\frac{126}{25}=5\frac{1}{25}$ (cm)

(3) $\frac{4}{7}$ m ずつ分けたとき，$12\div\frac{4}{7}=21$ (本)，$\frac{3}{5}$ m ずつ

分けたとき，$12\div\frac{3}{5}=20$ (本) できるので，ちがいは，

$21-20=1$ (本)

(4) $\frac{3}{4}$ L 飲んだあとの残りは，$7\frac{5}{6}-\frac{3}{4}=7\frac{1}{12}$ (L)

残りを 5 人で分けると，1 人分は $7\frac{1}{12}\div5=1\frac{5}{12}$ (L)

標準 レベル 5 分数の計算 (1)

☑解答

1 (1) $7\frac{13}{21}$　(2) $1\frac{2}{5}$　(3) 1　(4) $\frac{1}{4}$　(5) $\frac{1}{2}$

2 (1) $3\frac{17}{24}$　(2) $2\frac{11}{12}$　(3) $1\frac{3}{5}$

3 (1) $\frac{11}{12}$　(2) $\frac{3}{4}$　(3) 60　(4) $1\frac{7}{25}$　(5) $\frac{1}{6}$

4 8 cm^2

解説

1 分数のかけ算・わり算の混合計算は，わり算部分を逆数を使ってかけ算になおし，全体で約分しよう。整数や小数も，分数にしたほうがうまくいく場合がある。

(1) $5\frac{1}{3}\div\frac{3}{5}\times\frac{6}{7}=\frac{16}{3}\times\frac{5}{3}\times\frac{6}{7}=\frac{160}{21}=7\frac{13}{21}$

(2) $\frac{8}{9}\times\frac{18}{25}\div\frac{16}{35}=\frac{8}{9}\times\frac{18}{25}\times\frac{35}{16}=\frac{7}{5}=1\frac{2}{5}$

(4) $12\div32\times4\div6=\frac{12}{1}\times\frac{1}{32}\times\frac{4}{1}\times\frac{1}{6}=\frac{1}{4}$

(5) $\frac{15}{100}\div\frac{6}{10}\times\frac{7}{10}\div\frac{35}{100}=\frac{15}{100}\times\frac{10}{6}\times\frac{7}{10}\times\frac{100}{35}=\frac{1}{2}$

2 (2) $2\frac{1}{7}\times1\frac{3}{4}-\frac{5}{6}=\frac{15}{7}\times\frac{7}{4}-\frac{5}{6}=\frac{15}{4}-\frac{5}{6}=2\frac{11}{12}$

(3) $\left(1\frac{2}{3}+2\frac{1}{5}\right)\div2\frac{5}{12}=3\frac{13}{15}\div2\frac{5}{12}=\frac{8}{5}=1\frac{3}{5}$

3 (1) $\frac{2}{3}\div\frac{6}{7}\times\frac{3}{4}+\frac{1}{3}=\frac{7}{12}+\frac{1}{3}=\frac{11}{12}$

(2) $\left(\frac{5}{12}+\frac{4}{21}+\frac{2}{7}\right)\div1\frac{4}{21}=\frac{75}{84}\div\frac{25}{21}=\frac{3}{4}$

(4) $\left(0.2+\frac{1}{3}\right)\div\left(\frac{3}{4}-\frac{1}{3}\right)=\frac{8}{15}\div\frac{5}{12}=\frac{32}{25}=1\frac{7}{25}$

(5) $0.35\div\frac{5}{6}\div1.8\times\frac{5}{7}=\frac{7}{20}\times\frac{6}{5}\times\frac{5}{9}\times\frac{5}{7}=\frac{1}{6}$

4 $5\frac{1}{7}\times3\frac{1}{9}\div2=8$ (cm^2)

上級 レベル 6 分数の計算 (1)

☑解答

1 (1) $9\frac{5}{6}$　(2) $1\frac{19}{81}$　(3) $1\frac{32}{35}$　(4) $\frac{5}{24}$　(5) $\frac{3}{5}$

2 (1) $1\frac{1}{49}$ m^2　(2) $9\frac{3}{20}$ kg　(3) $75\frac{3}{5}$ cm^3

(4) $2\frac{13}{20}$ m　(5) $16\frac{7}{11}$ cm^2

解説

1 (1) $4\frac{2}{3}\div\frac{2}{5}-1.5\times1\frac{2}{9}=\frac{35}{3}-\frac{11}{6}=\frac{59}{6}=9\frac{5}{6}$

(2) $\left(1-2\frac{4}{9}\times\frac{2}{11}\right)\div0.45=\left(1-\frac{4}{9}\right)\div\frac{9}{20}=\frac{5}{9}\times\frac{20}{9}=1\frac{19}{81}$

(3) $\left(\frac{1}{2}-\frac{2}{7}\right)\times8+\left(2-\frac{1}{5}\right)\div9=\frac{3}{14}\times8+\frac{9}{5}\times\frac{1}{9}$

$=1\frac{5}{7}+\frac{1}{5}=1\frac{32}{35}$

(4) $0.65\div1\frac{7}{9}\times1\frac{1}{39}-\frac{1}{6}=\frac{13}{20}\times\frac{9}{16}\times\frac{40}{39}-\frac{1}{6}$

$=\frac{3}{8}-\frac{1}{6}=\frac{5}{24}$

(5) $\left\{2.4-\left(\frac{4}{5}+0.7\right)\times1\frac{1}{5}\right\}\div3.5=\left(2.4-\frac{3}{2}\times1\frac{1}{5}\right)\div\frac{7}{2}$

$=\left(2.4-\frac{3}{10}\right)\times\frac{2}{7}=\frac{21}{10}\times\frac{2}{7}=\frac{3}{5}$

2 (1) $1\frac{3}{7}\times1\frac{3}{7}\div2=\frac{50}{49}=1\frac{1}{49}$ (m^2)

(2) $1\frac{3}{4}\times5+\frac{2}{5}=\frac{183}{20}=9\frac{3}{20}$ (kg)

(3) $2\frac{13}{18}\times5\frac{11}{14}\times4.8=\frac{49}{18}\times\frac{81}{14}\times\frac{24}{5}=\frac{378}{5}$

$=75\frac{3}{5}$ (cm^3)

(4) $25.4-1\frac{3}{4}\times13=25\frac{2}{5}-22\frac{3}{4}=2\frac{13}{20}$ (m)

(5) $\left(3.5+6\frac{2}{3}\right)\times3\frac{3}{11}\div2=\frac{183}{11}=16\frac{7}{11}$ (cm^2)

標準レベル **7** 分数の計算 (2)

☑解答

❶ (1) $\dfrac{5}{12}$　(2) $\dfrac{17}{36}$　(3) $1\dfrac{1}{15}$　(4) $\dfrac{1}{14}$　(5) $\dfrac{8}{15}$

　(6) $1\dfrac{11}{15}$

❷ $5\dfrac{1}{3}$ cm

❸ (1) 2　(2) $15\dfrac{3}{4}$　(3) 1　(4) $2\dfrac{16}{27}$　(5) $\dfrac{11}{12}$

　(6) $\dfrac{13}{20}$　(7) $\dfrac{1}{8}$　(8) $3\dfrac{6}{7}$

解説

❶ 整数や小数の逆算のときと同じように，まず□の求め方の式を考えよう。

(1) $\square=\dfrac{3}{4}-\dfrac{1}{3}=\dfrac{5}{12}$

(2) $\square=\dfrac{8}{9}-\dfrac{5}{12}=\dfrac{17}{36}$

(3) $\square=\dfrac{2}{3}\div\dfrac{5}{8}=\dfrac{16}{15}=1\dfrac{1}{15}$

(4) $\square=\dfrac{1}{10}\times\dfrac{5}{7}=\dfrac{1}{14}$

(5) $\square=\dfrac{4}{9}\div\dfrac{5}{6}=\dfrac{8}{15}$

(6) $\square=\dfrac{1}{15}+1\dfrac{2}{3}=1\dfrac{11}{15}$

❷ 下底の長さを□cmとして，台形の面積の公式にあてはめる。

$(2.6+\square)\times3\dfrac{4}{7}\div2=14\dfrac{1}{6}$ より，$\square=5\dfrac{1}{3}$(cm)

❸ (1) $2\dfrac{1}{2}-\square=\dfrac{1}{6}\div\dfrac{1}{3}=\dfrac{1}{2}$ → $\square=2\dfrac{1}{2}-\dfrac{1}{2}=2$

(2) $1+\square\times\dfrac{2}{7}=7\dfrac{1}{3}\times\dfrac{3}{4}=\dfrac{11}{2}$

→ $\square\times\dfrac{2}{7}=\dfrac{11}{2}-1=\dfrac{9}{2}$ → $\square=\dfrac{9}{2}\div\dfrac{2}{7}=15\dfrac{3}{4}$

(3) $\square+\dfrac{2}{15}=10\dfrac{1}{5}\div9=\dfrac{17}{15}$ → $\square=\dfrac{17}{15}-\dfrac{2}{15}=\dfrac{15}{15}=1$

(4) $2\dfrac{2}{5}\times\square=9\dfrac{5}{9}-4\times\dfrac{5}{6}=6\dfrac{2}{9}$

→ $\square=6\dfrac{2}{9}\div2\dfrac{2}{5}=\dfrac{70}{27}=2\dfrac{16}{27}$

(5) $\square-\dfrac{1}{6}=\dfrac{2}{5}\div\dfrac{8}{15}=\dfrac{3}{4}$ → $\square=\dfrac{3}{4}+\dfrac{1}{6}=\dfrac{11}{12}$

(6) $2\dfrac{1}{4}-\square=\dfrac{2}{3}\div\dfrac{5}{12}=\dfrac{8}{5}$ → $\square=2\dfrac{1}{4}-\dfrac{8}{5}=\dfrac{13}{20}$

(7) $\square=\dfrac{9}{26}\div16\times5\dfrac{7}{9}=\dfrac{1}{8}$

(8) $\square\div4=1\dfrac{2}{7}-\dfrac{9}{28}=\dfrac{27}{28}$ → $\square=\dfrac{27}{28}\times4=\dfrac{27}{7}=3\dfrac{6}{7}$

上級レベル **8** 分数の計算 (2)

☑解答

❶ (1) $\dfrac{3}{5}$　(2) $1\dfrac{2}{15}$　(3) $\dfrac{4}{5}$　(4) $\dfrac{2}{3}$　(5) $\dfrac{4}{7}$

❷ (1) $\dfrac{3}{4}$　(2) $5\dfrac{1}{6}$　(3) $\dfrac{3}{4}$　(4) $\dfrac{2}{3}$　(5) $\dfrac{37}{45}$

解説

❶ (1) $\left(\square-\dfrac{1}{3}\right)\times\dfrac{5}{8}=\dfrac{5}{12}-0.25=\dfrac{1}{6}$

→ $\square-\dfrac{1}{3}=\dfrac{1}{6}\div\dfrac{5}{8}=\dfrac{4}{15}$ → $\square=\dfrac{4}{15}+\dfrac{1}{3}=\dfrac{3}{5}$

(2) $\dfrac{1}{12}+\left(\square-\dfrac{1}{3}\right)\div1\dfrac{13}{35}=1\dfrac{2}{3}\div2.5=\dfrac{2}{3}$

→ $\left(\square-\dfrac{1}{3}\right)\div1\dfrac{13}{35}=\dfrac{2}{3}-\dfrac{1}{12}=\dfrac{7}{12}$

→ $\square-\dfrac{1}{3}=\dfrac{7}{12}\times1\dfrac{13}{35}=\dfrac{4}{5}$ → $\square=\dfrac{4}{5}+\dfrac{1}{3}=1\dfrac{2}{15}$

(3) $1.3\div\square\div1\dfrac{4}{9}=3\div2\dfrac{2}{3}=\dfrac{9}{8}$

→ $1.3\div\square=\dfrac{9}{8}\times1\dfrac{4}{9}=\dfrac{13}{8}$ → $\square=1.3\div\dfrac{13}{8}=\dfrac{4}{5}$

(4) $3.5\times\dfrac{3}{7}+\square=2\dfrac{8}{9}\div1\dfrac{1}{3}=\dfrac{13}{6}$

→ $\square=\dfrac{13}{6}-3.5\times\dfrac{3}{7}=\dfrac{2}{3}$

(5) $\dfrac{1}{11}\times(1.2-\square)\div\dfrac{1}{7}=0.775-\dfrac{3}{8}=\dfrac{2}{5}$

→ $\dfrac{1}{11}\times(1.2-\square)=\dfrac{2}{5}\times\dfrac{1}{7}=\dfrac{2}{35}$

→ $1.2-\square=\dfrac{2}{35}\div\dfrac{1}{11}=\dfrac{22}{35}$ → $\square=1.2-\dfrac{22}{35}=\dfrac{4}{7}$

❷ (1) $\left(\dfrac{2}{3}-\dfrac{5}{12}\div\square\right)\times1\dfrac{1}{8}=2-\dfrac{5}{9}\times3.375=\dfrac{1}{8}$

→ $\dfrac{2}{3}-\dfrac{5}{12}\div\square=\dfrac{1}{8}\div1\dfrac{1}{8}=\dfrac{1}{9}$

→ $\dfrac{5}{12}\div\square=\dfrac{2}{3}-\dfrac{1}{9}=\dfrac{5}{9}$ → $\square=\dfrac{5}{12}\div\dfrac{5}{9}=\dfrac{3}{4}$

(2) $\square\div1\dfrac{2}{3}\div\dfrac{4}{5}=9+\dfrac{7}{8}-6=3\dfrac{7}{8}$

→ $\square=3\dfrac{7}{8}\times\dfrac{4}{5}\times1\dfrac{2}{3}=5\dfrac{1}{6}$

(3) $0.75\div3\dfrac{3}{8}\div\left(\dfrac{5}{6}-\square\right)=3\dfrac{1}{3}-\dfrac{2}{3}=\dfrac{8}{3}$

→ $\dfrac{5}{6}-\square=0.75\div3\dfrac{3}{8}\div\dfrac{8}{3}=\dfrac{1}{12}$

→ $\square=\dfrac{5}{6}-\dfrac{1}{12}=\dfrac{3}{4}$

(4) $\left(\square+1\dfrac{1}{3}\right)\div3\dfrac{1}{4}=1-\dfrac{5}{13}=\dfrac{8}{13}$

→ $\square+1\dfrac{1}{3}=\dfrac{8}{13}\times3\dfrac{1}{4}=2$ → $\square=2-1\dfrac{1}{3}=\dfrac{2}{3}$

(5) $0.65\times\dfrac{8}{13}+(\square-0.2)\div\dfrac{2}{3}=3\dfrac{1}{3}\div2\dfrac{1}{2}=\dfrac{4}{3}$

→ $(\square-0.2)\div\dfrac{2}{3}=\dfrac{4}{3}-0.65\times\dfrac{8}{13}=\dfrac{14}{15}$

→ $\square-0.2=\dfrac{14}{15}\times\dfrac{2}{3}=\dfrac{28}{45}$ → $\square=\dfrac{28}{45}+0.2=\dfrac{37}{45}$

解答

❶ (1) $\dfrac{17}{24}$ (2) 5個 (3) $\dfrac{15}{19}$ (4) $\dfrac{11}{18}$

❷ (1) 4, 5 (順不同) (2) 2, 10 (順不同)
  (3) 2, 12 または 3, 4 (順不同)

❸ (1) $\dfrac{3}{10}$ (2) $\dfrac{1}{15}$ (3) $\dfrac{5}{6}$

解説

❶ (1) $\dfrac{2}{3}=\dfrac{16}{24}$, $\dfrac{3}{4}=\dfrac{18}{24}$ だから, 求める分数は $\dfrac{17}{24}$

(2) $\dfrac{2}{3}=\dfrac{50}{75}$, $\dfrac{4}{5}=\dfrac{60}{75}$ だから, 分子は 51 から 59 まで である。そのうち約分できないのは $\dfrac{52}{75}$, $\dfrac{53}{75}$, $\dfrac{56}{75}$, $\dfrac{58}{75}$, $\dfrac{59}{75}$ の 5個。

(4) $\dfrac{4}{7}=\dfrac{\square}{18}$ となるような $\square$ は $\square=18÷7×4=10\dfrac{2}{7}$, $\dfrac{7}{11}=\dfrac{\square}{18}$ となるような $\square$ は $\square=18÷11×7=11\dfrac{5}{11}$ である。$10\dfrac{2}{7}<\square<11\dfrac{5}{11}$ にあてはまる整数は 11 だけなので, 求める分数は $\dfrac{11}{18}$

❷ すべての分数は異なる単位分数(分子が1の分数)の和で表せる。二つの単位分数の和で表せるとき, 片方はもとの分数の半分よりも, 必ず大きくなる。

(1) $\dfrac{9}{20}÷2=\dfrac{9}{40}=\dfrac{1}{4.44\cdots}$ なので, 片方の分母は 2 か 3 か 4 である。片方の分母が 2 のとき, $\dfrac{9}{20}<\dfrac{1}{2}$ だから, もう片方は求められない。分母が 3 のとき, $\dfrac{9}{20}>\dfrac{1}{3}$ であるが, もう片方は $\dfrac{9}{20}-\dfrac{1}{3}=\dfrac{7}{60}$ で単位分数になら

ない。分母が 4 のとき, もう片方は $\dfrac{9}{20}-\dfrac{1}{4}=\dfrac{4}{20}=\dfrac{1}{5}$ である。

(2) $\dfrac{3}{5}÷2=\dfrac{3}{10}=\dfrac{1}{3.33\cdots}$ なので, 片方の分母は 2 か 3 である。片方の分母が 2 のとき, もう片方は $\dfrac{3}{5}-\dfrac{1}{2}=\dfrac{1}{10}$ である。分母が 3 のときは, もう片方は $\dfrac{3}{5}-\dfrac{1}{3}=\dfrac{4}{15}$ で単位分数にならない。

❸ (1) $\dfrac{1}{2×3}+\dfrac{1}{3×4}+\dfrac{1}{4×5}=\left(\dfrac{1}{2}-\dfrac{1}{3}\right)+\left(\dfrac{1}{3}-\dfrac{1}{4}\right)+\left(\dfrac{1}{4}-\dfrac{1}{5}\right)=\dfrac{1}{2}-\dfrac{1}{5}=\dfrac{3}{10}$

(2) $\dfrac{1}{6×7}+\dfrac{1}{7×8}+\dfrac{1}{8×9}+\dfrac{1}{9×10}=\left(\dfrac{1}{6}-\dfrac{1}{7}\right)+\left(\dfrac{1}{7}-\dfrac{1}{8}\right)+\left(\dfrac{1}{8}-\dfrac{1}{9}\right)+\left(\dfrac{1}{9}-\dfrac{1}{10}\right)=\dfrac{1}{6}-\dfrac{1}{10}=\dfrac{1}{15}$

(3) $\dfrac{1}{2}+\dfrac{1}{6}+\dfrac{1}{12}+\dfrac{1}{20}+\dfrac{1}{30}=\dfrac{1}{1×2}+\dfrac{1}{2×3}+\dfrac{1}{3×4}+\dfrac{1}{4×5}+\dfrac{1}{5×6}=1-\dfrac{1}{6}=\dfrac{5}{6}$

解答

❶ (1) $\dfrac{1}{12}$, $\dfrac{5}{12}$, $\dfrac{7}{12}$, $\dfrac{11}{12}$ (2) 4 (3) 24個

❷ (1) $\dfrac{14}{17}$ (2) $\dfrac{9}{20}$

❸ (1) ア 2, イ 3, ウ 42
  (2) ア 2, イ 11, ウ 22 または ア 2, イ 8, ウ 88

❹ (1) $\dfrac{1}{9}$ (2) $\dfrac{1}{7}$ (3) $\dfrac{5}{11}$

解説

❶ (2) $\dfrac{1}{24}+\dfrac{5}{24}+\dfrac{7}{24}+\dfrac{11}{24}+\dfrac{13}{24}+\dfrac{17}{24}+\dfrac{19}{24}+\dfrac{23}{24}$

$=\left(\dfrac{1}{24}+\dfrac{23}{24}\right)+\left(\dfrac{5}{24}+\dfrac{19}{24}\right)+\left(\dfrac{7}{24}+\dfrac{17}{24}\right)+\left(\dfrac{11}{24}+\dfrac{13}{24}\right)$
$=4$

(3) $56=2×2×2×7$ なので, 分子が 2 の倍数か 7 の倍数のとき約分できる。1 から 55 までの中に, 2 の倍数は $55÷2=27.5$ より 27個, 7 の倍数は $55÷7=7.8\cdots$より 7個, 2 と 7 の公倍数は $55÷14=3.9\cdots$より 3個あるので, 分子が 2 でも 7 でもわり切れないものは, $55-(27+7-3)=24$(個)

❷ (1) $\dfrac{19}{24}=\dfrac{14}{24÷19×14}=\dfrac{14}{17.6\cdots}$, $\dfrac{5}{6}=\dfrac{14}{6÷5×14}=\dfrac{14}{16.8\cdots}$ なので, 分母は 17

(2) $\dfrac{7}{16}=\dfrac{7÷16×20}{20}=\dfrac{8.75}{20}$, $\dfrac{23}{51}=\dfrac{23÷51×20}{20}$ $=\dfrac{9.01\cdots}{20}$ なので, 分子は 9

❸ (1) $\dfrac{6}{7}÷3=\dfrac{2}{7}=\dfrac{1}{3.5}$ なので, アは 2, 3 のどちらかである。ア=2 のとき, (イ, ウ)=(3, 42), アが 3 のときはあてはまる(イ, ウ)はない。

(2) $\dfrac{7}{11}÷3=\dfrac{7}{33}=\dfrac{1}{4.71\cdots}$ なので, アは 2 か 3 か 4 である。ア=2 のとき, (イ, ウ)は(8, 88), (11, 22), アが 3 のときと 4 のときはあてはまる(イ, ウ)はない。

❹ (1) $\dfrac{1}{3×5}=\left(\dfrac{1}{3}-\dfrac{1}{5}\right)×\dfrac{1}{2}$ なので, $\dfrac{1}{3×5}+\dfrac{1}{5×7}+\dfrac{1}{7×9}$
$=\left\{\left(\dfrac{1}{3}-\dfrac{1}{5}\right)+\left(\dfrac{1}{5}-\dfrac{1}{7}\right)+\left(\dfrac{1}{7}-\dfrac{1}{9}\right)\right\}×\dfrac{1}{2}=\left(\dfrac{1}{3}-\dfrac{1}{9}\right)×\dfrac{1}{2}$
$=\dfrac{1}{9}$

(2) $\dfrac{1}{2×5}+\dfrac{1}{5×8}+\dfrac{1}{8×11}+\dfrac{1}{11×14}$
$=\left\{\left(\dfrac{1}{2}-\dfrac{1}{5}\right)+\left(\dfrac{1}{5}-\dfrac{1}{8}\right)+\left(\dfrac{1}{8}-\dfrac{1}{11}\right)+\left(\dfrac{1}{11}-\dfrac{1}{14}\right)\right\}×\dfrac{1}{3}$
$=\left(\dfrac{1}{2}-\dfrac{1}{14}\right)×\dfrac{1}{3}=\dfrac{1}{7}$

(3) $\dfrac{1}{3}+\dfrac{1}{15}+\dfrac{1}{35}+\dfrac{1}{63}+\dfrac{1}{99}=\dfrac{1}{1×3}+\dfrac{1}{3×5}+\dfrac{1}{5×7}+$
$\dfrac{1}{7×9}+\dfrac{1}{9×11}=\left(1-\dfrac{1}{11}\right)×\dfrac{1}{2}=\dfrac{5}{11}$

標準レベル 11 分数の計算 (4)

☑解答

1. (1) $\dfrac{9}{20}$ (2) $1\dfrac{4}{5}$ (3) 250
2. (1) $\dfrac{24}{30}$ (2) $\dfrac{7}{49}$ (3) $\dfrac{30}{54}$
3. (1) 5 (2) 2 (3) 57 (4) 135

解説

1 整数，小数を分数化して計算する。

(1) $9÷16×12÷15=\dfrac{9×12}{16×15}=\dfrac{9}{20}$

(3) $\dfrac{75}{100}÷\dfrac{45}{1000}×\dfrac{9}{1}÷\dfrac{6}{10}=\dfrac{75×1000×9×10}{100×45×6}=250$

2 等しい分数を次々につくっていく。

(1) $\dfrac{4}{5}=\dfrac{8}{10}=\dfrac{12}{15}=$ …… と等しい分数をつくっていくと，分母と分子の和は，9，18，27，…… となっていく。和が54になるのは，54÷9=6(番目)なので，求める分数は $\dfrac{4×6}{5×6}=\dfrac{24}{30}$

(3) $\dfrac{5}{9}=\dfrac{10}{18}=\dfrac{15}{27}=$ …… と等しい分数をつくっていくと，分母と分子の差は，4，8，12，…… となっていく。差が24になるのは，24÷4=6(番目)なので，求める分数は $\dfrac{5×6}{9×6}=\dfrac{30}{54}$

3 分数を小数になおすときは，分子÷分母を計算する。

(1) $\dfrac{13}{37}=13÷37=0.3513513…$ となり，小数点以下は「351」のくり返しになる。50個の数字を3個ずつ区切ると，50÷3=16 余り2より，16セットできて2個余るので，答えはセットの中の2個目の数で5

(3) $\dfrac{8}{37}=8÷37=0.2162162…$ となり，小数点以下は「216」のくり返しになる。20個の数字を3個ず

つ区切ると，20÷3=6 余り2より，6セットできて2個余る。1セットの数字の和は，2+1+6=9 なので，答えは，9×6+2+1=57

(4) $\dfrac{2}{13}=2÷13=0.153846153846…$ となり，小数点以下は「153846」のくり返しになる。小数点以下30個の数字を6個ずつ区切ると，30÷6=5 より，ちょうど5セットできる。1セットの数字の和は，1+5+3+8+4+6=27 なので，答えは，27×5=135

上級レベル 12 分数の計算 (4)

☑解答

1. (1) $\dfrac{2}{13}$ (2) $\dfrac{5}{18}$ (3) $\dfrac{9}{11}$ (4) 3
2. (1) 9 (2) $\dfrac{13}{30}$
3. (1) $\dfrac{8}{11}$ (2) $1\dfrac{25}{37}$

解説

1 (3) $\left(\dfrac{7}{4}-\dfrac{85}{100}\right)×\dfrac{1}{2}÷\left(\dfrac{1815}{100}-\dfrac{11}{2}×\dfrac{16}{5}\right)$
$=\dfrac{18}{20}×\dfrac{1}{2}÷\dfrac{55}{100}=\dfrac{9}{20}×\dfrac{20}{11}=\dfrac{9}{11}$

2 (1) $\dfrac{\frac{1}{4}+\frac{1}{5}}{\frac{1}{4}-\frac{1}{5}}=\dfrac{\frac{9}{20}}{\frac{1}{20}}=\dfrac{9}{20}÷\dfrac{1}{20}=9$

(2) $\dfrac{1}{3+\frac{1}{4}}=1÷3\dfrac{1}{4}=\dfrac{4}{13}$ なので，

$\dfrac{1}{2+\frac{4}{13}}=1÷2\dfrac{4}{13}=\dfrac{13}{30}$

3 (1) $0.727272…=\dfrac{72}{99}=\dfrac{8}{11}$

(2) $0.675675…=\dfrac{675}{999}=\dfrac{25}{37}$ なので，答えは $1\dfrac{25}{37}$

13 最上級レベル 1

☑解答

1. (1) 1 (2) $\dfrac{43}{90}$ (3) $1\dfrac{13}{14}$ (4) $\dfrac{1}{2}$ (5) 1
2. (1) $\dfrac{1}{4}$ (2) $\dfrac{1}{25}$ (3) $16\dfrac{1}{3}$ (4) $\dfrac{3}{8}$ (5) $25\dfrac{5}{12}$

解説

1 (5) $\dfrac{6}{7}-\dfrac{5}{6}=\dfrac{1}{42}=\dfrac{1}{7}×\dfrac{1}{6}$，$\dfrac{4}{5}-\dfrac{3}{4}=\dfrac{1}{20}=\dfrac{1}{5}×\dfrac{1}{4}$，

$\dfrac{2}{3}-\dfrac{1}{2}=\dfrac{1}{6}=\dfrac{1}{3}×\dfrac{1}{2}$ であるから，

$\dfrac{1}{7}×\dfrac{1}{6}×\dfrac{1}{5}×\dfrac{1}{4}×\dfrac{1}{3}×\dfrac{1}{2}×7×6×5×4×3×2×1=1$

2 (2) $□×\dfrac{5}{6}+\dfrac{1}{15}=\dfrac{2}{5}×\dfrac{25}{100}=\dfrac{1}{10}$

$→ □×\dfrac{5}{6}=\dfrac{1}{10}-\dfrac{1}{15}=\dfrac{1}{30} → □=\dfrac{1}{30}÷\dfrac{5}{6}=\dfrac{1}{25}$

(3) $1.125-\dfrac{7}{8}÷□=3÷2\dfrac{4}{5}=\dfrac{15}{14}=1\dfrac{1}{14}$

$→ \dfrac{7}{8}÷□=1\dfrac{1}{8}-1\dfrac{1}{14}=\dfrac{3}{56} → □=\dfrac{7}{8}÷\dfrac{3}{56}=16\dfrac{1}{3}$

(4) $2\dfrac{7}{12}-\left(□+\dfrac{1}{6}\right)×2\dfrac{4}{13}=9\dfrac{1}{3}÷7=1\dfrac{1}{3}$

$→ \left(□+\dfrac{1}{6}\right)×2\dfrac{4}{13}=2\dfrac{7}{12}-1\dfrac{1}{3}=1\dfrac{1}{4}$

$→ □+\dfrac{1}{6}=1\dfrac{1}{4}÷2\dfrac{4}{13}=\dfrac{13}{24} → □=\dfrac{13}{24}-\dfrac{1}{6}=\dfrac{3}{8}$

(5) $0.6×\left\{\dfrac{1}{4}+\left(□+\dfrac{1}{2}\right)÷3\right\}=7\dfrac{1}{3}-2=\dfrac{16}{3}$

$→ \dfrac{1}{4}+\left(□+\dfrac{1}{2}\right)÷3=\dfrac{16}{3}÷\dfrac{6}{10}=\dfrac{80}{9}$

$→ \left(□+\dfrac{1}{2}\right)÷3=\dfrac{80}{9}-\dfrac{1}{4}=\dfrac{311}{36}$

$→ □+\dfrac{1}{2}=\dfrac{311}{36}×3=\dfrac{311}{12}$

$→ □=\dfrac{311}{12}-\dfrac{1}{2}=\dfrac{305}{12}=25\dfrac{5}{12}$

14 最上級レベル ②

✓解答

1 (1) $\dfrac{113}{107}$ (2) $\dfrac{21}{37}$ (3) $\dfrac{50}{200}$, $\dfrac{51}{200}$

(4) 35, 140 (5) $4\dfrac{4}{5}$ (6) 32個

2 (1) 9個

(2) $\dfrac{5}{6}$, $\dfrac{5}{8}$, $\dfrac{5}{11}$, $\dfrac{5}{12}$, $\dfrac{5}{22}$, $\dfrac{5}{24}$, $\dfrac{10}{11}$, $\dfrac{15}{22}$

解説

1 (1)分数が約分できるときは，分母と分子の両方が，分母と分子の差の約数のどれかでわり切れる。
$12317-11663=654$ なので，654の約数を考える。$654=2\times3\times109$ なので，12317，11663をそれぞれ109でわると，113と107になる。

(2) $\dfrac{4}{7}=\dfrac{\square}{37}$ とすると，$\square$ は，$37\div7\times4=\dfrac{148}{7}=21\dfrac{1}{7}$

となるので，答えは $\dfrac{21}{37}$

(3) $\dfrac{37}{150}=\dfrac{\text{ア}}{200}$ となるようなアは，$200\div150\times37$

$=\dfrac{148}{3}=49\dfrac{1}{3}$ で，$\dfrac{32}{125}=\dfrac{\text{イ}}{200}$ となるようなイは，

$200\div125\times32=\dfrac{256}{5}=51\dfrac{1}{5}$ である。求める分数を

$\dfrac{\square}{200}$ とすると，ア＜$\square$＜イ なので，$\square$ は 50 または 51

(4)分母に 5 や 7 が入ってしまうと，答えが整数にならないので，ア，イ，ウ，エのうち 2 つは 5 と 7 である。そこで，ウ，エを 5 と 7 に決めてしまうと，$\dfrac{\text{ア}\times\text{イ}}{\text{オ}\times\text{カ}\times\text{キ}}$

（＝x とする）が整数になればよいことになる。ア×イが大きいほうから調べていくと，①ア×イ＝$4\times6=24$ のとき，分母は $1\times2\times3=6$ で $x=4$ である。②ア×イ＝$3\times6=18$ のとき，分母は $1\times2\times4$ で x は整数にな

らない。③ア×イ＝2×6 または 3×4 のとき，分母は 12 で $x=1$ になる。分子がそれ以下では x は整数にならない。よって，考えられる答えは，$1\times5\times7=35$ と $4\times5\times7=140$

(5) $4\dfrac{3}{8}=\dfrac{35}{8}$，$4\dfrac{7}{12}=\dfrac{55}{12}$ であるから，$\dfrac{35}{8}$ と $\dfrac{55}{12}$ にある分数をかけて整数となる最小の分数が答えとなる。求める分数の分子には，8 と 12 の最小公倍数 24 があり，分母には，35 と 55 の最大公約数 5 があればよいので，答えは，$\dfrac{24}{5}=4\dfrac{4}{5}$ になる。

(6) 1 から 100 までの数の中で，5 か 7 でわり切れる数の個数を求めればよい。1 から 100 までで 5 の倍数は，$100\div5=20$（個），7 の倍数は，$100\div7=14.2$ …より，14 個，また 35 の倍数は，$100\div35=2.8$… より 2 個であるから，答えは，$20+14-2=32$（個）になる。

2 (1)分母は，264 の約数のうち，2 から 30 までの数なので，2, 3, 4, 6, 8, 11, 12, 22, 24 の 9 個。
(2)分母は(1)のどれか，分子は 5 の倍数でなくてはならないので，$\dfrac{5}{6}$, $\dfrac{5}{8}$, $\dfrac{5}{11}$, $\dfrac{5}{12}$, $\dfrac{5}{22}$, $\dfrac{5}{24}$, $\dfrac{10}{11}$, $\dfrac{15}{22}$

15 割 合

✓解答

1 (1) 90 cm (2) 62.5% (3) 1152 円
(4) 12 個 (5) 12.5%

2 (1) 18% (2) 240g

3 112 ページ

解説

1 (1) $600\times0.15=90$（cm）

(2) $2000\times\dfrac{1}{8}=250$（mL），

$250\div400=0.625=62.5$（%）

(3) $960\times(1+0.2)=1152$（円）

(4) $8\div\left(1-\dfrac{1}{3}\right)=8\times\dfrac{3}{2}=12$（個）

(5) $540\div480=1.125$，$1.125-1=0.125=12.5$（%）

2 (1) $54\div(54+246)=0.18=18$（%）

(2) (1)の食塩水には 54g の食塩がとけているので，10 ％になるときは，食塩水全体の量は，$54\div0.1=540$（g）である。よって，加えた水の量は，$540-300=240$（g）

3 1 日目の残りは，$16\div\left(1-\dfrac{3}{4}\right)=16\times4=64$（ページ）

だから，全体では，$64\div\left(1-\dfrac{3}{7}\right)=64\times\dfrac{7}{4}=112$（ページ）である。

16 割 合

✓解答

1 24 %

2 (1) 12 % (2) 30g

3 1200 mL

4 (1) 3010 円 (2) 530 円

解説

1 $0.3\times(1-0.2)=0.3\times0.8=0.24=24$（%）

2 (1) 容器 A の食塩は，$75\times0.03=2.25$（g），容器 B の食塩は，$225\times0.15=33.75$（g）だから，合計で，$2.25+33.75=36$（g）
よって，濃度は，
$36\div(75+225)=0.12=12$（%）

(2) (1)の 12％の食塩水 300g の水の量は，$300\times(1-0.12)=264$（g）だから，A，B，C を混ぜた食塩水の水の量も 264g である。水の量は全体の 80％になる

ので，全体の量は，264÷0.8＝330（g）となる。よって，C に入っている食塩の量は，330−300＝30（g）である。

3 残っている水の量は全体の $\frac{2}{3} \times \frac{4}{5} = \frac{8}{15}$ である。この残りに 560mL の水を入れていっぱいになるから，全体は，

$$560 \div \left(1 - \frac{8}{15}\right) = 560 \times \frac{15}{7} = 1200 \text{（mL）になる。}$$

4 (1) 1000×3×（1−0.08）＋250＝2760＋250
＝3010（円）

(2) 会社 A で 6 個注文すると，1000×6×0.92＋250
＝5770（円），会社 B で 6 個注文すると，1000×6＝
6000（円），会社 C で 6 個注文すると，1000×6×
（1＋0.05）＝6300（円）となる。よって，最も高くなる
会社と最も安くなる会社の差は，6300−5770＝530
（円）になる。

標準レベル 17 比 (1)

解答

1 (1) 15：28　(2) 15：17

2 (1) 7：5　(2) 1：4　(3) 5：8　(4) 3：2
(5) 5：8　(6) 10：3　(7) 4：3
(8) 35：48　(9) 9：20

3 (1) 152 人　(2) 238 人　(3) 10：9
(4) 378 人　(5) 216 人

解説

1 比とは 2 つの数の大きさの関係，割合を表したものである。A，B 2 つの数について，その比は A：B で表され，A を前項，B を後項という。

(2) 女子の人数は 32−15＝17（人）なので，15：17

2 比の前項と後項に同じ数をかけても，同じ数でわって

も，比が表す割合は変わらない。だから，2 つの数の割合を比で表す場合，分数を約分するのと同じように，できるだけ簡単な整数の比で表すのが基本である。

(1) 21：15 → （÷3） → 7：5
(3) 30：48 → （÷6） → 5：8
(4) 3.6：2.4 → （×10） → 36：24
→ （÷12） → 3：2

分数で表された比を簡単にするときは，分母の最小公倍数をかけて，いったん整数の比になおす。小数や帯分数は，あらかじめ仮分数にしておく。

(6) $\frac{5}{6} : \frac{1}{4}$ → （×12） → 10：3

(7) $2\frac{1}{3} : 1\frac{3}{4}$ → $\frac{7}{3} : \frac{7}{4}$ → （×12） → 28：21
→ （÷7） → 4：3

(8) $\frac{7}{12} : 0.8$ → $\frac{7}{12} : \frac{4}{5}$ → （×60） → 35：48

3 男子と女子の人数の比が「9：8」であるといっても，それぞれの人数が「9 人と 8 人」のときもあるし，「45 人と 40 人」のときもあるし，「180 人と 160 人」のときもある。このように，実際の人数は「9：8」だけからではわからない。まず，比の 1 にあたる人数を求めることになる。

(1) 比の 1 にあたる数は，171÷9＝19（人）
女子の人数は，19×8＝152（人）

(2) 比の 1 にあたる数は，112÷8＝14（人）
男女合わせた人数は，14×（9＋8）＝238（人）

(3) 比の 1 にあたる数は，180÷9＝20（人）
もとの女子の人数は，20×8＝160（人）
今の女子の人数は，160＋2＝162（人）
180：162＝10：9

(4) 比の 1 にあたる数は，714÷（9＋8）＝42（人）
男子の人数は，42×9＝378（人）

(5) 比の 1 にあたる数は，27÷（9−8）＝27（人）
女子の人数は，27×8＝216（人）

上級レベル 18 比 (1)

解答

1 (1) 8：3　(2) 1：3　(3) 8：5
(4) 5：4　(5) 5：3　(6) 7：5

2 (1) 7：9　(2) 2：3　(3) 216 cm²
(4) 52 cm　(5) 72°　(6) 54 分
(7) 2 時間 40 分

解説

1 単位のついた比を簡単にするには，まず両方の単位をそろえなければならない。

(1) 1.6 m：60 cm＝160 cm：60 cm＝8：3

(2) 600 g：1.8 kg＝600 g：1800 g＝1：3

(3) 1.2 m²：7500 cm²＝12000 cm²：7500 cm²
＝8：5

(4) 3.5 L：28 dL＝35 dL：28 dL＝5：4

(6) 9 分 6 秒：6 分 30 秒＝546 秒：390 秒＝7：5

2 (1) 夜の時間は，24 時間−10 時間 30 分＝13 時間
30 分 だから，
10 時間 30 分：13 時間 30 分＝630 分：810 分
＝7：9

(2) 長方形のまわりの長さは，縦と横の長さを 2 回ずつたしたものだから，縦の長さと横の長さの和は，
70÷2＝35（cm）　横の長さは，35−14＝21（cm）
14 cm：21 cm＝2：3

(3) 縦＋横の長さは，60÷2＝30（cm）
比の 1 にあたる長さは，30÷（2＋3）＝6（cm）
縦は，6×2＝12（cm），横は，6×3＝18（cm）
面積は，12×18＝216（cm²）
このように，ある量を決められた比に分けることを「比例配分」という。

(4) 比の 1 にあたる長さは，12÷（8−5）＝4（cm）
もとの長さは，4×（8＋5）＝52（cm）

(5)三角形の3つの角の和は180°だから，
比の1にあたる角は，180°÷(4+5+6)=12°
いちばん大きい角は，12°×6=72°

(6)1時間36分=96分
比の1にあたる時間は，96÷(9+7)=6(分)
電車に乗っていた時間は，6×9=54(分)

(7)1時間=60分 より，比の1にあたる時間は，
60÷(8−5)=20(分) だから，太郎君の勉強時間は，
20×8=160(分) → 2時間40分

標準 レベル 19 比 (2)

解答

❶ (1)8:6:15 (2)12:10:9
　(3)15:14:24

❷ (1)8 (2)16 (3)5.4 (4)$6\frac{3}{7}$ (5)$\frac{5}{6}$
　(6)32 (7)35 (8)4 (9)$\frac{1}{6}$

❸ (1)57° (2)7:3 (3)1200円
　(4)5 (5)6

解説

❶ (1)Bの割合が，A:B=4:3 では「3」であり，B:
C=2:5 では「2」なので，まず，A:B=4:3=8:
6，B:C=2:5=6:15 として，Bの比を6にそろ
える。これらをまとめて，A:B:C=8:6:15

(2)A:B=6:5=12:10，A:C=4:3=12:9 とし
て，Aの比を12にそろえると，A:B:C=12:10:9

❷ A:B=C:D の形の式を比例式という。このとき，
A×D=B×C が成り立つ。
(1)4:9=x:18 のとき，4×18=9×x
→ x=72÷9=8

(2)5:4=20:x のとき，5×x=4×20

→ x=80÷5=16

(4)9:7=x:5 のとき，9×5=7×x
→ x=45÷7=$\frac{45}{7}$=$6\frac{3}{7}$

(5)0.5:1.2=x:2 のとき，0.5×2=1.2×x
→ x=1÷1.2=1÷1$\frac{1}{5}$=$\frac{5}{6}$

(7)$\frac{7}{12}$:$\frac{2}{15}$=x:8 のとき，$\frac{7}{12}$×8=$\frac{2}{15}$×x
→ x=$\frac{7}{12}$×8÷$\frac{2}{15}$=35

(8)1.75:1$\frac{2}{5}$=5:x のとき，1.75×x=1$\frac{2}{5}$×5
→ x=7÷1.75=4

(9)$\frac{1}{3}$:$\frac{1}{4}$=x:$\frac{1}{8}$ のとき，$\frac{1}{3}$×$\frac{1}{8}$=$\frac{1}{4}$×x
→ x=$\frac{1}{3}$×$\frac{1}{8}$÷$\frac{1}{4}$=$\frac{1}{6}$

❸ (1)角Aが90°のとき，角Bと角Cの大きさの和は
90°である。
比の1にあたる角度は，90°÷(19+11)=3°
角Bの大きさは，3°×19=57°
(2)はじめの妹の所持金は，2000÷5×3=1200(円)
600円ずつ使ったあとの金額の比は，
(2000−600):(1200−600)=1400:600=7:3
(3)A:B=3:2，B:C=3:5 のとき，Bの比を6に
そろえると，A:B:C=9:6:10 となるから，比の
1にあたる金額は，5000÷(9+6+10)=200(円)
よって，Bの金額は，200×6=1200(円)
(4)横=24÷4×3=18(cm)だから，高さを△cmとす
ると体積について 24×18×△=6480
△=6480÷(24×18)=15(cm)
横:高さ=18cm:15cm=6:5，□=5
(5)A:B=③:⑤，A+B=③+⑤=⑧=40 より，
①=40÷8=5
よって，A=5×3=15，C=15÷5×2=6

上級 レベル 20 比 (2)

解答

❶ (1)9:3:5 (2)30:27:40
　(3)5:7:4

❷ (1)4.8 (2)1.8 (3)$6\frac{3}{4}$(6.75) (4)14.4
　(5)120 (6)75

❸ (1)4:9 (2)160個 (3)1320m
　(4)1600円

解説

❶ それぞれの比を簡単な整数の比になおしてから，連比
(3つ以上並べて表した比)にする。
(1)A:B=2.4:0.8=24:8=3:1=9:3
B:C=0.75:1.25=75:125=3:5
A:B:C=9:3:5
(2)A:B=$\frac{2}{3}$:$\frac{3}{5}$=10:9=30:27
A:C=$\frac{1}{2}$:$\frac{2}{3}$=3:4=30:40
A:B:C=30:27:40
(3)A:C=$\frac{3}{4}$:0.6=$\frac{3}{4}$:$\frac{3}{5}$=5:4
B:C=2:1$\frac{1}{7}$=$\frac{14}{7}$:$\frac{8}{7}$=7:4
A:B:C=5:7:4
❷ (1)4:5=x:6 → 4×6=5×x
→ x=24÷5=4.8
(2)5:3=3:x → 5×x=3×3
→ x=9÷5=1.8
(4)$\frac{2}{3}$:1.2=8:x → $\frac{2}{3}$×x=1.2×8
→ x=9.6÷$\frac{2}{3}$=14.4
(5)280cm:xcm=7:3 → 280×3=x×7
→ x=840÷7=120
(6)x分:120分=5:8 → x×8=120×5

→ $x=600\div8=75$

3 (1) Aの縦の長さは, $12\div3\times2=8(\text{cm})$

Bの横の長さは, $12\div2\times3=18(\text{cm})$

AとBの面積の比は,

$(8\times12):(12\times18)=96:216=4:9$

(2) A:B=3:4, B:C=5:3 より,

A:B:C=15:20:12

比の1にあたる個数は, $24\div(15-12)=8(\text{個})$

Bがもらう個数は, $8\times20=160(\text{個})$

(3) AP:PQ=3:2, PQ:QB=5:4 より,

AP:PQ:QB=⑮:⑩:⑧, AB=⑮+⑩+⑧=㉝

⑩$=400(\text{m})$なので, ①$=400\div10=40(\text{m})$

AB=㉝$=40\times33=1320(\text{m})$

(4)兄がお金を使ったあとの金額は,

$1440\div3\times5=2400(\text{円})$ だから, 兄の使った金額は,

$4000-2400=1600(\text{円})$

標準レベル 21 比と比の利用 (1)

☑解答

❶ (1) 3:2 (2) 20:9 (3) 7:3 (4) 5:2
(5) 15:8 (6) 7:4

❷ (1) 15:10:8 (2) 25:24:15

❸ (1) 30 個 (2) 960 円 (3) 720 円
(4) 1350 円

解説

❶ 文の内容を式に表す。

(1) A=B×1.5 となり, B=1 のとき, A=1.5

A:B=1.5:1=15:10=3:2

(2) A×0.45=B となり, A=1 のとき, B=0.45

A:B=1:0.45=100:45=20:9

(3) A×$\frac{3}{7}$=B となり, A=1 のとき, B=$\frac{3}{7}$

両方に7をかけて, A:B=$(1\times7):\left(\frac{3}{7}\times7\right)=7:3$

(4) A×4=B×10 であり, A:B はかける数の逆比になるから, A:B=10:4=5:2

❷ (1) A:B=3:2=15:10, B:C=5:4=10:8 として, Bの比を10にそろえると, A:B:C=15:10:8

(2) A:C=$\frac{2}{3}:\frac{2}{5}=\left(\frac{2}{3}\times15\right):\left(\frac{2}{5}\times15\right)=10:6$

=5:3, B:C=1.6:1=16:10=8:5 だから,

A:C=5:3=25:15, B:C=8:5=24:15 として C の比を15にそろえると,

A:B:C=25:24:15

❸ 文章の内容を式に表し, 比を求めていく。

(1)みかん×$\frac{2}{3}$= かき ×$\frac{4}{5}$ となるので, みかんとかき

の個数の比は,

$\frac{4}{5}:\frac{2}{3}=\left(\frac{4}{5}\times15\right):\left(\frac{2}{3}\times15\right)=12:10=⑥:⑤$

⑥+⑤=⑪$=66(\text{個})$なので, ①$=66\div11=6(\text{個})$

かきの個数は, ⑤$=6\times5=30(\text{個})$

(2) A×0.75=B×0.6 より,

A:B=0.6:0.75=60:75=④:⑤

比の差は ⑤-④=① で, これが 240 円にあたるから, A の所持金は, ④$=240\times4=960(\text{円})$

(3) A:B=5:3=⑳:⑫, B:C=4:7=⑫:㉑より,

A:B:C=⑳:⑫:㉑である。3人の所持金の和が⑳+⑫+㉑=㊾$=3180(\text{円})$なので, ①$=3180\div53$$=60(\text{円})$, B の所持金は, ⑫$=60\times12=720(\text{円})$

(4)一郎 ×5= 二郎 ×4 より, 一郎と二郎の所持金の比は 4:5, 一郎 ×0.8= 三郎 ×0.6 より, 一郎と三郎の所持金の比は 0.6:0.8=6:8=3:4 であるから, 一郎の比を⑫にそろえると, 一郎:二郎:三郎 =⑫:⑮:⑯である。比の和が⑫+⑮+⑯=㊸$=3870(\text{円})$なので, ①$=3870\div43=90(\text{円})$

よって, 二郎の所持金は, ⑮$=90\times15=1350(\text{円})$

上級レベル 22 比と比の利用 (1)

☑解答

❶ (1) 3:4:6 (2) 12:9:8
(3) 10:15:16

❷ (1) 15:8 (2) 30 cm²

❸ (1) 15:14 (2) 72 cm

❹ (1) 10:7 (2) 1950 円

解説

❶ A×□=B×△ の等式をつくったとき, AとBの比は, □と△の逆数の比になる。

(1) 4の逆数は $\frac{1}{4}$, 3の逆数は $\frac{1}{3}$, 2の逆数は $\frac{1}{2}$ なので, A:B:C=$\frac{1}{4}:\frac{1}{3}:\frac{1}{2}=\left(\frac{1}{4}\times12\right):\left(\frac{1}{3}\times12\right):\left(\frac{1}{2}\times12\right)=3:4:6$

(3) A×1.2=B×0.8=C×0.75 は, A×$\frac{6}{5}$=B×$\frac{4}{5}$=C×$\frac{3}{4}$ となるから, A:B:C=$\frac{5}{6}:\frac{5}{4}:\frac{4}{3}=\left(\frac{5}{6}\times12\right):$
$\left(\frac{5}{4}\times12\right):\left(\frac{4}{3}\times12\right)=10:15:16$

❷ (1)重なっている部分の面積は, 大円×$\frac{2}{5}$, 小円×$\frac{3}{4}$ と表せる。これらが等しいので, 大円と小円の面積の比は, $\frac{5}{2}:\frac{4}{3}=\left(\frac{5}{2}\times6\right):\left(\frac{4}{3}\times6\right)=15:8$

(2)重なり部分の面積の割合は, ⑮×$\frac{2}{5}$=⑥ である。この図形全体の面積の割合は, ⑮+⑧-⑥=⑰ で, これが 85 cm²にあたる。①$=85\div17=5(\text{cm}^2)$なので, 重なっている部分の面積は, ⑥$=5\times6=30(\text{cm}^2)$

❸ 水面より下の部分が池の深さであり, A の$\frac{2}{5}$, B の$\frac{3}{7}$ にあたる。

(1) A×$\frac{2}{5}$=B×$\frac{3}{7}$ より, A:B=$\frac{5}{2}\times6:\frac{7}{3}\times6=15:14$

(2) A と B の長さの差は，⑮−⑭＝① で，これが 12 cm にあたる。池の水の深さは，⑮×$\frac{2}{5}$＝⑥ なので，

⑥＝12×6＝72（cm）

4 残金の割合は，姉が $\frac{1}{5}$ で妹が $\frac{2}{7}$ である。

(1)姉×$\frac{1}{5}$＝妹×$\frac{2}{7}$ より，姉と妹の所持金の比は，

5：$\frac{7}{2}$＝(5×2)：$\left(\frac{7}{2}×2\right)$＝10：7

(2)所持金の差は，⑩−⑦＝③ で，これが 450 円にあたるので，①＝450÷3＝150（円）である。姉が出したお金は，⑩×$\frac{4}{5}$＝⑧，妹が出したお金は，⑦×$\frac{5}{7}$＝⑤なので，プレゼント代は，⑧＋⑤＝⑬ にあたる。よって，プレゼント代は，⑬＝150×13＝1950（円）

標準 レベル 23 比と比の利用 (2)

☑解答

❶ (1)3：10 (2)10：9 (3)5：6 (4)6：5
❷ (1)20枚 (2)21枚 (3)16個 (4)11：9
　　(5)63 cm

解説

❶ (1)枚数の比が 3：2 なら，「3枚と2枚」であっても，「6枚と4枚」であっても，金額の比は同じになる。100円玉が3枚，500円玉が2枚のときの金額の比は，
(100×3)：(500×2)＝300：1000＝3：10
(2)A と B の縦が 5 cm と 6 cm，横が 4 cm と 3 cm であるとすると，面積の比は
(5×4)：(6×3)＝20：18＝10：9
(3)(1個あたりの値段)×(個数)＝(代金) なので，(代金の比)÷(1個あたりの値段の比)＝(個数の比)
1個あたりの値段の比は，りんご：みかん＝120：80
＝3：2，個数の比は，(5÷3)：(4÷2)＝$\frac{5}{3}$：2＝5：6

(4) A が 20％使うと残金は 80％，B が 40％使うと残金は 60％である。(A×0.8)：(B×0.6)＝8：5
はじめの A と B の所持金の比は，
(8÷0.8)：(5÷0.6)＝10：$\frac{25}{3}$＝30：25＝6：5

❷ (1)10円玉，50円玉，100円玉がそれぞれ，5枚，4枚，3枚あるとすると，金額の比は，(10×5)：(50×4)：(100×3)＝50：200：300＝1：4：6
50円玉の金額は，2750÷(①＋④＋⑥)×④＝1000（円）だから，50円玉の枚数は，1000÷50＝20（枚）
(2)10円玉と50円玉の1枚あたりの金額の比は1：5である。
(1枚あたりの金額)×(枚数)＝(全体の金額)なので，
(全体の金額の比)÷(1枚あたりの金額の比)＝(枚数の比)
枚数の比は，(2÷1)：(7÷5)＝2：1.4＝10：7
50円玉の枚数は，51÷(10+7)×7＝21（枚）
(3)1個あたりの値段の比は，
りんご：みかん＝120：80＝3：2
(1個あたりの値段)×(個数)＝(代金)なので，
(代金の比)÷(1個あたりの値段の比)＝(個数の比)
りんごとみかんの個数の比は，
(6÷3)：(5÷2)＝2：2.5＝4：5
りんごの個数は，4÷(5−4)×4＝16（個）
(4)この団体の男女の人数を，男子は300人，女子は400人として大人と子どもの人数を求めていく。
大人の男性は，300÷(3+1)×3＝225（人）
男の子は，300÷(3+1)×1＝75（人）
大人の女性は，400÷(2+3)×2＝160（人）
女の子は，400÷(2+3)×3＝240（人）
よって，大人と子どもの人数の比は，
(225+160)：(75+240)＝385：315＝11：9
(5)$\left(A×\frac{1}{3}\right)$：$\left(B×\frac{1}{2}\right)$＝7：6 より，
A：B＝$\left(7÷\frac{1}{3}\right)$：$\left(6÷\frac{1}{2}\right)$＝21：12＝7：4
A の長さは，27÷(7−4)×7＝63（cm）

上級 レベル 24 比と比の利用 (2)

☑解答

❶ (1)12：11 (2)1500円 (3)3600円
❷ 緑40g，黄緑35g，水色60g
❸ 26本

解説

❶ (1)昨年の男子と女子の人数をそれぞれ，40人，30人として，今年の人数を求めてみる。
今年の男子の人数は，40×(1−0.1)＝36（人）
今年の女子の人数は，30×(1+0.1)＝33（人）
今年の男子と女子の人数の比は，36：33＝12：11
(2) A と B の最終的な所持金の比は9：11
A は最初 B に半分わたして⑨になったので，A のはじめの所持金は⑱であり，B の最終的な所持金は，
7600÷(9+11+18)×11＝2200（円）

B は C に所持金の $\frac{1}{3}$ をわたして 2200 円になったので，わたす前の B は，2200÷$\left(1-\frac{1}{3}\right)$＝3300（円）

A のはじめの所持金は，7600÷(9+11+18)×18＝3600（円）なので，B にわたした金額は，3600÷2＝1800（円）になる。よって，B のはじめの所持金は，3300−1800＝1500（円）

(3)兄の所持金の $\frac{3}{5}$ と弟の所持金の $\frac{2}{3}$ が等しいので，

はじめの兄と弟の所持金の比は，$\frac{2}{3}$：$\frac{3}{5}$＝10：9

また，ゲームの値段は，⑩×$\frac{3}{5}$＝⑥ なので，兄がゲームを買うと，残金は⑩−⑥＝④になる。兄の残金と弟の所持金の合計は，④＋⑨＝⑬＝7800（円）なので，ゲームの値段は，⑥＝7800÷13×6＝3600（円）

❷ 白の絵の具は，水色を作るときにしか使わないので，青の絵の具を45÷3×1＝15（g）使って，水色の絵の

130

具が45+15=60(g)できる。また，青の残りは，
45−15=30(g)

緑を作るときに黄と青の絵の具を①gずつ，黄緑を作る
ときに黄と青の絵の具を⑤g，②g使うとすると，①
+⑤=45(g)，①+②=30(g)である。⑤−②=③
=45−30=15(g)となるので，①=15÷3=5(g)，
⑤=5×5=25(g)，①=45−25=20(g)
緑の絵の具は，①+①=②=20×2=40(g)でき，
黄緑の絵の具は，⑤+②=⑦=5×7=35(g)できる。

③ AとBの本数の比が1：2なので，Aが1本，Bが
2本，Cが47本のとき，合計金額は，120+150×2
+250×47=420+11750=12170(円)
Cが3本へるとAが1本，Bが2本ふえるので，
250×3−120−150×2=330(円)へることになる。
(12170−10000)÷330=6.5… であるから，
Cが3×7=21(本)へるとよい。よって，Cは最大で，
47−21=26(本)買うことができる。

25 最上級レベル ③

☑解答

1 (1)88人 (2)10：3 (3)154個
2 (1)16人 (2)3：2
3 75cm²

解説

1 (1)今年の6年生は，80+90=170(人)で，昨年は今
年より5人少ないので，170−5=165(人)である。そ
のうち，男子は，$165×\frac{8}{8+7}=11×8=88$(人)である。
(2)140cm以上の小学生だけに着目すると，⑱を5と
4に分けるので，A地区は$⑱×\frac{5}{5+4}=⑩$，B地区は⑱
−⑩=⑧ また，140cm未満の小学生については，⑤

を3と2に分けるので，A地区は$⑤×\frac{3}{3+2}=③$，B
地区は⑤−③=②となる。
つまり，右の表より，A地区
の人数比は，10：3となる。

	A	B	計
140cm以上	⑩	⑧	⑱
140cm未満	③	②	⑤

(3)黒玉の個数は赤玉
の個数の$\frac{3}{8}$なので，
赤玉と黒玉の合計を
1とすると，赤玉は
$\frac{8}{11}$，黒玉は$\frac{3}{11}$となるから，上の図のようになる。24

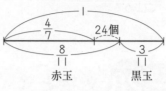

個が赤玉と黒玉の合計の$\frac{8}{11}-\frac{4}{7}=\frac{12}{77}$にあたるから，
$24÷\frac{12}{77}=154$(個)

2 (1)右の図より，
(158−2+1−1)÷4
=156÷4=39(人)
よって，D組の人数は，
39+1=40(人) 女子は，40÷5×2=16(人)となる。
(2)今年の男子と女子に
ついては，右の図のよ
うになる。男子は，
(52+14)÷2=33(人) 女子は，33−14=19(人)
よって，昨年の男子は，33÷(1+0.1)=30(人)，昨
年の女子は，19÷(1−0.05)=20(人)となるから，そ
の人数比は，3：2である。

3 重なっている部分の面積を⑮(分子である3と5の最
小公倍数)とすると，正方形Aの面積は，$⑮÷\frac{3}{7}=㉟$。
正方形Bの面積は，$⑮÷\frac{5}{8}=㉔$となる。この2つの面
積の差は，㉟−㉔=⑪となるが，これが55cm²にあた
るので，正方形Aの面積は，35×5=175(cm²)
重なっている部分の面積は，$175×\frac{3}{7}=75$(cm²)となる。

26 最上級レベル ④

☑解答

1 (1)53人 (2)3：5：8 (3)1000人
2 (1)16人 (2)80人 (3)46人 (4)45人

解説

1 (1)8人が比の差13−11=2にあたるので，男子の
出席者は，$8×\frac{13}{2}=52$(人)になる。欠席者がいないと
きの男子の人数は，52+1=53(人)である。
(2)Aの持っているえん筆の本数を③とすると，Bは⑤，
Cは⑥+12となる。これらの合計は，③+⑤+⑥+12
=⑭+12で，これが96本になるから，⑭=84(本)
よって，①=6(本)で，Aは3×6=18(本)，
Bは5×6=30(本)，Cは6×6+12=48(本)である
から，その比は，18：30：48=3：5：8である。
(3)6000人のうち，男は，$6000×\frac{1}{1+3}=1500$(人)，
女は，6000−1500=4500(人)である。また，6000
人のうち，大人は，$6000×\frac{2}{2+1}=4000$(人)で子ど
もは，6000−4000=2000(人)である。
男性の大人を②とす
ると，女性の子ども
は③となる。
右の表より，女性の
大人は，4000−②
で，女性の子どもとの和，4000−②+③=4000+①
が4500にあたるから，①=500(人)
よって，男性の大人は，500×2=1000(人)である。

	男	女	計
大人	②	4000−②	4000
子ども		③	2000
計	1500	4500	6000

2 (1)児童の参加費は3200円で男子と女子は同じ人数
なので，男子の人数は，3200÷2÷100=16(人)
(2)16人が男子全体の2割にあたるので，男子全体は，
16÷0.2=80(人)になる。

(3)参加者全体で147人，そのうち児童が

16+16=32（人）であるから，高校生と中学生の人数の合計は，

147−32=115（人）

さらに中学生の人数は高校生の人数の1.5倍だから，高校生と中学生の人数の比は，1：1.5=2：3

よって，高校生の人数は，$115×\dfrac{2}{2+3}=46$（人）である。

(4)男子高校生は1人180円，男子中学生は1人150円で，男子高校生の参加費の合計が男子中学生の参加費の合計の2倍になる。男子高校生は5人で900円，男子中学生は3人で450円であることから，男子高校生と男子中学生の人数の比は5：3になることがわかる。また，(1)(2)より，男子高校生と男子中学生の合計は，80−16=64（人）であるから，男子中学生は，

$64×\dfrac{3}{5+3}=24$（人）となる。

中学生の人数は，115−46=69（人）となるから，女子中学生は，69−24=45（人）となる。

標準レベル27 文字と式

☑解答

❶ (1)$x+26=y$　(2)$(x+y)×2=24$
(3)$70×x=y$
(4)$1200÷x=y$　$(x×y=1200)$

❷ (1)$95−6×x$(cm)　(2)53 cm　(3)11本

❸ (1)$90×x+80=440$，4個
(2)$1000−x×6=280$，120円
(3)$x×6×15=630$，7 cm
(4)$x÷8−5=67$，576
(5)$x×8+4=100$ $(100−x×8=4)$，
　　12 cm

解説▶

❷ (2)$x=7$ のとき，残りの長さは，$95−6×7=53$(cm)
(3)$95−6×x=29$ のとき，$x=(95−29)÷6=11$

❸ (2)$x×6+280=1000$ も可。
(5)$100÷x=8$ 余り 4 を「わり算の確かめの式」にあてはめる。

上級レベル28 文字と式

☑解答

❶ (1)$y=(x+9)×6÷2$
(2)$y=x×(1+0.3)−50$
　　$(y=x×1.3−50)$
(3)$y=6×(x+3)$
(4)$y=500×(x÷100)+50$
　　$(y=5×x+50)$
(5)$y=3000−x×3$

❷ (1)$120×x+80×y=1000$
(2)りんご1個，みかん11個
(3)(1，11)，(3，8)，(5，5)，(7，2)

解説▶

❷ (2)みかんを買えるだけ買おうとすると，1000÷80=12 余り 40 より，最大12個まで買えるが，残り40円ではりんごが買えない。しかし，みかん1個と40円でりんご1個分になるので，りんご1個とみかん11個でちょうど1000円になる。
(3)買うりんごを1個増やすと，みかんを120円分減らさなければならないが，ちょうど120円分を減らすことはできない。そこで，りんごを2個増やせば，みかんを240円分減らせばいいので，みかんは，240÷80=3(個)減る。よって(1，11)から x は2ずつ増やし，y は3ずつ減らした組み合わせが答えになる。

標準レベル29 比例と反比例

☑解答

❶ (1)(左から)100，150，
　　200，250，300
(2)$y=50×x$
(3)右の図

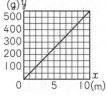

❷ (1)(左から)24，12，8，
　　6，4.8，4，3，2
(2)$y=24÷x$
(3)右の図

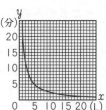

❸ (1)54　(2)8　(3)16

解説▶

❸ (1)y が15から45へと3倍になっているので，x も3倍になる。よって，18×3=54
(2)反比例のとき，$x×y$ が一定になる。$x×y=6×12=72$ なので，$x=9$ のとき，$y=72÷9=8$
(3)$x×y=4×12=48$ なので，$x=3$ のとき，$y=48÷3=16$

上級レベル30 比例と反比例

☑解答

❶ (1)20%　(2)250円　(3)216
(4)12回転

❷ (1)○　$y=80×x$
(2)×　$y=x+0.2$
(3)△　$y=100÷x$
(4)○　$y=0.5×x$

❸ 400回転

解説

1 (1)「25%の増加」は $1+0.25=1.25=\dfrac{5}{4}$（倍）になることである。x が $\dfrac{5}{4}$ 倍になるので,y は $\dfrac{4}{5}=0.8$（倍）になり,$1-0.8=0.2=20$（%）の減少である。

(2) 1 m の重さは 15 g なので,80 m の重さは,$15\times80=1200$（g）である。1200 g が 1000 円なので,300 g の代金は,$1000\div(1200\div300)=250$（円）

(3) $x\times z=18\times4=72$ で,$y\div x=27\div18=1.5$ である。$z=0.5$ のとき,$x=72\div0.5=144$ で,$y=144\times1.5=216$

(4) A も B も同じ歯数だけ回る。A の進んだ歯数は,$32\times9=288$（個）なので,B は,$288\div24=12$（回転）する。

3 A と B,C と D はそれぞれ同じ歯数だけ回り,B と C は同じ回転数になる。A の進む歯数は,$40\times1400=56000$（個）なので,B と C は,$56000\div60=\dfrac{2800}{3}$（回転）する。C の進む歯数は,$30\times\dfrac{2800}{3}=28000$（個）なので,D は,$28000\div70=400$（回転）する。

標準 レベル **31** 速 さ (1)

✓解答

1 (1) 11　(2) 3（時間）20（分）　(3) 7.5
(4) 3.6　(5) 18　(6) 0.522
(7) 1（時間）30（分）　(8) $\dfrac{25}{36}$

2 時速 4km

3 (1) 時速 4.2km　(2) 10 時 31 分 20 秒

解説

1 (1) 12 分は,$12\div60=\dfrac{1}{5}$（時間）なので,
$55\times\dfrac{1}{5}=11$（km）

(2) $40\div12=\dfrac{10}{3}=3\dfrac{1}{3}$（時間）,$\dfrac{1}{3}$ 時間は $60\times\dfrac{1}{3}=20$（分）なので,$3\dfrac{1}{3}$ 時間 =3 時間 20 分

(3) 27km=27000m なので,秒速 $27000\div60\div60=7.5$（m）

(4) 分速は,$60\times60=3600$（m）なので,分速 3.6km

(5) 秒速は,$100\div20=5$（m）なので,秒速 5m= 分速 300m= 時速 18000m= 時速 18km

(6) $90\times5\dfrac{4}{5}=522$（m）,522m=0.522km

(7) 秒速 7m= 時速 25.2km なので,$37.8\div25.2=1.5$（時間）→ 1 時間 30 分

(8) 秒速 20m= 時速 72km なので,$50\div72=\dfrac{25}{36}$（倍）

2 行きにかかった時間は,$15\div3=5$（時間）,帰りにかかった時間は,$15\div6=2.5$（時間）なので,往復にかかった時間は,$5+2.5=7.5$（時間）
往復 30km なので,平均の速さは,
時速 $30\div7.5=4$（km）

3 (1) 分速は,$910\div13=70$（m）なので,分速 70m= 時速 4200m= 時速 4.2km

(2) A さんは 10 時 13 分に家から 910m のところにいて,それから 2 分後も同じ位置にいる。お母さんは時速 6km= 分速 100m で追いかけるので,10 時 21 分には,A さんから,$910-100\times(21-15)=310$（m）の位置にいる。この道のりを追いかけるので,追いつくまでにかかる時間は,
$310\div(100-70)=10\dfrac{1}{3}$（分）→ 10 分 20 秒
10 時 21 分 +10 分 20 秒 =10 時 31 分 20 秒

上級 レベル **32** 速 さ (1)

✓解答

1 毎時 24 km

2 (1) 11 分 15 秒後　(2) 1800 m
(3) 1200 m

3 (1) 毎秒 $\dfrac{5}{2}$ m　(2) 15 回　(3) 13 分後

解説

1 A 町と B 町の間の道のりを 1 とすると,
往復にかかった時間は,$1\div21+1\div28=\dfrac{1}{12}$（時間）
往復の道のりは 2 なので,平均の速さは,
毎時 $2\div\dfrac{1}{12}=24$（km）

2 (1) $3600\div(240+80)=11\dfrac{1}{4}$（分）→ 11 分 15 秒後

(2) 兄が B 地点に着いたときは,出発してから,$3600\div240=15$（分後）で,そのとき弟は B 地点から,$15\times80=1200$（m）の地点にいる。兄は,$1200\div(240-80)=7.5$（分）で追いつくから,B 地点から $240\times7.5=1800$（m）の地点になる。よって,A 地点からは,$3600-1800=1800$（m）の地点になる。

(3) (2)の地点から弟は,$1800\div80=22.5$（分後）に A 地点に着く。もし,兄が 22.5 分間すべて自転車に乗っていたとすると,$22.5\times240=5400$（m）進むが実際には 1800m しか進んでいないので,兄が歩いた時間は,$(5400-1800)\div(240-60)=3600\div180=20$（分）よって,このとき兄は A 地点から,$20\times60=1200$（m）の地点で自転車を降りたことになる。

3 (1) A さんは 10 周 4000m を毎秒 5m で走ったので,走った時間は,$4000\div5=800$（秒）である。その間に B さんは 5 周 2000m を走ったので,その速さは,毎秒 $2000\div800=\dfrac{5}{2}$（m）である。

(2) A さんと B さんは反対方向に走っているから，I 回目は，$(400-150)\div\left(5+\dfrac{5}{2}\right)=250\div\dfrac{15}{2}=33.3\cdots$（秒）に出会う。2 回目以降は，$400\div\left(5+\dfrac{5}{2}\right)=53.3\cdots$（秒）ごとに出会うので，800 秒までに，$(800-33.3)\div53.3=14.3\cdots$ より，14 回出会う。よって，最初の I 回目を加えて 15 回出会うことになる。

(3) A さんと B さんが最後に出会うのは 15 回目で，それまでに 2 人は，$250+14\times400=5850$（m）走ることになる。2 人は向かい合って走るので，15 回目までにかかる時間は，

$5850\div\left(5+\dfrac{5}{2}\right)=780$（秒）→ 13 分

標準レベル 33 速　さ (2)

☑解答

❶ (1) 分速 500 m　(2) 7 時 3 分

❷ (1) I 時間 48 分後　(2) 28.8 km

❸ (1) 9 時 45 分　(2) $1\dfrac{1}{4}$ km

❹ (1) トラック　分速 1000 m
　　ひろし　分速 200 m
　(2) 37.5 分後

解説

❶ グラフの横じくの I 目盛りは 15 分である。
(1) 帰りのバスは 30 分で 15 km＝15000 m 進んでいる。よって，バスの速さは，分速 $15000\div30=500$（m）
(2) B 町から学校まで，15−6＝9（km）より 9000 m である。よって，学校までは，$9000\div500=18$（分）かかる。バスは B 町を 6 時 45 分に出発しているので，

学校の前を通り過ぎるのは，
6 時 45 分＋18 分＝7 時 3 分

❷ (1) 南町から北町へ行く船の速さは，時速 $48\div3=16$（km），北町から南町へ行く船の速さは，時速 $48\div2=24$（km）である。
南町を出発した船が出てから I 時間後に 2 そうの船は，$48-16\times1=32$（km）はなれているので，出会うまでにあと $32\div(16+24)=0.8$（時間）より 48 分かかる。よって，答えは I 時間 48 分後である。
(2) 南町から出た船は出会うまでに 1.8 時間かかっている。よって，出会った地点は，$16\times1.8=28.8$（km）のところである。

❸ (1) Q 市に着くまで，A 君は I 時間，B 君は 20 分＝$\dfrac{1}{3}$ 時間かかっている。
A 君の速さは時速 5 km で，B 君の速さは，
時速 $5\div\dfrac{1}{3}=15$（km）
B 君が出発したのは A 君が出発してから 30 分後なので，このとき A 君は，$5\times\dfrac{1}{2}=\dfrac{5}{2}$（km）先行している。
よって，追いつくまでにあと，$\dfrac{5}{2}\div(15-5)=\dfrac{1}{4}$（時間）より I5 分かかる。答えは，
9 時 30 分＋15 分＝9 時 45 分
(2) B 君は追いつくまでに $15\times\dfrac{1}{4}=3\dfrac{3}{4}$（km）進む。よって，あと $5-3\dfrac{3}{4}=1\dfrac{1}{4}$（km）のところである。

❹ (1) トラックは 24 分で 24 km＝24000 m 進んでいる。よって，トラックの速さは，分速 $24000\div24=1000$（m）である。また，トラックとひろし君は 20 分後に出会っているので，トラックとひろし君の分速の和は，$24000\div20=1200$（m）である。よって，ひろし君の速さは，分速 $1200-1000=200$（m）
(2) トラックは 30 分後に A 町を出発する。このときひろ

し君は $200\times30=6000$（m）先にいるので，トラックが追いつくのにあと，$6000\div(1000-200)=7.5$（分）かかる。
よって，答えは，30＋7.5＝37.5（分後）

上級レベル 34 速　さ (2)

☑解答

❶ (1) 6000 m　(2) 9 分 20 秒後
　(3) 2000 m　(4) 時速 24 km

❷ (1) 30 分後　(2) 7.5 km
　(3) 5.0(5)　(4) 60

解説

❶ (1) 太郎君と花子さんは出発してから 24 分後に出会う。よって，AB 間は，$(150+100)\times24=6000$（m）
(2) 次郎君と花子さんが出会うまでに，$6000\div(80+100)=33\dfrac{1}{3}$（分）かかる。

よって，答えは，$33\dfrac{1}{3}-24=9\dfrac{1}{3}$（分）→ 9 分 20 秒後
(3) 太郎君が B 町に着いたのは，$6000\div150=40$（分後）である。このとき，花子さんは，$100\times40=4000$（m）進んでいるので，A 町まであと
$6000-4000=2000$（m）
(4) 花子さんが A 町に着いたのは，$6000\div100=60$（分）後である。また次郎君が B 町に着いたのは，$6000\div80=75$（分後）なので，花子さんは車で，75−60＝15（分）かかったことになる。
よって，車の速さは，分速 $6000\div15=400$（m）
→ 時速 24 km

❷ グラフが折れている点をそれぞれア，イ，ウ，エとし，それぞれのときに起こっていることがらを表すと次のようになる。

ア…A君がQに着いた。
イ…A君とB君が出会った。
ウ…B君がQに着いた。
エ…A君がPに着いた。

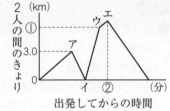

2人の間のきょり (km)
出発してからの時間

(1)A君がQに着いたとき，2人の間は3000mはなれているので，3000÷(250−150)=30(分後)
(2)(1)より，A君はQに着くまでに，250×30=7500(m)より7.5km進んでいる。
(3)①は，B君がQに着いたときにA君がどれだけはなれているかということである。B君がQに着くのは7500÷150=50(分後)なので，A君は折り返してから，50−30=20(分)たっている。よって，2人の間は，250×20=5000(m)より5kmはなれている。(グラフの示し方にならうと5.0km)
(4)A君がPに着くのは，30×2=60(分後)

標準レベル 35 速 さ (3)

☑解答
❶ (1)7：5 (2)4.2km
❷ (1)5：6 (2)180m (3)1080m
❸ (1)2：3 (2)3840m (3)分速192m
❹ (1)6分 (2)24分 (3)1800m

解説
❶ 同じ時間進んだときの進む道のりの比は，速さの比に等しくなる。
(1)56：40=7：5
(2)速さの比が7：5なので，それぞれが進んだ道のりの比も⑦：⑤になる。出会うまでの進んだ道のりの図は右のようになり，

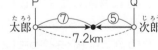

⑦+⑤=⑫=7.2(km)になる。2人が出会う地点は，Pから，⑦=7.2÷12×7=4.2(km)地点になる。

❷ Bが出発してから追いつくまでに，AとBが進んだ道のりの比も速さの比と等しくなる。
(1)45：54=5：6
(2)45×4=180(m)
(3)Bが出発してから追いつくまでに2人が進んだ道のりを図に表すと，右の図のようになる。

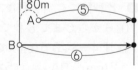

⑥−⑤=①=180(m)なので，Bが追いつく地点は，⑥=180×6=1080(m)地点。

❸ 同じ道のりを進むとき，かかる時間の比は，速さの比の逆比になる。
(1)速さの比が，行きと帰りで，240：160=3：2
家から駅までの同じ道のりを進んでいるので，かかる時間の比は，速さの比の逆比で，2：3である。
(2)往復で40分かかっているので，行きにかかった時間は 40÷(2+3)×2=16(分)である。
家から駅までの道のりは，240×16=3840(m)
(3)40分で，3840×2=7680(m)進んだことになるので，往復の平均の速さは，分速7680÷40=192(m)

❹ (1)始業時刻の4分前と2分後とでは，4+2=6(分)の開きがある。太郎君の出発時刻は同じなので，かかる時間の差は6分である。
(2)速さの比は75：60=5：4なので，学校までかかる時間の比は④：⑤である。差の①が6分にあたるので，分速75mのときのかかる時間は，④=6×4=24(分)
(3)75×24=1800(m)

上級レベル 36 速 さ (3)

☑解答
❶ (1)5：4 (2)25：20：18 (3)56m
❷ (1)5：4 (2)20m (3)25m
❸ (1)5：4 (2)25分後
❹ (1)5：3 (2)2km

解説
❶ (1)Aが200m走り切ったとき，Bは，200−40=160(m)走ったので，速さの比は，200：160=5：4
(2)(1)と同様に，Bが200m走り切ったとき，Cは200−20=180(m)走ったので，BとCの速さの比は200：180=10：9
AとBとCの3人の速さの比は，連比を求めて，25：20：18
(3)AとCの速さの比は，(2)より25：18である。Aが200m進む間に，Cは200÷25×18=144(m)進むので，200−144=56(m)手前にいる。

❷ 同じ100mのきょりを進んでいるときの速さの比は，かかる時間の比の逆比になる。
(1)かかる時間の比が12：15=4：5なので，速さの比は，5：4
(2)Aがゴールするまでの時間にBが進む道のりは，100÷5×4=80(m)である。
よって，ゴールの100−80=20(m)手前にいる。
(3)Bは100m走ることになるので，Aは100÷4×5=125(m)走り切れば同時にゴールに着く。Aの出発地点は，Bよりも125−100=25(m)後ろである。

❸ 2人が出会った地点をC地点とすると，CB間を太郎君は16分，次郎君は20分かかる。

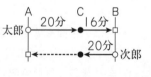

(1)CB間にかかっている時間の比が，太郎:次郎＝16:20＝4:5なので，速さの比は逆比の5:4になる。

(2)AC間を太郎君は20分かかっているので，次郎君は20÷4×5＝25(分)かかる。

❹ 出発してからはじめて出会うまでに2人が進んだようすは，右の図のようになる。

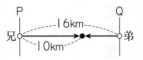

(1)初めて出会うまでに，兄は10km，弟は，16-10＝6(km)進んでいる。速さの比は進んだ道のりの比と等しく，兄:弟＝10:6＝5:3

(2)出発してから2回目に出会うまでに2人が進んだようすは右の図のようになる。2人合わせて，16×3＝48(km)進んでいることがわかる。

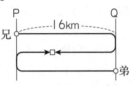

この図をまっすぐに引きのばすと，48kmはなれたところから向かい合って進む図になるので，兄の進んだ道のりは，48÷(5+3)×5＝30(km)である。したがって，2回目に出会う地点は，Pから16×2-30＝2(km)地点である。

標準レベル37 速さ(4)

☑解答

❶ (1)秒速3cm (2)9cm (3)32.4cm²

❷ (1)16cm (2)15秒後

❸ (1)18cm (2)17cm (3)秒速2cm

解説

❶ グラフより，4秒後にBに着き，9秒後にCに着いている。

(1)PはAB間を4秒で進んでいるので，秒速12÷4＝3(cm)

(2)4秒後の三角形APCの面積は，三角形ABCと同じ

て54cm²である。AC＝54×2÷12＝9(cm)

(3)4秒後から9秒後までの5秒間で，三角形の面積は54cm²減っている。1秒間で，54÷5＝10.8(cm²)ずつ減っているので，6秒後の面積は，54-10.8×(6-4)＝32.4(cm²)

❷ 8秒後にC，12秒後にD，22秒後にAに着いている。

(1)BからCまで8秒で進んでいるので，点Pの速さは秒速4÷8＝0.5(cm)である。CDは，0.5×(12-8)＝2(cm)，DAは，0.5×(22-12)＝5(cm)である。また8秒後の三角形PABの面積は，底辺がAB，高さが4cmの三角形になるので，AB＝10×2÷4＝5(cm)である。以上より，台形ABCDのまわりの長さは，4+2+5+5＝16(cm)

(2)12秒後から22秒後までは三角形PABの面積は1秒間で10÷(22-12)＝1(cm²)ずつ減っていくので，10-7＝3(cm²)減るためには，3÷1＝3(秒)かかる。答えは，12+3＝15(秒後)

❸ CからBまで5秒，BからAまで7.5秒，AからDまで8.5秒かかっている。

(1)5秒後の三角形PCDは，底辺がCD，高さが8cmの三角形になるので，CD＝72×2÷8＝18(cm)

(2)12.5秒後の三角形PCDは，底辺が18cm，高さがADの直角三角形になるので，AD＝153×2÷18＝17(cm)

(3)AD間を8.5秒で進んでいるので，Pの速さは，秒速17÷8.5＝2(cm)

上級レベル38 速さ(4)

☑解答

❶ (1)180cm² (2)10秒後 (3)250cm²

❷ 720m

❸ (1)秒速3cm (2)6cm
　 (3)ア84 イ24 (4)4秒後と9.6秒後

解説

❶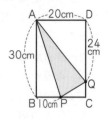
(1)8秒後の点P，点Qの位置は右の図のようになる。よって，三角形APQの面積は，
20×30-30×10÷2-6×10÷2-20×24÷2＝600-150-30-240＝180(cm²)

(2)AB+BC+CD＝80(cm)で，このきょりを毎秒5cmと毎秒3cmで移動するから，はじめて出会うのは，80÷(5+3)＝10(秒後)

(3)(2)より点Rの位置は点Cになる。2回目に出会うのは，1回目から100÷8＝12.5(秒後)である。12.5×5＝62.5(cm)なので，点Sの位置は，点Aより下に12.5cmの地点である。

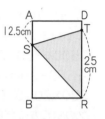

同様に考えて，点Tの位置は，点Cより上に25cmの地点である。右の図より，三角形RSTの面積は，25×20÷2＝250(cm²)

❷ 2人が進んだ様子を次のようなグラフに表すと，色のついた部分の三角形どうしが相似になっている。相似比は，15分:10分＝3:2なので，ア:イ＝3:2となり，追いこした地点は家から1800÷(3+2)×2＝720(m)地点である。

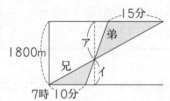

❸ Pは6秒後にはまだDに着いていないので，QがCに6秒後に着いたことになる。

(1)QはBからCまで6秒かかっているので，速さは秒速18÷6＝3(cm)

(2)6秒後にAP＝2×6＝12(cm)，BQ＝18cmになっ

ているので，$(12+18)×AB÷2=90$ が成り立っている。$AB=6$(cm)

(3)8 秒後は $AP=16$ cm，Q は C を折り返して 2 秒たっているので，$BQ=18-3×2=12$(cm)である。ア＝$(16+12)×6÷2=84$(cm²)である。また，12 秒後は Q が B にもどってきており，P は折り返してから 4 秒たっているので，$AP=16-2×4=8$(cm)で，図形 ABQP は三角形になっている。
イ＝$8×6÷2=24$(cm²)

(4)1 回目が 0〜6 秒の間である。6 秒間で面積が 90 cm² 増えているので，1 秒間に $90÷6=15$(cm²)ずつ増えている。1 回目は，$60÷15=4$(秒後)
2 回目が 8〜12 秒の間である。4 秒間で面積が $84-24=60$(cm²)減っているので，1 秒間に $60÷4=15$(cm²)ずつ減っている。2 回目は 8 秒後から$(84-60)÷15=1.6$(秒)たった 9.6 秒後。

39 最上級レベル 5

◻解答

1 (1)分速 18m　(2)2800 歩

2 (1)$\frac{1}{2}$倍　(2)$\frac{3}{4}$倍

3 (1)ア　(2)分速 $52\frac{1}{7}$m

　　(3)午前 10 時 38 分 24 秒

解説
1 (1)妹が 4 歩で歩くきょりを兄は 3 歩で歩くので，歩はばの比は，3：4 になる。また，妹が 3 歩進む時間で兄は 4 歩進むことができるので，妹と兄の速さの比は，$(3×3)：(4×4)=9：16$ になる。2 人の速さの和は，1km を 20 分で進むので，分速 $1000÷20=50$(m)になる。妹の歩く速さは，分速 $50×\frac{9}{9+16}=18$(m)

(2)妹の歩はばが 30cm なので，兄の歩はばは，$30×\frac{4}{3}=40$(cm)になる。妹の進むきょりは，$18×20=360$(m)で歩数は，$36000÷30=1200$(歩)になる。また，兄の進むきょりは，$1000-360=640$(m)で歩数は，$64000÷40=1600$(歩)になる。よって，兄妹合わせて $1200+1600=2800$(歩)である。

2 (1)2 周目は 1 周目の速さの 2 倍になっているので，かかる時間は半分の $\frac{1}{2}$倍である。

(2)ロボット A が 1 周するのにかかる時間を①とすると，ロボット A が 2 周するのにかかる時間は②となる。この時間でロボット B も 2 周する。ロボット B が，1 周目と 2 周目にかかる時間の比は 2：1 である。ロボット B が 1 周目にかかる時間は，②の $\frac{2}{2+1}=\frac{2}{3}$(倍)であるので，$\frac{4}{3}$である。よって，ロボット B の 1 周目の速さはロボット A の速さの $\frac{3}{4}$倍になる。

3 (1)あきおさんが時速 2.7km つまり分速 45m の速さで 8 分間歩くと，$45×8=360$(m)進む。この差が $15-8=7$(分後)には 310m になっているから，なつ子さんのほうがあきおさんよりも速いことがわかる。よって，答えはアである。

(2)(1)より，2 人の速さの差は，分速$(360-310)÷(15-8)=\frac{50}{7}$(m)である。あきおさんの速さは分速 45m なので，なつ子さんの速さは，分速 $45+\frac{50}{7}=52\frac{1}{7}$(m)である。

(3)$360÷\frac{50}{7}=\frac{252}{5}=50\frac{2}{5}$(分) → 50 分 24 秒
なつ子さんが出発したのは，午前 9 時 48 分だから，50 分 24 秒後の午前 10 時 38 分 24 秒になる。

40 最上級レベル 6

◻解答

1 (1)8 時 42 分　(2)8 時 21 分
　　(3)分速 87.5m

2 13.5km

3 (1)324km　(2)14.4km

4 (1)8 秒後　(2)5 秒後

解説
1 (1)$2100÷50=42$(分)，8 時に出発しているので，駅に着くのは 8 時 42 分である。

(2)8 時 6 分に弟は，家から $50×6=300$(m)はなれた位置にいる。よって，兄は，$300÷(70-50)=15$(分)で弟に追いつくから，8 時 6 分から 15 分経過するので，答えは 8 時 21 分になる。

(3)8 時 12 分に兄は家から，$70×(12-6)=420$(m)はなれた位置にいる。兄は 8 時 6 分に家を出発してから，$2100÷70=30$(分)で駅に着くので，8 時 36 分に駅に着く。母は，$36-12=24$(分)以内に 420m の差をなくさなければならないので，母の速さは，分速 $420÷24+70=17.5+70=87.5$(m)以上である。

2 コース全体の道のりを①とする。$1-\frac{1}{3}-\frac{4}{27}=\frac{14}{27}$より，上り坂は①$\frac{1}{3}$，平らな道は①$\frac{14}{27}$，下り坂は①$\frac{4}{27}$である。また，上り坂は時速 $21×\frac{6}{7}=18$(km)，平らな道は時速 21km，下り坂は時速 $18×\frac{4}{3}=24$(km)になるので，コース全体を走るのにかかる時間は，①$\frac{1}{3}$÷18+①$\frac{14}{27}$÷21+①$\frac{4}{27}$÷24=①$\frac{4}{81}$　この①$\frac{4}{81}$が時間でいうと $\frac{2}{3}$時間になっているので，①は，
$\frac{2}{3}÷\frac{4}{81}=\frac{2}{3}×\frac{81}{4}=\frac{27}{2}=13.5$(km)となる。

137

3 (1)高速道路と一般道路の速さの比が9：5で，時間の比が5：1なので，道のりの比は，(9×5)：(5×1)＝9：1となる。よって，高速道路を走った道のりは，$360×\dfrac{9}{9+1}=324$(km)になる。

(2)高速道路と一般道路の，ガソリン1Lで走ることのできる道のりの比は6：5なので，同じ道のりを走るために必要なガソリンの比は，5：6になる。(1)より，道のりの比が9：1とわかっているので，使ったガソリンの比は，(5×9)：(6×1)＝15：2である。よって，高速道路で使ったガソリンは，$25.5×\dfrac{15}{15+2}=22.5$(L)である。(1)より，高速道路では324km走ったので，1Lあたり324÷22.5＝14.4(km)走ったことになる。

4 (1)PとQの動いた道のりの差が9+15＝24（cm）になったとき，PとQを結ぶ直線が長方形の対角線の交点を通るので，このときに長方形の面積は2等分される。よって，出発してから，24÷(5-2)＝8(秒後)

(2)長方形ABCDの面積は，9×15＝135(cm²)なので，三角形APQの面積は，135÷3＝45(cm²)になればよい。点Pの位置で場合分けして考える。
点PがCD間にあるときは，時間は15÷5＝3(秒)から，24÷5＝4.8(秒)の間で，点QがCD間にあるときは，15÷2＝7.5(秒)から，24÷2＝12(秒)である。よって，まずは3秒までは，A，P，Qは一直線上にあるので三角形にならない。次に4.8秒までは，AQの最大が2×4.8＝9.6(cm)でこのとき高さも最大になるから，最大の面積は9.6×9÷2＝43.2(cm²)で45cm²になっていない。さらに7.5秒までは，AQの長さの最大は15cmでこのとき，点PはBC上にあるので高さは9cmになるから，面積は15×9÷2＝67.5(cm²)で45cm²より大きくなっているので，4.8秒から7.5秒の間に答えがある。
4.8秒から7.5秒の間，点QはAD間にある。よって，底辺をAQとすると，点PはBC上にあるので，高さ

は常にAB，つまり9cmになる。面積が45cm²になればよいので，底辺AQの長さは，45×2÷9＝10(cm)のときになるから，このとき10÷2＝5(秒後)である。

☑解答

❶ (1)31.4 cm　(2)47.1 cm
(3)37.68 cm　(4)21.98 cm

❷ (1)16 cm　(2)3.5 m　(3)4 cm

❸ (1)6.28 cm　(2)12.56 cm
(3)15.7 cm

❹ (1)14.28 cm　(2)36.56 cm
(3)45.12 cm

解説

❶ 円周の長さ ＝ 直径の長さ × 円周率
(1)10×3.14＝31.4(cm)
(2)15×3.14＝47.1(cm)
(3)6×2×3.14＝37.68(cm)
(4)3.5×2×3.14＝21.98(cm)

❷ (1)50.24÷3.14＝16(cm)
(2)10.99÷3.14＝3.5(m)
(3)25.12÷3.14÷2＝4(cm)

❸ おうぎ形の曲線部分を弧という。
おうぎ形の弧の長さ

＝ 直径の長さ × 円周率 × $\dfrac{中心角}{360}$

半径　弧　中心角

(1)$5×2×3.14×\dfrac{72}{360}=2×3.14=6.28$(cm)

(2)$9×2×3.14×\dfrac{80}{360}=4×3.14=12.56$(cm)

(3)$6×2×3.14×\dfrac{150}{360}=5×3.14=15.7$(cm)

❹ おうぎ形のまわりの長さの場合，弧の長さだけでなく，半径2本の長さも加えなければならない。
(1)弧の長さは，

$4×2×3.14×\dfrac{90}{360}=2×3.14=6.28$(cm)

まわりの長さは，6.28+4×2＝14.28(cm)
(2)弧の長さは，

$12×2×3.14×\dfrac{60}{360}=4×3.14=12.56$(cm)

まわりの長さは，12.56+12×2＝36.56(cm)
(3)弧の長さは，

$10×2×3.14×\dfrac{144}{360}=8×3.14=25.12$(cm)

まわりの長さは，25.12+10×2＝45.12(cm)

☑解答

❶ (1)180°　(2)144°　(3)120°
(4)150°

❷ 121.5 m

❸ 130.8 cm

❹ (1)25.12 cm　(2)62.24 cm
(3)39.4 cm

解説

❶ 中心角をx°として，弧の長さの公式にあてはめる。

(1)$4×2×3.14×\dfrac{x}{360}=12.56$

→ $\dfrac{x}{360}=\dfrac{1}{2}$ より，$x=180$(°)

(3)弧の長さは，12.28-3×2＝6.28(cm)

$3 \times 2 \times 3.14 \times \dfrac{x}{360} = 6.28$

$\rightarrow \dfrac{x}{360} = \dfrac{1}{3}$ より，$x = 120(°)$

2 左右にある弧を2つ合わせると，直径50mの円になる。

AB 2つ分の長さは，$400 - 50 \times 3.14 = 243(m)$

ABの長さは，$243 \div 2 = 121.5(m)$

3 この立体を真上から見たときのひもの部分は，太線のようになる。ひもの直線部分の長さは，円の中心どうしを結んだ長さと同じで，半径の2倍だから，上の部分のひもの長さは，

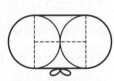

$5 \times 2 \times 3.14 + 5 \times 2 \times 2 = 51.4(cm)$

ひもの長さの合計は，$51.4 \times 2 + 28 = 130.8(cm)$

4 (1) $8 \times 2 \times 3.14 \times \dfrac{90}{360} \times 2 = 8 \times 3.14 = 25.12(cm)$

(2) 内側の弧の長さは，

$9 \times 2 \times 3.14 \times \dfrac{120}{360} = 6 \times 3.14(cm)$

外側の弧の長さは，

$15 \times 2 \times 3.14 \times \dfrac{120}{360} = 10 \times 3.14(cm)$だから，まわりの長さは，

$6 \times 3.14 + 10 \times 3.14 + (15-9) \times 2 = 62.24(cm)$

(3) 内側の弧の長さは，

$8 \times 2 \times 3.14 \times \dfrac{90}{360} = 4 \times 3.14(cm)$

外側の弧の長さは，

$12 \times 2 \times 3.14 \times \dfrac{90}{360} = 6 \times 3.14(cm)$だから，まわりの長さは，

$4 \times 3.14 + 6 \times 3.14 + (12-8) \times 2 = 39.4(cm)$

標準レベル 43 円とおうぎ形 (2)

解答

1 (1) 78.5 cm²   (2) 254.34 cm²
    (3) 50.24 cm²

2 (1) 12.56 cm²   (2) 62.8 cm²
    (3) 47.1 cm²

3 (1) 6 cm   (2) 40 cm

4 (1) $90°$ (2) $80°$

解説

1 円の面積 = 半径 × 半径 × 円周率

(1) $5 \times 5 \times 3.14 = 78.5(cm²)$

(3) 半径は，$8 \div 2 = 4(cm)$ であるから，

$4 \times 4 \times 3.14 = 50.24(cm²)$

2 おうぎ形の面積 = 半径 × 半径 × 円周率 × $\dfrac{\text{中心角}}{360}$

(1) $4 \times 4 \times 3.14 \times \dfrac{90}{360} = 4 \times 3.14 = 12.56(cm²)$

(2) $10 \times 10 \times 3.14 \times \dfrac{72}{360} = 20 \times 3.14 = 62.8(cm²)$

3 (2) 半径を x cm とすると，

$x \times x \times 3.14 = 1256(cm²)$

$x \times x = 1256 \div 3.14 = 400$ より，$x = 20(cm)$

直径は，$20 \times 2 = 40(cm)$

4 (1) 中心角を $x°$ とすると，$8 \times 8 \times 3.14 \times \dfrac{x}{360} = 50.24$

$\dfrac{x}{360} = \dfrac{1}{4}$ より，$x = 90(°)$

上級レベル 44 円とおうぎ形 (2)

解答

1 (1) 122.46 cm²   (2) 84.78 cm²
    (3) 25.12 cm²   (4) 18.84 cm²
    (5) 50.24 cm²

2 (1) 56.52 cm²   (2) 75.36 cm²

3 18.84 m

解説

1 全体の面積から，白い部分のおうぎ形や円の面積をひく。

(1) $8 \times 8 \times 3.14 - 5 \times 5 \times 3.14 = 122.46(cm²)$

(4) $5 \times 5 \times 3.14 \times \dfrac{180}{360} - 3 \times 3 \times 3.14 \times \dfrac{180}{360} - 2 \times 2 \times$

$3.14 \times \dfrac{180}{360} = 6 \times 3.14 = 18.84(cm²)$

(5) $8 \times 8 \times 3.14 \times \dfrac{180}{360} - 4 \times 4 \times 3.14 = 16 \times 3.14$

$= 50.24(cm²)$

2 (1) $12 \times 12 \times 3.14 \times \dfrac{90}{360} - 6 \times 6 \times 3.14 \times \dfrac{180}{360}$

$= 18 \times 3.14 = 56.52(cm²)$

(2) $9 \times 9 \times 3.14 \times \dfrac{120}{360} - 3 \times 3 \times 3.14 \times \dfrac{120}{360} = 24 \times 3.14$

$= 75.36(cm²)$

3 おうぎ形の土地の面積は，

$24 \times 24 \times 3.14 \times \dfrac{60}{360} = 96 \times 3.14 = 301.44(m²)$

である。長方形にしたときの横の長さは，

$301.44 \div 16 = 18.84(m)$

☑解答

❶　(1) 46.26 cm
　　(2) 22.84 cm
　　(3) 41.4 cm
❷　(1) 28.5 cm² 　(2) 4.56 cm²
　　(3) 6.88 cm² 　(4) 20.52 cm²

解説

❶　(1)右の図の直線アの長さは，半径2個分，すなわち直径と同じ9cmであるから，まわりの長さは，

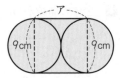

$9 \times 3.14 + 9 \times 2 = 46.26$（cm）

(2)弧2つと直線1本の合計になる。

$8 \times 3.14 \times \dfrac{180}{360} + 4 \times 3.14 \times \dfrac{180}{360} + 4 = 6 \times 3.14 + 4$

$= 22.84$（cm）

(3)弧2つと直線1本の合計になる。

$20 \times 3.14 \times \dfrac{90}{360} + 10 \times 3.14 \times \dfrac{180}{360} + 10$

$= 10 \times 3.14 + 10 = 41.4$（cm）

❷　(1)円の面積から対角線の長さが10cmの正方形の面積をひく。

$5 \times 5 \times 3.14 - 10 \times 10 \div 2 = 28.5$（cm²）

(2)おうぎ形の面積から直角二等辺三角形の面積をひく。

$4 \times 4 \times 3.14 \times \dfrac{90}{360} - 4 \times 4 \div 2 = 12.56 - 8$

$= 4.56$（cm²）

(3)直角二等辺三角形の面積からおうぎ形の面積をひく。

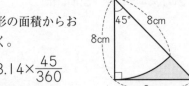

$8 \times 8 \div 2 - 8 \times 8 \times 3.14 \times \dfrac{45}{360}$

$= 32 - 25.12 = 6.88$（cm²）

---

(4)右の図のように，色のついた部分を2つの形に分ける。アは半径6cmのおうぎ形から直角二等辺三角形をひいた形であるから，

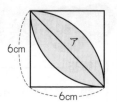

$6 \times 6 \times 3.14 \times \dfrac{90}{360} - 6 \times 6 \div 2$

$= 10.26$（cm²）

求める面積は，$10.26 \times 2 = 20.52$（cm²）

☑解答

❶　(1) 37.68 cm 　(2) 41.12 cm
　　(3) 37.68 cm 　(4) 27.84 cm
❷　(1) 18.24 cm² 　(2) 25.74 cm²
　　(3) 9.12 cm² 　(4) 75.44 cm²

解説

❶　(1) $12 \times 3.14 \times \dfrac{180}{360} + 8 \times 3.14 \times \dfrac{180}{360} + 4 \times 3.14 \times$

$\dfrac{180}{360} = 12 \times 3.14 = 37.68$（cm）

(2) $8 \times 3.14 \times \dfrac{180}{360} \times 2 + 8 \times 2 = 41.12$（cm）

(3) $8 \times 3.14 \times \dfrac{180}{360} \times 2 + 16 \times 3.14 \times \dfrac{90}{360} = 12 \times 3.14$

$= 37.68$（cm）

(4)右の図のように，2つの弧の交わる点に向かってそれぞれ半径をひくと，正三角形ができる。したがって，弧の部分のおうぎ形の中心角は60°である。

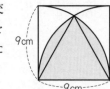

$18 \times 3.14 \times \dfrac{60}{360} \times 2 + 9$

$= 27.84$（cm）

---

❷　(1)正方形の対角線の長さは，おうぎ形の半径と同じ8cmである。$8 \times 8 \times 3.14 \times \dfrac{90}{360} - 8 \times 8 \div 2$

$= 18.24$（cm²）

(2)右の図のように，半円の半径をひくと，求める面積は台形からおうぎ形アをひいたものになる。

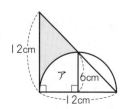

台形の面積は，$(6+12) \times 6 \div 2 = 54$（cm²）

おうぎ形アの面積は，$6 \times 6 \times 3.14 \times \dfrac{90}{360} = 28.26$（cm²）

$54 - 28.26 = 25.74$（cm²）

(3)右の図のように，半円の半径をひくと，求める面積は大きなおうぎ形から正方形とおうぎ形ア2つの面積をひいたものになる。

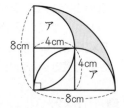

大きなおうぎ形の面積は，

$8 \times 8 \times 3.14 \times \dfrac{90}{360}$

$= 16 \times 3.14$（cm²）

おうぎ形アの面積は，

$4 \times 4 \times 3.14 \times \dfrac{90}{360} = 4 \times 3.14$（cm²）

正方形の面積は，$4 \times 4 = 16$（cm²）

求める面積は，

$16 \times 3.14 - 4 \times 3.14 \times 2 - 16 = 9.12$（cm²）

(4)求める面積は，全体の長方形からおうぎ形アと台形の面積をひいたものになる。

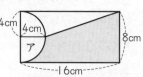

全体の長方形の面積は，

$8 \times 16 = 128$（cm²）

台形の面積は，$(4+16) \times 4 \div 2 = 40$（cm²）

おうぎ形アの面積は，$4 \times 4 \times 3.14 \times \dfrac{90}{360} = 12.56$（cm²）

求める面積は，$128 - 40 - 12.56 = 75.44$（cm²）

標準レベル 47 円とおうぎ形 (4)

☑解答

❶ (1) 64 cm²　(2) 128 cm²
　 (3) 18.24 cm²　(4) 9 cm²

❷ (1) 6.28 cm²　(2) 57 cm²
　 (3) 20.56 cm²　(4) 18.84 cm²

解説

❶ 複雑な形の一部を移動させ，変形して面積を求める。

(1)右の図のように移動させる。求める面積は，8×8＝64（cm²）

(2)右の図のように移動させると，長方形の面積を求めることになる。
8×16＝128（cm²）

(3)アの部分を 2 つに分け，右の図のように移動させると，全体のおうぎ形から直角二等辺三角形の面積をひくことになる。

8×8×3.14×$\frac{90}{360}$−8×8÷2＝50.24−32

＝18.24（cm²）

(4)右の図のように移動させると，正方形の 4 分の 1 の面積を求めることになる。答えは 6×6÷4＝9（cm²）

❷ (1)右の図のように移動させると，中心角 45°のおうぎ形の面積を求めることになる。

4×4×3.14×$\frac{45}{360}$＝6.28（cm²）

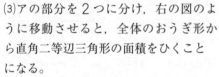
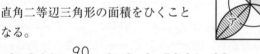

(2)右の図のように移動させると，おうぎ形の面積から直角二等辺三角形の面

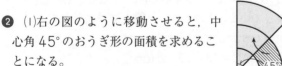

積をひくことになる。

20×20×3.14×$\frac{45}{360}$−20×10÷2＝157−100

＝57（cm²）

(3)右の図のようにアの部分を 2 つに分けて移動させると，おうぎ形と直角二等辺三角形の面積の合計になる。

4×4÷2+4×4×3.14×$\frac{90}{360}$

＝8+12.56＝20.56（cm²）

(4)右の図のように移動させると，半径 6 cm，中心角 60°のおうぎ形の面積を求めることになる。

6×6×3.14×$\frac{60}{360}$＝18.84（cm²）

上級レベル 48 円とおうぎ形 (4)

☑解答

❶ (1) 100.48 cm　(2) 36.48 cm²
❷ (1) 67.1 cm　(2) 64.5 cm²
❸ (1) 37.68 cm　(2) 24 cm²
❹ 114 cm²

解説

❶ (1)色のついた部分のまわりの長さは，大きい円の円周と小さい半円の弧 4 つ分の合計になる。求める長さは，
8×2×3.14+4×2×3.14÷2×4＝32×3.14
＝100.48（cm）

(2)右の図のように区切っていくと，大きい円の面積から小さい半円 4 つと正方形の面積をひくことになる。
8×8×3.14−4×4×3.14÷2×4−
8×8＝36.48（cm²）

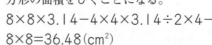

---

❷ (1)半径 20 cm，中心角 90°のおうぎ形の弧と半径 10 cm，中心角 90°のおうぎ形の弧と直線 2 本の合計になる。

20×2×3.14×$\frac{90}{360}$+10×2×3.14×$\frac{90}{360}$+10×2

＝67.1（cm）

(2)右の図のように区切っていくと，小さい正方形 3 つと小さいおうぎ形の面積の合計から，大きいおうぎ形の面積をひくことになる。

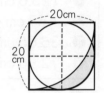

10×10×3+10×10×3.14×$\frac{90}{360}$

−20×20×3.14×$\frac{90}{360}$＝64.5（cm²）

❸ (1)まわりの長さは，3 つの半円の弧の長さの合計になる。

10×3.14×$\frac{180}{360}$+8×3.14×$\frac{180}{360}$+6×3.14×$\frac{180}{360}$

＝12×3.14＝37.68（cm）

(2)この図形全体の面積（＝小半円＋中半円＋直角三角形）から大きい半円の面積をひくことになる。

3×3×3.14×$\frac{180}{360}$+4×4×3.14×$\frac{180}{360}$+6×8÷2−

5×5×3.14×$\frac{180}{360}$＝24（cm²）

❹ 右の図のように半径をひくと，正方形の対角線の長さが 20 cm になる。ア 2 つの面積は正方形から半径 10 cm，中心角 90°のおうぎ形 2 つの面積をひけばよく，

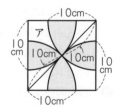

20×20÷2−10×10×3.14×

$\frac{90}{360}$×2＝43（cm²）

求める面積は，正方形からア 4 つ分をひけばよいので，
20×20÷2−43×2＝114（cm²）

✓解答

1. (1) 50 cm² (2) 39.25 cm²
2. 125.6 cm²
3. 1.57 cm
4. 36.56 cm²
5. 72.96 cm²

解説

1. (1)小さいほうの正方形は対角線の長さが 10 cm の正方形であるから，求める面積は，10×10÷2=50(cm²)
(2)小さい正方形の1辺の長さを xcm とすると，(1)より x×x=50(cm²)なので，小さい円の面積は，
$\frac{x}{2}×\frac{x}{2}×3.14=\frac{50}{4}×3.14=39.25(cm²)$

2. 3つのおうぎ形に右の図のようにおうぎ形を補うと，3つの白いおうぎ形の中心角の和は，三角形の内角の和と同じ180°である。よって，色のついたおうぎ形3つの中心角の和は 360°×3−180°=900° である。900÷360=2.5 より，求める面積は円 2.5 個分になるから，4×4×3.14×2.5=125.6(cm²)
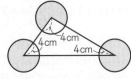

3. ⓐとⓑの部分が等しいとき，それぞれにⓒの部分を加えると，半円と直角三角形 ABC の面積が等しいことがわかる。したがって 2×BC÷2=1×1×3.14÷2 より，BC=1.57(cm)

4. 右の図のようにアの直角三角形を移動させると，おうぎ形の面積は 4×4×3.14×$\frac{90}{360}$=12.56(cm²)，移動させたあとの直角三角形の面積は(8+4)×4÷2=24(cm²)なので，求める面積は，12.56+24=36.56(cm²)

5. 右の図のように移動させると，全体の円から正方形の面積をひくことになる。正方形の対角線は円の直径と同じ 16 cm である。求める面積は，
8×8×3.14−16×16÷2
=72.96(cm²)

✓解答

1. 20.56 cm²
2. (1) 62.8 cm² (2) 12.56 cm²
3. (1) 2.84 cm² (2) 1.42 cm²
4. 38.1 cm²
5. 21.84 cm²

解説

1. E から AD に平行な直線をひくと，求める面積はおうぎ形と長方形の面積の合計から直角三角形の面積をひけばよいことがわかる。
4×4×3.14×$\frac{90}{360}$+8×4−12×4÷2=20.56(cm²)

2. (1)右の図で，2つの三角形 AOC と OBD は3つの角が 20°，70°，90° で OB=AO なので，合同であることがわかる。この2つの三角形がウの部分で重なり合っているので，アの台形とイの三角形の面積が同じであり，色のついた部分の面積は，中心角 50° のおうぎ形の面積と等しいことがわかる。
12×12×3.14×$\frac{50}{360}$=62.8(cm²)
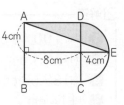

3. (1)右の図で，アとイの両方にウの部分をつけたした図形どうしの面積の差を求めることになる。半円(ア+ウ)の面積は，
2×2×3.14÷2=6.28(cm²)
イ+ウの面積は，4×4−4×4×3.14×$\frac{90}{360}$=3.44(cm²)
差は，6.28−3.44=2.84(cm²)
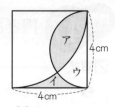

(2)右の図で，アとイの両方にウの部分をつけたした図形どうしの面積の差を求めることになる。長方形(ア+ウ)の面積は，4×2=8(cm²)
イ+ウの面積は，4×4×3.14×$\frac{90}{360}$
−2×2×3.14×$\frac{90}{360}$=9.42(cm²)
差は，9.42−8=1.42(cm²)
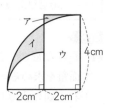

4. 右の図のように半径をひくと，中心角 150° のおうぎ形から二等辺三角形 OAB の面積をひくことになる。三角形 OBC は正三角形で，三角形 OBD は正三角形の半分だから，BD=6÷2=3(cm)になる。求める面積は，
6×6×3.14×$\frac{150}{360}$−6×3÷2=38.1(cm²)
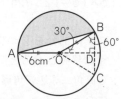

5. 右の図のように半径 OA，OB をひき，色のついた部分をアとすると，ア＋三角形 OBC=おうぎ形 OAB＋三角形 OAC となっていることがわかる。4と同様に考えて，
三角形 OBC=2×3÷2=3(cm²)
三角形 OAC=2×6÷2=6(cm²)
おうぎ形 OAB=6×6×3.14×$\frac{60}{360}$=18.84(cm²)
なので，求める面積は，
18.84+6−3=21.84(cm²)
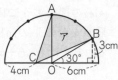

標準 レベル 51 図形の移動

☑解答

❶ (1) 30.28 cm　(2) 60.56 cm²
❷ 41.12 cm²
❸ 24 cm²
❹ (1) 22.28 cm　(2) 44.56 cm²

解説▶

❶ (1) 右の図で，赤線部分の長さであるから，$6×4+1×2×3.14$
$=24+6.28=30.28$（cm）
(2) 右の図で，色のついた部分の面積だから，
$6×2×4+2×2×3.14$
$=48+12.56=60.56$（cm²）

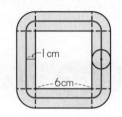

❷ 右の図より，
$4×2×2+2×2×3.14×\frac{3}{4}+6×$
$6×3.14×\frac{1}{4}-4×4×3.14×\frac{1}{4}$
$=16+(3+9-4)×3.14$
$=16+25.12=41.12$（cm²）

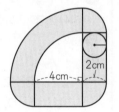

❸ 下の図より，求める面積は，
$(10+14)×2÷2=24$（cm²）である。

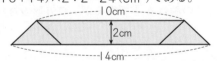

❹ (1) 右の図のようになるので，
求める長さは，
$4×4+1×2×3.14$
$=16+6.28=22.28$（cm）
(2) $4×2×4+2×2×3.14$
$=32+12.56=44.56$（cm²）

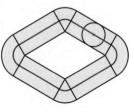

上級 レベル 52 図形の移動

☑解答

❶ 25.12 cm
❷ (1) 37.68 cm　(2) 87.64 cm²
❸ (1) 20.13 cm　(2) 7.065 cm²
❹ 40.5 cm²

解説▶

❶ Cが再び直線上にくるまでの図は次のようになる。

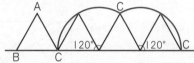

赤線の長さは半径6cm，中心角120°のおうぎ形の弧2つ分になるので，
$6×2×3.14×\frac{120}{360}×2=8×3.14=25.12$（cm）

❷ (1) 頂点Pが動いた道のりは，右の図の赤線部分になるので，
$3×2×3.14÷2×4=37.68$（cm）
(2) 点Pのえがいた曲線で囲まれた図形は，右のような色のついたおうぎ形4つと斜線部分の正三角形8つ分になる。よって，
求める面積は，$3×3×3.14÷2×4+3.89×8$
$=56.52+31.12=87.64$（cm²）

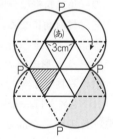

❸ (1) ⑦の曲線は半径5cm，中心角90°のおうぎ形の弧で，⑦の曲線は半径4cm，中心角90°のおうぎ形の弧で，それに3cmの辺2本を加えればよい。
$5×2×3.14÷4+4×2×3.14÷4+3×2$
$=(10+8)÷4×3.14+6=14.13+6=20.13$（cm）

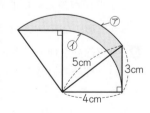

(2) 求める面積は，半径5cm，中心角90°のおうぎ形と直角三角形の面積の和から，半径4cm，中心角90°のおうぎ形と直角三角形の面積の和をひいたものになるから，
$5×5×3.14÷4-4×4×3.14÷4=(25-16)÷4×3.14$
$=7.065$（cm²）

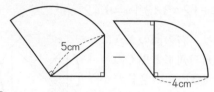

❹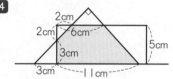

21秒後は上の図のようになっているので，重なっている面積は，
$(6+11)×5÷2-2×2÷2=42.5-2=40.5$（cm²）

53 最上級 レベル 7

☑解答

❶ 9.42 cm²
❷ 41.12 cm²
❸ 6倍
❹ 9.42 cm²
❺ 34.54 cm

解説▶

❶ 半径3cmの半円と半径6cm，中心角30°のおうぎ形の面積の和から，半径3cmの半円の面積をひけばよい。

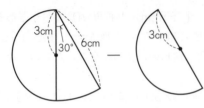

$3×3×3.14÷2+6×6×3.14÷12-3×3×3.14÷2$
$=6×6×3.14÷12=3×3.14=9.42(cm^2)$

2 求める面積は，右の図のように
斜線部分の直角三角形と黒くぬっ
たおうぎ形の面積の和の2倍だか
ら，

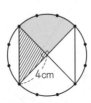

$(4×4÷2+4×4×3.14÷4)×2$
$=16+25.12=41.12(cm^2)$

3 辺PQが通った部
分は右の図1の色の
ついた部分になるが，
これは一部を図のよ
うに移動させると，
図2のような形にな

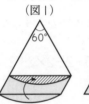 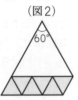

（図1）　（図2）

るので，正三角形の面積の6倍である。

4 三角形OPRと三角形QOSは合同
なので，色のついた部分は図のよう
に移動することができる。よって，
求める面積は，おうぎ形OQPにな
るので，半径6cm，中心角30°で
あるから，

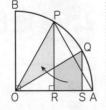

$6×6×3.14÷12=9.42(cm^2)$

5 点Aは右の図の赤線部分
を動くので，求める長さは，

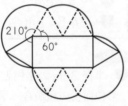

$3×2×3.14×\dfrac{210}{360}×2$
$+3×2×3.14×\dfrac{120}{360}×2$
$=(7+4)×3.14=34.54(cm)$

---

54 最上級レベル ⑧

解答

1 15.7 cm

2 29.7 cm

3 $\dfrac{1}{3}$ 倍

4 3.44 cm

5 (1) 31.4 cm　(2) 376.8 cm² (3) 3 倍

解説

1 求める長さは右の図の赤線部分の
5倍になる。これは，半径6cm，
中心角30°のおうぎ形の弧の長さの
5倍なので，$6×2×3.14÷12×5$
$=5×3.14=15.7(cm)$

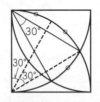

2 右の図より，赤くぬった2つ
の直角三角形は合同なので，①
＋②は直角になる。よって，赤
線部分は半径5cm，中心角90°
のおうぎ形の弧の長さになる。
求める長さは，
$(5×2×3.14÷4+3+4)×2=29.7(cm)$

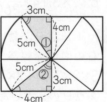

3 色のついた部分の面積の差は，
右の図の赤くぬった部分になる。
図のように一部を移動すると，半
円と半径が等しい中心角60°の
おうぎ形になるので，面積は半円の面積の$\dfrac{1}{3}$倍である。

4 斜線部分を加えて考えると，色の
ついた部分の面積が等しいとき，正
方形－おうぎ形＝三角形ABEで
あるから，BEの長さは，
$(8×8-8×8×3.14÷4)×2÷8$
$=13.76×2÷8=3.44(cm)$

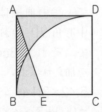

5 (1) 半径が5cmの円周になるので，
$5×2×3.14=31.4(cm)$
(2) 半径13cmの円の面積から半径7cmの円の面積を
ひけばよい。
$13×13×3.14-7×7×3.14=(169-49)×3.14$
$=120×3.14=376.8(cm^2)$
(3) 半径2cmの円が通った部分の面積は，
$7×7×3.14-(7-2×2)×(7-2×2)×3.14$
$=(49-9)×3.14=40×3.14$ となるので，
$(120×3.14)÷(40×3.14)=3(倍)$

標準 レベル 55 対称な図形

解答

1 (1) 1本　(2) 3本　(3) 4本
(4) 2本　(5) 2本

2 ②, ③, ④, ⑦, ⑧

3 ① A, B, C, D, E, M, T, U, V, W, Y
② N, S, Z
③ H, I, O, X
④ F, G, J, K, L, P, Q, R

解説

1 正方形の対称の軸は4本であるが，長方形の対称の
軸は2本。

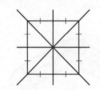

上級 レベル 56　対称な図形

☑解答

1
(1)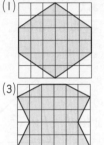

(2)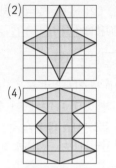

(3)

(4)

2 (1) 109°　(2) 96°　(3) 78°
(4) ㋐ 42°　㋑ 96°　㋒ 27°

解説

2 (1) 右の図の○をつけた
2つの角の大きさは同じで、
(180°−38°)÷2=71°
x=180°−71°=109°

(2) 右の図で、OA、OC はおうぎ形
の半径で、OA は CA に移動した
ので、三角形 OAC は 3 辺の長さ
が等しい正三角形で、
角 OAC は 60°
角 ACD＝角 AOD＝108° なので、
角 ODC＝360°−(108°+108°+60°)=84°
よって、x=180°−84°=96°

(3) 三角形 ABC は二等辺三角形なの
で、角 C＝(180°−52°)÷2=64°
図の y 2 つ分の角は三角形 FEC の
外角なので、
36°+64°=100° で、
y=100°÷2=50° であるから、
x=180°−(52°+50°)=78°

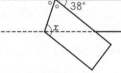

---

(4) 右の図で、㋒=42° で
㋐＝㋒ より、㋐=42°
また、㋕も 42° なので、
㋑=180°−42°×2=96°
さらに、三角形 BAC は二
等辺三角形で、
角 BCA=(180°−42°)÷2=69° なので、
㋒=69°−42°=27°

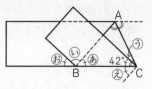

標準 レベル 57　拡大図と縮図

☑解答

1 (1) x 35°、y 80°　(2) 2.6 cm
2 (1) x 15 cm、y 18 cm
(2) x 9.6 cm、y 10 cm
(3) x 4 cm、y 10.8 cm
3 (1) x 7 cm、y 18 cm
(2) x 4.2 cm、y 3.6 cm
(3) x 12 cm、y 20 cm
4 (1) 800 m　(2) 2.8 cm　(3) 4 km²

解説

1 形は同じだが、大きさがちがう図形を「相似な図形」
という。相似な図形では対応する辺の比がすべて同じで
あり、対応する角はそれぞれ同じになる。対応する辺の
長さの比を「相似比」という。
(1) 角 E は角 B と対応している。
x=35°、y=180°−(35°+65°)=80°
(2) 辺 AC と辺 DF が対応しており、
相似比は 1.5：4.5=1：3
辺 BC と辺 EF が対応しているので、
辺 BC=7.8÷3×1=2.6(cm)

---

2 対応する辺を見つけて、相似比を確認しよう。
(1) 三角形 ABC と三角形 AED の相似比は、
AB：AE=12：9=4：3
x=20÷4×3=15(cm)
y=13.5÷3×4=18(cm)

3 (1) 三角形 ABC と三角形 ADE の相似比は、
BC：DE=16：8=2：1
x=14÷2×1=7(cm)
y=9÷1×2=18(cm)
(3) 対応する辺をかんちがいしやすいパターンである。
三角形 ABC と三角形 ADE の相似比は、
BC：DE=42：24=7：4
AB=16÷4×7=28(cm) より、
x=28−16=12(cm)
AE：AC=4：7 なので、AE：EC=4：(7−4)=4：3
y=15÷3×4=20(cm)

4 単位に気をつけよう。
(1) 実際の長さは、
4×20000=80000(cm)=800 (m)
(2) 7 km=7000 m=700000 cm より、地図上の長さ
は、700000÷250000=2.8(cm)

上級 レベル 58 拡大図と縮図

☑解答

1 (1) x 10.5 cm, y 8 cm

(2) x 4.5 cm, y 3.2 cm

2 14 cm

3 (1) 4 cm　(2) 3.5 cm　(3) 8：13：7

4 (1) 5：3　(2) 24 cm　(3) 45 cm

解説

1 (1) AB＝33－12＝21(cm)より，三角形 ABC と三角形 AED の相似比は，AB：AE＝21：12＝7：4

$x=6÷4×7=10.5$(cm)

$y=14÷7×4=8$(cm)

(2)三角形 ABC と三角形 ADE の相似比は BC：DE＝5：3

AD：DB＝3：(5－3)＝3：2 なので，

$x=3÷2×3=4.5$(cm)

AC：EC＝5：(5－3)＝5：2 なので，

$y=8÷5×2=3.2$(cm)

2 右の図のように補助線をひくと，三角形 AGD と三角形 EHD が相似になる。

三角形 AGD と三角形 EHD の相似比は，(24＋9)：9＝11：3 である。

AG＝30－8＝22(cm)なので，EH＝22÷11×3＝6(cm)である。$x=6+8=14$(cm)

3 2種類の相似を別々に見ていかなければならない。相似比を混同しないようにしよう。

(1)三角形 APD と三角形 EPB が相似で，BE：EC＝2：3 なので，相似比は，

AD：BE＝(3＋2)：2＝5：2

BP＝14÷(5＋2)×2＝4(cm)

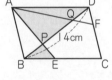

(2)三角形 ABQ と三角形 FDQ が相似で，DF：FC＝1：2 なので，相似比は，

AB：DF＝(1＋2)：1＝3：1

QD＝14÷(3＋1)×1＝3.5(cm)

(3)PQ＝14－(4＋3.5)＝6.5(cm)より，

BP：PQ：QD＝4：6.5：3.5＝8：13：7

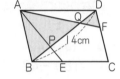

4 (1)三角形 ABF と三角形 CDF が相似で，相似比は，

40：15＝8：3

AC：CF＝(8－3)：3＝5：3

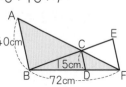

(2)三角形 ABC と三角形 FEC が相似で，相似比は AC：FC を見て，5：3 である。

EF＝40÷5×3＝24(cm)

(3)BD：DF＝5：3 なので，

BD＝72÷(5＋3)×5＝45(cm)

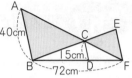

標準 レベル 59 図形と比 (1)

☑解答

1 12 cm²

2 (1) $\frac{1}{4}$ 倍　(2) $\frac{2}{5}$ 倍

(3) $\frac{2}{9}$ 倍　(4) $\frac{3}{8}$ 倍

3 (1) 12 cm²　(2) 15 cm²　(3) 35 cm²

4 (1) 19.2 cm²　(2) 18 cm²

解説

1 高さが同じ三角形どうしの面積の比(**面積比**という)は，底辺の比と等しくなる。三角形 ABD と三角形 ADE と三角形 AEC の面積比は 4：2：3 である。三角形 ADE の面積は，54÷(4＋2＋3)×2＝12(cm²)

2 (3)ウの面積を1とすると，

イとウの面積比は 2：1 なので，

イ＝1×2＝2

ア：(イ＋ウ)＝1：2 なので，アの面積は，(2＋1)÷2＝1.5 にあたる。

全体の面積は1.5＋1＋2＝4.5にあたるので，

1÷4.5＝$\frac{2}{9}$(倍)

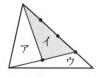

(4)ウの面積を1とすると，(ア＋イ)の面積は3，ア：イ＝1：1 なので，

イ＝3÷2＝1.5 にあたる。全体の面積は3＋1＝4 にあたるので，

1.5÷4＝$\frac{3}{8}$(倍)

3 (1)三角形 ACE と三角形 CDE の面積比は，AE：ED と等しく 2：3 である。三角形 CDE の面積は，

8÷2×3＝12(cm²)

(2)三角形 ADC の面積は，

8＋12＝20(cm²)で，

BD：DC＝3：4 なので，三角形 ABD の面積は，

20÷4×3＝15(cm²)

(3)三角形 ABC の面積は，

15＋20＝35(cm²)

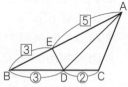

4 (1)三角形 ABD と三角形 ACD の面積比は，BD：DC＝3：2 である。三角形 ACD の面積は，

48÷(3＋2)×2＝19.2(cm²)

(2)三角形 ABD の面積は，

48÷(3＋2)×3＝28.8(cm²)

三角形 ADE と三角形 BDE の面積比は，AE：EB＝5：3 である。よって，三角形 ADE の面積は，

28.8÷(5＋3)×5＝18(cm²)

上級 レベル 60 図形と比 (1)

☑解答

1 (1) $\dfrac{1}{6}$ 倍　(2) $\dfrac{3}{14}$ 倍

2 (1) 2 cm　(2) 7.5 cm

3 (1) 4 cm²　(2) 16 cm²　(3) 36 cm²

4 (1) 2：1　(2) 6：5　(3) 6.4 cm

解説

1 (1) ウの面積を ① とすると, イ=③ である。ア：(イ+ウ)=1：2 なので, ア=(③+①)÷2=② である。よって, ①÷(②+③+①)=$\dfrac{1}{6}$(倍)

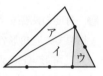

(2) アの面積を ⑥ とすると, イの面積は ⑮ である。(ア+イ)：ウ=3：1 なので, ウ=(⑥+⑮)÷3×1=⑦ で全体の面積は, ⑥+⑮+⑦=㉘ にあたるので, ⑥÷㉘=$\dfrac{3}{14}$(倍)

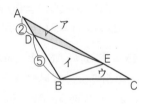

2 (1) BE：EC は三角形 BDE と三角形 CDE の面積比と等しくなるので, BE：EC=(三角形 BDE の面積)：(三角形 CDE の面積)=24：6=4：1
よって, EC=8÷4×1=2(cm)

(2) AD：DC は三角形 ABD と三角形 CBD の面積比と等しくなる。AD：DC=10：(24+6)=1：3 なので, DC=10÷(1+3)×3=7.5(cm)

3 (1)(三角形 ABC の面積)：(三角形 EAC の面積)=BC：CE=1：2 なので, 三角形 EAC の面積は, 2÷1×2=4(cm²)

(2)(三角形 AEF の面積)：(三角形 AEC の面積)=FA：AC=3：1 なので, 三角形 AEF の面積は, 4÷1×3=12(cm²)である。

よって, 三角形 EFC の面積は, 4+12=16(cm²)

(3)同様にして,
(三角形 ABF の面積)=2÷1×3=6(cm²)
(三角形 BFD の面積)=6÷1×1=6(cm²)
(三角形 CBD の面積)=2÷1×1=2(cm²)
(三角形 ECD の面積)=2÷1×2=4(cm²)となる。
よって, 三角形 DEF の面積は,
2+2+4+4+12+6+6=36(cm²)

4 (1)右の図より, 点 D を頂点として, アの辺を底辺とする三角形と, イの辺を底辺とする三角形の面積比が2：1なので,
ア：イ=2：1

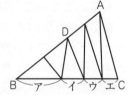

(2)(ア+イ+ウ)：エ=6：1である。エの長さを1cm とすると, ア+イ+ウ=6(cm)である。
(ア+イ)：ウ=4：1 なので, ウ=6÷(4+1)×1=1.2(cm)になる。
したがって, ウ：エ=1.2：1=6：5

(3)BC=14 cm のとき, ア+イ+ウ=14÷(6+1)×6=12(cm)である。また, (ア+イ)：ウ=4：1 なので, ア+イ=12÷(4+1)×4=9.6(cm)である。ア：イ=2：1なので, ア=9.6÷(2+1)×2=6.4(cm)

標準 レベル 61 図形と比 (2)

☑解答

1 (1) 9：25　(2) 2：7

2 (1) 2：3　(2) 4：9　(3) 4：5

3 (1) 36 cm²　(2) 196 cm²

4 (1) 9：1　(2) 3：1　(3) 33 cm²

解説

1 相似な図形の相似比がア：イのとき, 面積比は (ア×ア)：(イ×イ) になる。
(1)相似比が 3：5 のとき, 面積比は (3×3)：(5×5)

=9：25
(2)面積比の 4：49 は (2×2)：(7×7) と表せるので, 相似比は 2：7 である。

2 相似比の見方に注意しよう。
(1)三角形 ABC と三角形 ADE は相似だから, AB：AD を見て, 6：(6+3)=2：3

(2)相似比が 2：3 なので, 面積比は (2×2)：(3×3)=4：9

(3)三角形 ABC の面積が ④ のとき, 台形 BDEC の面積は ⑨－④＝⑤ なので, 4：5 である。

3 (1)三角形 AED と三角形 CEB の相似比は 3：4 なので, 面積比は (3×3)：(4×4)=9：16 である。三角形 CEB の面積が 64cm² であるから, 三角形 AED の面積は 64÷16×9=36(cm²)

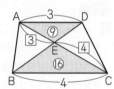

(2) AE：EC=DE：EB=AD：BC=3：4 である。三角形 ABE と三角形 BEC の面積比は AE：EC=3：4 なので, 三角形 ABE の面積は ⑯÷4×3=⑫ にあたる。同様にして, 三角形 CED の面積は ⑫ にあたる。台形 ABCD の面積は, ⑨＋⑫＋⑫＋⑯＝㊾ にあたるので, 面積は 64÷16×49=196(cm²)

4 (1)BE=1 cm とすると, EC=2 cm なので, AD=BC=1+2=3(cm)となり, 三角形 AFD と三角形 EFB の相似比は 3：1 である。面積比は (3×3)：(1×1)=9：1

(2)(三角形 ABF の面積)：(三角形 FBE の面積)=AF：EF=AD：EB=3：1

(3)三角形 AFD の面積を ⑨ とすると, 三角形 ABD の面積は ⑨＋③＝⑫ にあたり, これは平行四辺形の半分なので, 平行四辺形の面積は ⑫×2=㉔ にあたる。四角形 FECD の面積は ⑫－①＝⑪ にあたるので, 面積は 72÷24×11=33(cm²)

解答

1 (1) 4.2 cm (2) 100.8 cm²

2 (1) 120 cm² (2) 2：3 (3) 162 cm²
　　(4) 360 cm²

3 (1) 12 cm² (2) 27 cm²

4 (1) 5：4 (2) 25：16 (3) 45：74

解説

1 (1) 右の図で，三角形 EBC で重なり合っていて，台形 ABEF と台形 BDGC の面積が等しいので，BD＝56.7×2÷(12＋15)＝4.2(cm)

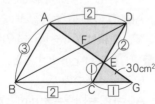

(2) 三角形 EBC と三角形 EDG が相似で，相似比は 12：15＝4：5 である。EB：ED＝4：5 なので，BD の長さは比の 1 にあたる。EB＝4.2×4＝16.8(cm) なので，重なった部分の面積は 12×16.8÷2＝100.8(cm²)

2 (1) 三角形 EDA と三角形 ECG が相似で，相似比は 2：1，面積比は (2×2)：(1×1)＝4：1 である。三角形 EDA の面積は 30×4＝120(cm²)

(2) CG＝1 cm とすると AD＝BC＝2 cm なので，BG＝2＋1＝3(cm) である。三角形 AFD と三角形 GFB が相似で，相似比が 2：3 なので，AF：FG＝2：3

(3) AF：GF＝2：3 なので，BF：DF＝3：2 よって，三角形 ABF と三角形 EDF の相似比が 3：2 であるから，AF：EF＝3：2 また(1)より，三角形 AED の面積は 120 cm² なので，三角形 AFD の面積は，120÷(3＋2)×3＝72(cm²) 三角形 AFD と三角形 GFB は相似比が 2：3 なので，面積比は 4：9 であ

るから，三角形 FBG の面積は 72÷4×9＝162(cm²)

(4) (3)より，三角形 AFD の面積が 72 cm² で，BF：FD＝3：2 なので，三角形 ABF の面積は 72÷2×3＝108(cm²)，三角形 ABD の面積は 72＋108＝180(cm²) となる。BD が平行四辺形の面積を二等分する線なので，平行四辺形の面積は 180×2＝360(cm²)

3 (1) AC をひくと，三角形 ACD の面積は 60÷2＝30(cm²) である。また AE：ED＝3：2 なので，三角形 CDE の面積は 30÷(3＋2)×2＝12(cm²) となる。

(2) 三角形 FAE と三角形 CDE は相似で，相似比は 3：2，面積比は 9：4 となる。三角形 FAE の面積は 12÷4×9＝27(cm²)

4 (1) BF＝6 cm，FC＝4 cm とすると，BC＝6＋4＝10(cm)で，DE＝10÷2×1＝5(cm) である。三角形 PDE と三角形 PCF は相似で，相似比は 5：4 であり，これが DP：PC になっている。

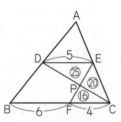

(3) DP：PC＝5：4 なので，三角形 PDE の面積を㉕とすると，(三角形 PCE の面積)＝㉕÷5×4＝⑳，(三角形 DCE の面積)＝㉕＋⑳＝㊺ また，AE：EC＝1：1 なので，(三角形 ADE の面積)＝㊺，(三角形 ADC の面積)＝㊺×2＝⑨⓪ である。AD：DB＝1：1 なので，(三角形 DBC の面積)＝⑨⓪ となり，(四角形 DBFP の面積)＝⑨⓪－⑯＝⑦④ である。(三角形 ADE の面積)：(四角形 DBFP の面積)＝45：74

解答

❶ (1) 12 cm (2) 16 cm (3) 9：16

❷ (1) 2 cm (2) 3 cm

❸ (1) 2：1 (2) 6 cm

❹ (1) 4：7 (2) 56 cm² (3) 242 cm²

解説

❶ 三角形 ABC と三角形 DBA と三角形 DAC が相似になる。三角形 ABC の 3 辺の比が 15：20：25＝3：4：5 であることを利用する。
(1) 三角形 DBA において AB：AD＝CB：CA＝5：4 なので，AD＝15÷5×4＝12(cm)
(3) (2)より，BD＝25－16＝9(cm) なので，三角形 ABD と三角形 ACD の面積比は，BD：DC＝9：16

❷ 角度の関係を考えると，三角形 ABC と三角形 BDC が相似で，三角形の 3 辺の長さの比は，4：4：2＝2：2：1
(1) 三角形 ABC が二等辺三角形なので，三角形 BDC も二等辺三角形である。BD＝BC＝2 cm
(2) DC＝2÷2×1＝1(cm) であるから，AD＝4－1＝3(cm)

❸ (1) 三角形 AEF と三角形 ABC が相似で，相似比は 8：12＝2：3 である。AF：AC＝2：3 なので，
AF：FC＝2：(3－2)＝2：1
(2) 三角形 CFG と三角形 CAD が相似で，CF：CA＝1：(1＋2)＝1：3 である。AD＝2×3＝6(cm)

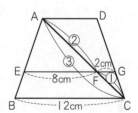

❹ (1) 三角形 AOD と三角形 COB の面積比が，32：98＝16：49＝(4×4)：(7×7) なので，相似比は 4：7 である。これが AD：BC である。
(2) DO：BO＝AD：CB＝4：7 で，三角形 AOD と三角形 AOB の面積比も 4：7 である。三角形 AOB の面積は 32÷4×7＝56(cm²)
(3) 同様にして，三角形 DOC の面積も 32÷4×7＝56(cm²) なので，台形 ABCD の面積は 32＋56＋56＋98＝242(cm²)

上級レベル 64 図形と比 (3)

✓解答

1 (1) 1：2 (2) 8：3 (3) 3：11
2 (1) 2：3 (2) 7：3
3 (1) 3：5 (2) 15 cm (3) 9：4 (4) 4：21
4 66 cm²

解説

1 (1) 三角形 AGE と三角形 ADC が相
似で，AE：EC=AG：GD=1：2

(2) AG=1 cm，GD=2 cm とすると，
AD=1+2=3(cm) である。AD：DB
=4：1 なので DB=3÷4×1=0.75
(cm) になる。GD：DB=2：0.75=8：3

(3) 三角形 BFD と三角形 BEG は相似で，相似比は BD：
BG=3：(3+8)=3：11 これが DF：GE になる。

2 補助線をひいて相似な三角形をつくる。

(1) G から AD に平行な線をひき，
AC との交点を H とする。三角
形 CGH と三角形 CDA が相似で，
DG：GC=1：3 なので，相似比
は CG：CD=3：(3+1)=3：4

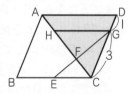

ここで，AD=4 cm とすると，HG=3 cm，EC=4÷2
=2(cm) である。三角形 FEC と三角形 FGH が相似な
ので，EF：GF=EC：GH=2：3

(2) (1)より，CF：FH= ②：③ で CH= ②+③= ⑤ CH：
HA=CG：GD=3：1 より，HA= ⑤÷3×1=⑤/₃ なので，
FA= ③+⑤/₃=⑭/₃ AF：CF=⑭/₃：②=7：3

3 (1) 三角形 ACD と三角形 AEF が相似で，相似比は
6：10=3：5 である。これが AD：AF になる。

(2)(3) AD：DF=3：(5-3)=3：2 で，これが三角形
DAB と三角形 DFE の相似比になる。

---

(4) 三角形 ECD と三角形
EAB が相似で，相似比は
6：15=2：5，面積比は
(2×2)：(5×5)=4：25
である。三角形 CDE の面積を④とすると，台形 ABDC
の面積は ㉕−④= ㉑ にあたる。

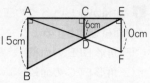

4 三角形 AEG と三角形 CFG は
相似で，面積比 1：4
また三角形 FGH と三角形 BCH が
相似で，面積比は 4：9
三角形 AEG の面積を①とすると，
三角形 CFG の面積は④，三角形 CFH の面積は
④÷(2+3)×3=⑫/₅
三角形 CFH と三角形 ABH は相似で，面積比は 4：9
なので，三角形 ABH の面積は，⑫/₅÷4×9=㉗/₅
㉗/₅ − ① = ㉒/₅ より，15×㉒/₅=66(cm²)

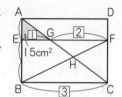

---

65 最上級レベル ⑨

✓解答

1 (1) 14.5 cm² (2) 21：29 (3) 49：29
2 12倍
3 (1) 9 cm² (2) 4 cm² (3) 15 cm²

解説

1 (1) 三角形 CFE の面積は，(台形 CFAB の面積)−(三角
形 FAE の面積)−(三角形 CEB の面積) である。よって，
(5+7)×5÷2−(5+2)×(5−2)÷2−2×5÷2
=30−10.5−5=14.5(cm²)

---

(2) FE と DC の交点を H とおく。
三角形 FDH と三角形 FAE は相似だ
から，FD：FA=DH：AE よって，
DH=2×(5-2)÷7=⁶/₇(cm)

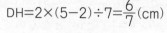
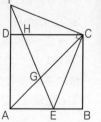

HC=5−⁶/₇=²⁹/₇(cm)

AG：GC=AE：HC より，AG：GC=3：²⁹/₇=21：29

(3) 三角形 CAE の面積は，(5-2)×5÷2=7.5(cm²)

(2)より，三角形 CGE の面積は，
7.5×²⁹/(21+29)=⁸⁷/₂₀(cm²)

三角形 GAE の面積は，7.5−⁸⁷/₂₀=⁶³/₂₀(cm²)

また，三角形 AGF の面積は，三角形 FAE から三角形
GAE の面積をひけばよいから，
7×3÷2−⁶³/₂₀=¹⁴⁷/₂₀(cm²) となる。

したがって，¹⁴⁷/₂₀：⁸⁷/₂₀=147：87=49：29

2 AE：ED=1：1 より，
三角形 DEF の面積を②と
おくと，(三角形 AFE の面
積)=②となる。また，
BF：FE=3：2 より，(三
角形 ABF の面積)=③，(三角形 FBD の面積)=③とな
る。さらに CD：DF=2：1 より，(三角形 DBC の面
積)=⑥となる。そして，(三角形 AEC の面積)=(三角
形 EDC の面積)=④となるので，上の図より，三角形
ABC の面積は三角形 DEF の面積の㉔÷②=12(倍)
である。

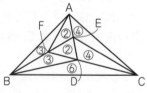

3 (1)おうぎ形 OAD は，中心角よ
りおうぎ形 OAB の ¼ になってい
るので，その面積は，
36÷4=9(cm²)

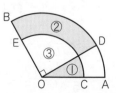

(2)おうぎ形 OAD とおうぎ形①は相似で，相似比は
3：2だから，面積比は(3×3)：(2×2)＝9：4 である。
よって，①の面積は，(1)より，9÷9×4＝4(cm²)
(3)(1)より，②＋③＝36－9＝27(cm²)で，③は(2)と同
様に考えると，③＝27÷9×4＝12(cm²)となるので，
②の面積は，27－12＝15(cm²)

66 最上級レベル ⑩

解答

1 (1)5：2 (2)7：3 (3)$2\frac{2}{35}$ cm²

2 3：4：8

3 39.2 cm²

4 (1)10 cm (2)15 cm²

解説

1 (1)三角形 ABF と三角形 EDF は相似だから，BF：FD
＝AB：ED＝5：2
(2)BG：GD＝1：1，(1)よ
り BF：FD＝5：2で，5：2
＝10：4で，1：1＝7：7
であるから，右の図より，
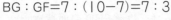
BG：GF＝7：(10－7)＝7：3
(3)三角形 ABG の面積と三角形 DCG
の面積は等しい。三角形 DCG の面積
が9cm²であるから，右の図の辺の
比を考えると，

(三角形 DEF の面積)
＝$\frac{2}{5}$×(三角形 FCD の面積)
＝$\frac{2}{5}$×$\frac{4}{7}$×(三角形 GCD の面積)
＝$\frac{8}{35}$×9＝$\frac{72}{35}$＝$2\frac{2}{35}$(cm²)

2 面積が等しい5つの三角形
の面積を①とすると，
(三角形 DFE の面積)：
(三角形 EFC の面積)
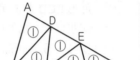
＝①：②より，
DE：EC＝1：2＝4：8
また，(三角形 ABD の面積)：(三角形 DBC の面積)＝
①：④より，AD：DC＝1：4＝3：12 これらのこと
から，AD を3とすると，DC＝12＝DE＋EC＝4＋8で
あるから，AD：DE：EC＝3：4：8

3 右の図のように点 A，B，
C，D，E，F，G，H をとる。
AH：BC＝4.8：12＝2：
5より，FA：FB＝②：⑤
この2つの差③が12cm
になるから，
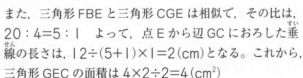
①＝12÷3＝4(cm)
よって，FB＝⑤×4＝20(cm)
また，三角形 FBE と三角形 CGE は相似で，その比は，
20：4＝5：1 よって，点 E から辺 GC におろした垂
線の長さは，12÷(5＋1)×1＝2(cm)となる。これから，
三角形 GEC の面積は 4×2÷2＝4(cm²)
求める面積は，(12－4.8)×12÷2－4＝39.2(cm²)

4 (1)BE＝DE より，角 B＝45°である。
よって，AC＝BC＝10(cm) また，BE＝CF より，
BC＝BE＋EC＝CF＋EC＝EF となるので，
EF＝BC＝10(cm)
(2)(1)より，右の図のようになる。
三角形 DEF と三角形 ICF は相
似なので，IC：DE＝CF：EF
DE＝CF＝xcm とすると，
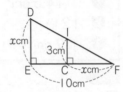
3：x＝x：10
よって，x×x＝30 となる。
求める面積は，x×x÷2 であるから，
30÷2＝15(cm²)

標準レベル 67 規則性と周期性 (1)

解答

1 (1)37 (2)197 (3)20番目
(4)84番目 (5)190 (6)4950

2 (1)210 (2)1800 (3)2001

3 (1)23 (2)11行目の4列目 (3)340

解説

1 あるきまりにしたがって，数を順に並べたものを数列
といい，一定の数ずつ増えていく(減っていく)数列を
「等差数列」という。
(1)4ずつ増えていく数列である。
2番目は 1＋4＝5，3番目は 1＋4＋4＝9，4番目は
1＋4＋4＋4＝13，……というように求めていくので，
10番目は1番目の数「1」に「4」を9回たすことに
なる。10番目の数は，1＋4×(10－1)＝37
(2)50番目の数は「1」に「4」を50－1＝49(回)た
すことになる。50番目は，1＋4×(50－1)＝197
(3)77は「1に4を何回たした数か」を考える。(77－1)
÷4＝19(回)たしているので，20番目の数になる。
(4)(3)と同様に，(333－1)÷4＝83より，1に4を83
回たしている数なので，84番目の数になる。
(5)1＋5＋9＋13＋17＋21＋25＋29＋33＋37を求め
ることになる。この式を逆から書いた式を下の図のよう
に縦に並べると，上下の数の和はどこも38になってい
ることがわかる。38は全部で10個あるので，上下の
2つの式の和は，38×10＝380になる。1つの式の
答えは，380÷2＝190

> 等差数列の和＝(はじめの数＋最後の数)×(個数)÷2

```
   1＋ 5＋ 9＋13＋……＋37
＋)37＋33＋29＋25＋……＋ 1
  38＋38＋38＋38＋……＋38
      └─10個─┘
```

(6) $1+5+9+13+\cdots+193+197$ を求めることになる。
$(1+197)\times50\div2=4950$

❷ 最後の数が「何番目の数なのか」を求めておく。
(1) 20 は 20 番目の数である。$(1+20)\times20\div2=210$
(2) 85 は，15 に 2 を $(85-15)\div2=35$（回）たしている。85 は $35+1=36$（番目）の数になる。よって和は，$(15+85)\times36\div2=1800$
(3) 125 は，13 に 4 を $(125-13)\div4=28$（回）たしている。125 は $28+1=29$（番目）の数になる。よって和は，$(13+125)\times29\div2=2001$

❸ 5 列目は 5 の倍数になっている。この列を基準に考えていく。
(1) 3 列目の数は，3 から 5 ずつ増えていっている。4 行目の 3 列目の数が 18 なので，$18+5=23$
(2) 54 にいちばん近い 5 の倍数は 55 で，$55\div5=11$（行目）の 5 列目である。54 はこの数の左にあるので，答えは 11 行目の 4 列目である。
(3) 14 行目の 5 列目は $5\times14=70$ なので，14 行目の数は小さい順に 66，67，68，69，70 である。これらの和は 340 である。

上級 レベル 68　規則性と周期性 (1)

☑解答

❶ (1) 27 日　(2) 80　(3) 27
❷ (1) $\dfrac{59}{89}$　(2) 113
❸ (1) 103　(2) 59 番目と 60 番目
❹ (1) 998　(2) 150 番目　(3) 82650

解説

❶ 同じ曜日の日付は，7 ずつ増えていく等差数列になる。
(1) 金曜日の日付を順に書き出すと，6，13，20，27
(2) 月曜日の日付を順に書き出すと，2，9，16，23，30 となる。和は，$2+9+16+23+30=80$

(3) 最小の日付を①とすると，右どなりの日付は①＋1，下の日付は①＋7，右下の日付は①＋8 となる。それらの合計は，①＋(①＋1)＋(①＋7)＋(①＋8)＝④＋16 となり，これが 92 になるので，①＝$(92-16)\div4$＝19 である。□の中の最大の数は，$19+8=27$

❷ (1) 分子は，1，3，5，7，9，……のように 2 ずつ増えていく等差数列，分母は，2，5，8，11，14，……のように 3 ずつ増えていく等差数列になっている。30 番目の分子は，$1+2\times(30-1)=59$，分母は，$2+3\times(30-1)=89$ である。
(2) 分子の 75 は，$(75-1)\div2+1=38$（番目）になる。38 番目の分母は，$2+3\times(38-1)=113$

❸ 式を順に縦（たて）に並（なら）べていくと，右のようになる。＋の左側の数は 2，6，10，14，……と 4 ずつ増えていく等差数列に，右側の数は，5，7，3，5，7，3，……と「5，7，3」のくり返しになっている。

2+5
6+7
10+3
14+5
18+7
22+3
26+5
：

(1) 25 番目の式の左側の数は，$2+4\times(25-1)$＝98，右側の数は，$25\div3=8$ 余り 1 より 5 とわかる。よって答えは，$98+5=103$
(2) 右側の数は 5 か 7 か 3 なので，式の答えが 241 になるとき，左側の数は 236 か 234 か 238 である。左側の数は 4 でわると 2 余る数ばかりで，4 でわりきれる 236 は存在（そんざい）しない。238 は，$(238-2)\div4+1=60$ より，この数列の 60 番目で，234 はそのひとつ前の 59 番目になる。

❹ 6 でわると 2 余る数は，「6 の倍数に 2 を加えたもの」になる。順に書き出すと，2，8，14，20，……と 6 ずつ増えていく等差数列になる。
(1) $999\div6=166$ 余り 3 より，1000 に近い 6 の倍数は，$6\times166=996$ となる。これに 2 を加えた 998 が 3 けたの最大の数である。
(2) $100\div6=16$ 余り 4 より，$6\times16+2=98$，$6\times17+2=104$ なので，3 けたの最小の数は，104 になる。998 は 104 から数えて，$(998-104)\div6+1=150$

（番目）である。
(3) $(104+998)\times150\div2=82650$

標準 レベル 69　規則性と周期性 (2)

☑解答

❶ (1) 9　(2) 171
❷ (1) 99 日後　(2) 月曜日　(3) 44 日前
(4) 金曜日
❸ (1) △　(2) 89 個　(3) 81 個目
❹ (1) 60 番目　(2) $28\dfrac{1}{2}$

解説

❶ 「1，2，3，4」，「2，3，4，5」，「3，4，5，6」のように 4 個ずつ区切っていく。
(1) 30 個の数を 4 個ずつ区切っていくと，$30\div4=7$ 余り 2 より，30 番目の数は第 8 グループの 2 番目になる。
(2) 各グループの和は順に，10，14，18，22，……のように 4 ずつ増えていく等差数列になる。第 7 グループまでの和は，$10+14+18+22+26+30+34=154$ で，残り 2 個の 8，9 を加えると，$154+8+9=171$ になる。

❷ 各月の日数が何日あるかを覚えておこう。
(1) 6 月は残り $30-8=22$（日）あり，9 月に入ってからは 15 日ある。7 月，8 月は，両方とも 31 日あるので，全部で，$22+31+31+15=99$（日）ある。答えは 99 日後である。
(2) $99\div7=14$ 余り 1 より，99 日後は 14 週と 1 日後になり，曜日は翌日（よくじつ）の曜日と同じになる。したがって月曜日である。
(3) 4 月 25 日より 6 月 8 日までは，$(30-25)+31+8$＝44（日）あるので，44 日前である。
(4) $44\div7=6$ 余り 2 より，44 日前は 6 週と 2 日前になるので，曜日は日曜日の 2 日前の金曜日になる。
❸ 5 個ずつ区切っていくと，1 セットが「×○○△×」

のくり返しになる。

(1) 44÷5=8 余り 4 より、8 セットと残り 4 個になる。44 個目は、セットの 4 個目と同じ△である。

(2) 222÷5=44 余り 2 より、44 セットと 2 個並(なら)ぶ。1 セットの中に○は 2 個ずつ、最後の 2 個の中に○は 1 個あるので、○は全部で 2×44+1=89(個)である。

(3) 1 セットの中に×は 2 個ずつあるので、33÷2=16 余り 1 より、33 個目の×までは、16 セットと 17 セット目のはじめの×までになる。並べた記号は全部で、5×16+1=81(個)

❹ 「$\frac{1}{1}$」、「$\frac{1}{2}$、$\frac{2}{2}$」、「$\frac{1}{3}$、$\frac{2}{3}$、$\frac{3}{3}$」、……のように区切るとグループ番号が分母と一致(いっち)している。

(1) $\frac{5}{11}$ は第 11 グループの 5 番目で、10 グループまでで 1+2+3+……+10=55(個)ある。

(2) 1+2+3+……+9=45 なので、50 番目は第 10 グループの 5 番目である。各グループの和を求めていくと、第 1 グループの和は 1、第 2 グループの和は $1\frac{1}{2}$、第 3 グループの和は 2、……となるので、9 グループまでの和は、$1+1\frac{1}{2}+2+……+5=27$ で、残り 5 個の和が、
$$\frac{1}{10}+\frac{2}{10}+\frac{3}{10}+\frac{4}{10}+\frac{5}{10}=1\frac{1}{2}$$

上級レベル 70 規則性と周期性 (2)

☑解答

❶ (1) 7 (2) 242 (3) 1 (4) 9 (5) 27 番目
❷ (1) 21 (2) 512 (3) 8
❸ (1) 39 (2) 4 行目の 9 列目

解説

❶ (1) $\frac{4}{7}$=4÷7=0.571428571428…と、「571428」

のくり返しになる。

の 6 個の数のくり返しになる。50÷6=8 余り 2 より、セットの 2 番目の数の 7 が答えである。

(2) $\frac{23}{37}$=23÷37=0.621621621…と、「621」のくり返しになる。小数第 1 位から 80 位までの 80 個の数字は、80÷3=26 余り 2 より、「621」のセットが 26 セットと、6 と 2 になる。1 セットの数字の和は 6+2+1=9 なので、求める和は、9×26+6+2=242

(3) 7 が 1 個だと一の位は 7、7 が 2 個だと 7×7=49 で一の位は 9、7 が 3 個だと 7×7×7=343 で一の位は 3、7 が 4 個だと 7×7×7×7=2401 で一の位は 1、7 が 5 個だと 7×7×7×7×7=16807 で一の位は 7、……というように、一の位は「7、9、3、1」のくり返しになる。2020 個かけあわせたときは、2020÷4=505 より、セットの 4 番目の数の 1 になる。

(4) (3)と同様に、16 をかけていったときの十の位を調べていく。数が大きいので、下 2 けただけ計算していくと、十の位は「1、5、9、3、7」のくり返しになる。33 個のときの十の位は、33÷5=6 余り 3 より、セットの 3 番目の数の 9 である。

(5) 各組の和は、10、26、42、58、……のように、16 ずつ増えていく等差数列になっている。和が 426 になるのは、(426−10)÷16+1=27(番目)の組になる。

❷ 各段の数は左上と右上の数の和になっている。これにしたがって、7 段目を左から書くと、「1、6、15、20、15、6、1」となる。

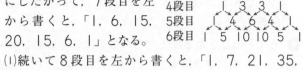

(1) 続いて 8 段目を左から書くと、「1、7、21、35、35、21、7、1」となっている。

(2) 各段の和は、上から順に 1、2、4、8、16、……と上の段の和の 2 倍になっている。以降、32、64、128、256、512、……と続く。

(3) 各段の和を 9 でわったときの余りを順に書くと、1、2、4、8、7、5、1、2、4、8、7、5、……のように「1、2、4、8、7、5」の 6 個の数のくり返しになる。

2020÷6=336 余り 4 より、2020 段目の場合は余りが左から 4 番目の 8 になる。

❸ 右の図のように、ななめ方向に順に書いていくきまりである。1 列目に注目すると、1、3、6、10、……のように、n 行目の数は 1 から n までの整数の和となっている。

	1列目	2列目	3列目	4列目	5列目
1行目	1	2	4	7	11
2行目	3	5	8	12	
3行目	6	9	13		
4行目	10	14			
5行目	15				

(1) 3 行目の 7 列目から、左下方向にたどっていくと、9 行目の 1 列目に行きつく。9 行目の 1 列目は、1+2+3+4+……+9=45 なので、ここからもとにもどっていくと、3 行目の 7 列目は、45−6=39 である。

(2) 1+2+3+4+……+11=66 より、70 は 1 行目の 12 列目から数え始めて、左下方向に 4 つ目になる。よって、4 行目の 9 列目である。

標準レベル 71 場合の数 (1)

☑解答

❶ 24 通り
❷ (1) 60 通り (2) 24 通り
❸ (1) 48 通り (2) 30 通り
❹ (1) 10 通り (2) 21 通り (3) 5 通り
❺ (1) 15 本 (2) 15 個

解説

❶ 樹形図(じゅけいず)で考えられる並べ方を 1 つずつ書き出していく方法と、順列(並べ方)の計算式で解く方法がある。1 番目の人は A、B、C、D の 4 人いずれからも選べる。2 番目の人の決め方は、1 番目の人を除いた残り 3 人のうちから選ぶことができる。ここまでで、4×3=12(通り)である。このそれぞれについて、3 番目の人の決め方は残り 2 人のうちの 1 人なので 2 通りずつある。ここまでで 12×2=24(通り)。4 番目の人は残った 1 人

が入るので，自動的に決まる。以上より，全部で 24 通りである。

❷ (1)百の位の決め方は 5 枚のうちどれでもいいので 5 通り，続けて十の位の決め方は残り 4 枚のうちの 1 枚で 4 通り，続けて一の位の決め方は残り 3 枚のうちの 1 枚で 3 通りになるので，全部で 5×4×3＝60(通り)
(2)一の位は 2 か 4 になる。一の位が 2 の場合も 4 の場合も百の位，十の位の決め方は 4×3＝12(通り)あるので，全部で 12+12=24(通り)

❸ [0]のカードは百の位には使えないことに注意しよう。
(1)百の位に使えるのは 1，2，3，4 の 4 枚なので，選び方は 4 通り。次に十の位を決めるときは百の位で使ったカードを除いた残り 4 枚(0 もふくむ)から選べる。
(2)偶数になるのは，一の位が 0，2，4 のときである。一の位が 0 のとき，百の位，十の位を残り 4 枚の中から決めるので，4×3＝12(通り)である。一の位が 2 のとき，百の位の決め方は 2，0 以外の残り 3 枚から決めるので 3 通りあり，そのそれぞれについて，十の位は残った 3 枚(0 もふくむ)の中から決めるので，3×3＝9(通り)。一の位が 4 のときも同様に 9 通りなので，全部で 12+9+9=30(通り)

❹ 組み合わせの考え方になる。
(1)1 本目は 5 通り，2 本目は残り 4 本から選ぶことができるので，5×4＝20(通り)になる。しかしこれは，たとえば A→B と B→A のように，順番がちがっても同じ選び方であるものを別々に数えていることになる。つまり，2×1＝2(通り)ずつを重複して数えているので，答えは 20÷2=10(通り)
(2)5 人のうちそうじをする 4 人を選ぶことは，「5 人の中からそうじをしない人 1 人を選ぶ」ことと同じなので，答えは 5 通りである。

❺ (1)6 つの点から直線で結ぶ 2 点を選ぶ組み合わせ。
(2)6 つの点から四角形の頂点になる 4 点を選ぶ選び方であるが，頂点にしない 2 点を選ぶことと同じなので，(6×5)÷(2×1)=15(個)

72 場合の数 (1)

☑解答

❶ (1)5 個　(2)10 個　(3)25 個
❷ (1)21 本　(2)35 個
❸ (1)20 本　(2)40 通り　(3)16 通り
　(4)12 通り　(5)7 種類

解説

❶ (1)残り 1 点は m 上の 5 点から決めるので，5 個できる。
(2)m 上の 5 点から 2 点を選ぶので，
(5×4)÷(2×1)=10(個)
(3)ℓ 上から点 B を選び，あとの 2 つの点を m 上から選ぶと，(2)と同様にして 10 個の三角形ができる。m 上から 3 点選ぶと三角形にならないので，全部で
5+10+10=25(個)

❷ (1)7 個の点から直線で結ぶ 2 点を選ぶ組み合わせなので，(7×6)÷(2×1)=21(本)できる。
(2)7 つの点から 3 つ選ぶことになる。3 点を順に選ぶ方法は 7×6×5＝210(通り)あるが，たとえば，A，B，C の 3 点を選ぶとき，ABC，ACB，BAC，BCA，CAB，CBA の 6 個の同じ三角形を重複して数え上げていることになる。この 6 個を「組み合わせ」では 1 個として数えるので，全部で 210÷6=35(個)

> 1 つの式でまとめると，
> (7×6×5)÷(3×2×1)=35(個)

❸ (1)円周上の 8 等分点から直線を結ぶ 2 点を選ぶ方法は，(8×7)÷(2×1)=28(通り)あるが，28 本の直線のうち，となりどうしの頂点を結ぶ直線は，正八角形の辺にあたるので，対角線の本数は 28−8=20(本)
(2)男子のグループから 2 人選ぶ方法は，(5×4)÷(2×1)＝10(通り)，女子のグループから 1 人選ぶ方法は 4 通りある。女子 1 人に対して，男子の組が 10 通りずつ

考えられるので，全部で 10×4=40(通り)
(3)百の位の数字によって場合分けする。3 □□，4 □□ の場合は，残りの 2 けたの決め方が 3×2=6(通り)ずつある。2 □□ の場合は，231，234，241，243 の 4 通りである。全部で 6+6+4=16(通り)
(4)A と B の 2 人をまとめて X という人物になったと考える。X，C，D の 3 人の横一列の並び方を考えると 3×2×1=6(通り)ある。また，AB と並んだ場合も BA と並んだ場合も両方 X として考えているので，4 人の並び方は 6×2=12(通り)
(5)5 本の竹ひごから選ぶ 3 本の組み合わせを考えるとき，(ア cm，イ cm，ウ cm)　(←ア＜イ＜ウ)　として書き出すと，
(2，3，4)，(2，3，5)，(2，3，6)，(2，4，5)，
(2，4，6)，(2，5，6)，(3，4，5)，(3，4，6)，
(3，5，6)，(4，5，6)の 10 通り。
このうち三角形になるためには，ア＋イ＞ウ が成立すればよく，(2，3，4)，(2，4，5)，(2，5，6)，
(3，4，5)，(3，4，6)，(3，5，6)，(4，5，6)の
7 種類が答えである。

73 場合の数 (2)

☑解答

❶ (1)4 通り　(2)23 通り　(3)47 通り
　(4)8 通り
❷ (1)9 通り　(2)10 通り　(3)13 通り
　(4)5 種類

解説

❶ (1)500 円玉は 1 枚の場合しかない。残りの 500 円を 100 円玉と 50 円玉でつくっていくと，上の表のように 4 通りの組み合わせ方がある。

100 円玉(枚)	1	2	3	4
50 円玉(枚)	8	6	4	2

(2)10円玉の枚数の使い方は 0 ～ 3 枚の 4 通り，50円玉の使い方は 0 ～ 1 枚の 2 通り，100円玉の使い方は 0 ～ 2 枚の 3 通りなので，組み合わせ方は 4×2×3＝24（通り）あるが，すべて 0 枚のときを除いて 24−1＝23（通り）ある。これらの金額はどれも異なっている。

(3)100円玉 3 枚と 50円玉 5 枚で，0円から 550円までの 50円きざみの金額が 12 通りつくれる。これに 10円玉 0 ～ 3 枚を加えるとき，加え方には 4 通りあるので，12×4＝48（通り）つくれる。ただし，この中に 0 円になる組み合わせがあり，それを除くと，48−1＝47（通り）

(4)A は 1 個，または 2 個，または 3 個買う。これによって買える個数を場合分けしていくと，(A，B，C) の個数は，(1，1，12)，(1，2，9)，(1，3，6)，(1，4，3)，(2，1，7)，(2，2，4)，(2，3，1)，(3，1，2)の 8 通りある。

❷ (1)3 人がじゃんけんをするとき，あいこになるパターンとしては，①3 人が同じ手を出すときと，②3 人が異なる手を出すときがある。①のときの手の出し方は 3 通り，②のときの手の出し方は 3×2×1＝6（通り）である。全部で 6＋3＝9（通り）

(2)和が 16 になるときの 3 つの目は，(大，中，小)＝(4，6，6)，(6，4，6)，(6，6，4)，(5，5，6)，(5，6，5)，(6，5，5)の 6 通りである。和が 17 になるときは(5，6，6)，(6，5，6)，(6，6，5)の 3 通りである。和が 18 になるときは(6，6，6)の 1 通りなので，全部で 6＋3＋1＝10（通り）

(3)1 と 2 だけでできるたし算の和が 6 になるようにすると考える。2 の使用回数で場合分けすると，
①2 が 0 回のとき，1＋1＋1＋1＋1＋1 で 1 通り
②2 が 1 回のとき，2＋1＋1＋1＋1，1＋2＋1＋1＋1，1＋1＋2＋1＋1，1＋1＋1＋2＋1，1＋1＋1＋1＋2 の 5 通り
③2 が 2 回のとき，2＋2＋1＋1，2＋1＋2＋1，2＋1＋1＋2，1＋2＋2＋1，1＋2＋1＋2，1＋1＋2＋2 の

6 通り
④2 が 3 回のとき，2＋2＋2 の 1 通り
全部で 1＋5＋6＋1＝13（通り）

(4)円周の長さを 8 とすると，たとえば，三角形 ABE は A と B の間は 1，B と E の間は 3，E と A の間は 4 はなれているので，(1，3，4)と表すことができる。同様に考えると，三角形の形は 8 を 3 個の整数の和で表す方法だとわかる。すると，(1，1，6)，(1，2，5)，(1，3，4)，(2，2，4)，(2，3，3)の 5 種類になる。

上級レベル 74 場合の数 (2)

解答

❶ (1)36 個　(2)252 個
❷ (1)5 通り　(2)21 通り
❸ (1)189 通り　(2)152 通り　(3)135 通り
❹ (1)256 通り　(2)48 通り

解説

❶ (1)上下の 2 本の平行線の選び方は，4 本の中から 2 本を選ぶ方法を考えて(4×3)÷(2×1)＝6（通り）である。同様に考えて左右の平行線の選び方も 6 通りである。これらの組み合わせ方が 6×6＝36（通り）あり，これができる平行四辺形の個数である。

(2)100 から 999 までは 900 個の整数があり，そのうちの 7 をふくまない整数は，百の位が 0，7 以外の 8 通り，十の位と一の位が 7 以外の 9 通りなので，全部で 8×9×9＝648（個）ある。以上より 7 をふくむ整数は，900−648＝252（個）

❷ (1)高さ 1 cm の積み上げ方は 1 通り，高さ 2 cm の積み上げ方は，白 2 個，赤 1 個，青 1 個の 3 通りある。高さ 3 cm の積み上げ方は，
①高さ 1 cm の上に赤か青を積み上げる方法を考えて 2 通り

②高さ 2 cm の上に白を積み上げる方法を考えて 3 通り
全部で 2＋3＝5（通り）

(2)高さ 4 cm の積み上げ方は，
①高さ 2 cm の上に赤か青を積み上げる方法を考えて 3×2＝6（通り）
②高さ 3 cm の上に白を積み上げる方法を考えて 5 通り
全部で 6＋5＝11（通り）
高さ 5 cm の積み上げ方は，
①高さ 3 cm の上に赤か青を積み上げる方法を考えて 5×2＝10（通り）
②高さ 4 cm の上に白を積み上げる方法を考えて 11 通り
全部で 10＋11＝21（通り）

❸ すべての目の出方は，6×6×6＝216（通り）ある。
(1)積が偶数になるのは，少なくとも 1 個は偶数が出ればよく，全体の出方から，積が奇数になる場合(→3 つとも奇数が出る場合)をひく。奇数は 1，3，5 の目しかないので，3 つとも奇数になる場合は 3×3×3＝27（通り）ある。偶数になる場合は 216−27＝189（通り）

(2)積が 3 の倍数になるには，少なくとも 1 個は 3 か 6 が出ればよく，全体の出方から，3 つとも「3 も 6 も出ない場合」をひく。
3 つとも 3 も 6 も出ない場合は 4×4×4＝64（通り）あるので，答えは 216−64＝152（通り）

(3)(1)の 189 通りのうち，積が 4 の倍数にならないのは，「3 つのうち 1 個だけが 2 か 6 の目でほかの 2 個は奇数」という場合だけである。2 か 6 が出るさいころの選び方がそれぞれ 3 通りあるので，2×3×3×3＝54（通り）である。
以上より，答えは 189−54＝135（通り）

❹ (1)各ボールを入れるときに入れる箱の選び方がそれぞれ 4 通りずつあるので，全部で 4×4×4×4＝256（通り）
(2)どのボールが 1 個のグループになるかの決め方は 4 通りあり，それをどの箱に入れるかの決め方てまた 4 通りずつある。次に残った 3 個を別の箱に入れるのに 3 通りの選択ができる。全部で 4×4×3＝48（通り）

標準レベル 75 場合の数 (3)

解答

❶ 6通り
❷ (1)35通り (2)6通り (3)18通り (4)17通り
❸ (1)24通り (2)36通り
❹ 12通り

解説

❶ A町からB町までは2通りの行き方があります。どちらの道を選んでも、B町からC町までは3通りずつの行き方があるので、全部で2×3=6(通り)

❷ AからCまで最短の道のりで行くには、とちゅうの交差点までも最短で行かなければならない。とちゅうの交差点まで最短で行きつく方法が何通りあるかを書きこんでいく。

(1)それぞれの交差点まで最短で行くには、その前の段階で、左の交差点か下の交差点に最短で来なければならない。その方法の和が、それぞれの交差点に最短で行く方法である。書きこんでいくと、図のようになる。答えは35通りである。

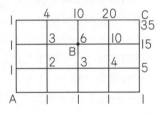

(2)Bまで最短で行く方法は(1)の図より6通りである。

(3)BからCまで最短で行く方法を同様に数えると3通りである。AからBまでの最短で行く方法6通りすべてに対して、BからCまで3通りずつの行き方があるので、6×3=18(通り)

(4)AからCまでのすべての行き方が35通りで、そのうちBを通る方法が(3)より18通りだから、残りがBを通らないで行く行き方である。

35−18=17(通り)

❸ (1)ア→イ→ウの順にぬっていく。アの色の決め方は4通りで、それぞれに対してイの決め方は残りの3色である。さらにウにはア、イの色以外の2色が使える。以上より、4×3×2=24(通り)

(2)同じ色を使うとき、アの色を決めてしまえばウは自動的にアと同じ色になる。つまりアとイにぬる色を決めてしまえばよく、4×3=12(通り)である。(1)と合わせて24+12=36(通り)

❹ AとDを同じ色にぬる場合と、BとCを同じ色にぬる場合とで場合分けする。

AとDを同じ色にぬることにすると、A、B、Cがそれぞれちがう色になるので、そのぬり方は3×2×1=6(通り)である。BとCを同じ色にぬる場合も同様に6通りである。全部で6+6=12(通り)

上級レベル 76 場合の数 (3)

解答

❶ (1)11通り (2)26通り (3)12通り
❷ (1)20通り (2)63通り
❸ (1)120通り (2)360通り

解説

❶ (1)右の図のように書きこめる。答えは11通りである。

(2)通れない道を消し、その図に書きこんでいくと右の図のようになる。答えは26通りである。

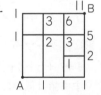

(3)左から、前から、下からの3方向からくる場合の数え方になる。図に書きこむと右の図のようになり、答えは12通りである。

❷ (1)縦3マス、横3マスの区画を最短で行く方法を考える問題と同じである。答えは20通りである。

(2)とちゅうの交差点まで最短で行く方法を書きこむが、(1)の方向からとななめ左下からくる方法も合計しなければならない。そこに注意して書きこんでいくと、右の図のようになる。答えは63通りである。

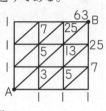

❸ (1)Aには5色、BにはA以外の4色、Cには A、B以外の3色、DにはA、B、C以外の2色、Eには残る1色をぬるぬり方になるので、
5×4×3×2×1=120(通り)

(2)A、B、Dは異なる色をぬらなければならない。残りの1色のぬり方は、
①AとEを同色にしてCにぬる。
②BとCを同色にしてEにぬる。
③CとEにぬる。
の3パターンである。A、B、Dのぬり方が決まれば、最後の1色を決めた後のぬり方がそれぞれ3通りずつあるので、5×4×3×2×3=360(通り)

標準レベル 77 資料の調べ方 (1)

☑解答

❶ (1) 84点　(2) 85点　(3) 81.75点
(4) (上から) 2, 6, 8, 4, 20

❷ (1)① 30　② 45　③ 8
(2) 45kg 以上 50kg 未満の階級　(3) 7人
(4)

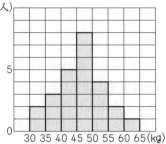

解説

❶ (1)点数の低いほうから順に並べると，
66，68，72，72，74，75，76，78，82，84，
84，85，85，85，88，89，90，92，95，95
全部で 20 人のテストの結果だから，中央値は低いほう
から 10 番目と 11 番目の値の平均になる。よって，
(84+84)÷2=84 (点)
(2)人数が最も多いのは 3 人で，85 点をとった人である。
(3)点数の合計は，66+68+72+72+74+75+76+
78+82+84+84+85+85+85+88+89+90+92
+95+95=1635 (点) なので，
1635÷20=81.75 (点)
❷ (1)階級は 5kg に区切ってあるので，
①=30，②=45
人数の合計が 25 人なので，
③=25−(2+3+5+4+2+1)=8
(3)表から，4+2+1=7 (人)

上級レベル 78 資料の調べ方 (1)

☑解答

❶ (1)① 10　② 6　(2)① 6　② 5
(3)① 11　② 11　③ 9

❷ (1) 155cm 以上 160cm 未満の階級
(2) 24%

❸ (1) 20%　(2)④，⑤

解説

❶ (1)最頻値が 10 なので，①か②の少なくとも 1 つは
10 である。また，平均値が 7 なので，合計は，7×12
=84 になるはずである。よって，①+②=84−(4+10
+5+6+9+4+10+8+5+7)=84−68=16 なので，
①=10 で②=16−10=6 になる。
(2)最頻値が 5 なので，①か②の少なくとも 1 つは 5 で
ある。②を 5 として，小さい順に並べかえると，
　　4，4，5，5，5，6，7，8，9，10，10
となり，現時点では，真ん中の数は 6 だから，中央値
が 6 になるためには，①=6 しかありえない。
(3)資料 B は最初の段階で，11 が 3 個，13 が 4 個あ
るので，最頻値が 11 であるから，①か②か③のうち少
なくとも 2 つは 11 になる。さらに平均値が 11 であ
るから，合計は，11×12=132 となる。
①=②=11 とすると，③=132−(13+13+11+13+
7+11+9+13+11+11+11)=132−123=9 となる。

❷ (1)グラフから全体の人数を読み取ると，
1+4+6+8+3+2+1=25 (人) なので，
中央値は低いほうから 13 番目の値になる。グラフから，
155cm 未満の人数は 1+4+6=11 (人)，160cm 未
満の人数は 1+4+6+8=19 (人) なので，13 番目の値が
属してるのは 155cm 以上 160cm 未満の階級である。
(2) 160cm 以上の人の人数は，1+2+3=6 (人) なので，
6÷25×100=24 (%)

❸ (1) 5m 以上 15m 未満の人の人数は，2+4=6 (人)
なので，6÷30×100=20 (%)
(2) A+B=30−(2+4+10+1)=13 (人)
A が 13 人のとき，20 番目の人が入るのは④で，A が
0 人のとき，20 番目の人が入るのは⑤であるから，可
能性があるのは④，⑤

標準レベル 79 資料の調べ方 (2)

☑解答

❶ (1) 3.1点　(2) 18人　(3) 13人

❷ (1) 5点　(2) 4点

❸ (1) 8.3点　(2)⑦ 3，⑦ 2

解説

❶ (1) (1×1+2×11+3×13+4×11+5×3)÷39=121
÷39=3.10… → 3.1 点
(2)右の表の太線で囲まれた部
分の人数の合計なので，
2+4+6+1+2+3=18 (人)
(3)右の図の○で囲まれた人数
の合計なので，
1+3+2+4+1+2=13 (人)

計算		1回目(点)				
テスト		1	2	3	4	5
2回目(点)	1	1	0	2	0	0
	2	①	4	3	1	0
	3	0	③	5	2	0
	4	0	②	④	6	0
	5	0	0	①	②	3

❷ (1)最も人数の多い点数なの
で，5 点である。
(2) 3 点，4 点，5 点の合計人数は，8+11+14=33 (人)
である。33 人で，360°−30°=330° にあたるから，
30° は 3 人である。平均値は，
(5×14+4×11+3×8+2×3)÷36
=144÷36=4 (点)

❸ (1)算数では，10 点の人は 2 人，9 点の人は 6 人，7
点の人は 2 人，6 点の人は 1 人とわかるので，8 点の人
は 20−(2+6+2+1)=9 (人) である。よって，平均点
は (10×2+9×6+8×9+7×2+6×1)÷20=8.3 (点)
(2)(1)より，⑦+⑦=9−4=5 (人)，⑦と⑦の人たちだ

けの国語の合計点数は,
$8.6×20−(10×4+9×8+8×2+6×1)=38$(点)である。つるかめ算で,
㋐$=(38−7×5)÷(8−7)=3$(人), ㋑$=5−3=2$(人)

☑解答

1 ① 15.6 ② 4.9

2 (1) 62.5% (2) 10人

3 45人

解説

1 表から各駅間のきょりを線分図化する。

① $18.3+5.1−7.8$
$=15.6$(km)

② $8.9−(11.8−7.8)=4.9$(km)

2 (1) 6〜8点の人の合計人数は, $40−(2+2+4+4+3)$
$=25$(人)である。よって, $25÷40=0.625=62.5$(%)

(2) 6〜8点の人の合計点数は, $6.9×40−(3×2+4×2+5×4+9×4+10×3)=176$(点)である。6点はア人, 7点はイ人, 8点はウ人とすると, ア+イ+ウ=25, $6×ア+7×イ+8×ウ=176$である。この人たち全員から6点ずつひくと, 得点合計は$176−6×25=26$(点)となり, $1×イ+2×ウ=26$となる。この式にあてはまる整数(イ, ウ)はいろいろあるが, イ, ウは7人以上であることが明らかなので, (8, 9), (10, 8), (12, 7)の3通りしか考えられない。これにアの人数を合わせて考えると, (ア, イ, ウ)=(8, 8, 9), (7, 10, 8), (6, 12, 7)となり, 条件にあてはまるのは(7, 10, 8)のみである。よって, 答えは10人である。

3 クラス人数を□人とすると, 国語と算数の合計点数の差は, $(3.6−3.4)×□=0.2×□$(点)と表せる。Ⓐも Ⓑも Ⓒも, 算数と国語の点数が同じである人だから, こ

の人たちでの点数差は発生しない。それ以外の人たちで国語と算数の合計点数の差を計算すると, $(2×5+3×10+4×14+5×9)−(1×4+2×4+3×9+4×12+5×9)=9$(点)になる。よって, □$=9÷0.2=45$(人)

☑解答

1 (1) 1 cm² (2) 192本 (3) $\frac{64}{243}$ cm²

2 25通り

3 (1) 4通り (2) 8通り (3) 48通り

解説

1 (1) もとの正三角形とつけ加えられた正三角形との相似比は3:1なので, 面積比は9:1である。答えは$9÷9×1=1$(cm²)

(2) 辺の数は, 1番目が3本, 2番目が12本, 3番目が48本, …と前の本数の4倍になっている。よって, 答えは$3×4×4×4=192$(本)

(3) 新しくつけ加える正三角形の1個あたりの面積は, $1×\frac{1}{9}×\frac{1}{9}×\frac{1}{9}=\frac{1}{729}$(cm²)で, 個数は192個なので, 面積の合計は$\frac{1}{729}×192=\frac{64}{243}$(cm²)

2 1号室に何人とまるかで場合分けをして考える。1号室に3人とまるとき, 5人のうちから3人を選ぶ方法だから, $(5×4×3)÷(3×2×1)=10$(通り)になる。残りの2人は自動的に2号室にとまることになる。1号室に2人とまるとき, 5人のうちから2人を選ぶ方法だから, $(5×4)÷(2×1)=10$(通り)になる。残りの3人は自動的に2号室にとまる。1号室に1人だけとまるとき, 5人から1人を選ぶ方法だから, 5通り。以上より, 答えは, $10+10+5=25$(通り)

3

☑解答

1 (1) 49枚 (2) 40 cm (3) 238 cm (4) 97 段

2 (1) AとC (2) 8枚 (3) 31枚

解説

1 (1) 上の段から順に枚数を加えていくと,
$1+3+5+7+9+11+13=49$(枚)

(2) 1段目は4 cmで, それから1段増えるごとに6 cm増えるから, 7段目のまわりの長さは,
$4+(7−1)×6=40$(cm)

(3) (2)と同様に考えると, 40段目のまわりの長さは,
$4+(40−1)×6=4+234=238$(cm)

(4) 段数とまわりの長さの関係から, 580 cmのときは,
$(580−4)÷6+1=576÷6+1=96+1=97$(段)

2 (1) 40は①と③にあてはまるので, AとCの豆電球が切りかわる。

(2) Bだけが切りかわればよいので, ②だけにあてはまる数を考える。つまり, 3の倍数になっていて2の倍数ではなく, 十の位の数が一の位の数より大きくない数字を考えると, 15, 27, 33, 39, 45, 57, 69, 99の8個あるので, カードの枚数は8枚になる。

(3) まず, ②と③だけにあてはまる数は, 21, 51, 63, 75, 81, 87, 93の7個。①と③だけにあてはまる数は, 10, 20, 32, 40, 50, 52, 62, 64, 70, 74, 76, 80, 82, 86, 92, 94, 98の17個。①と②だけにあてはまる数は, 6の倍数で考えて, 12, 18, 24, 36, 48, 66, 78の7個。合計で$7+17+7=31$(枚)

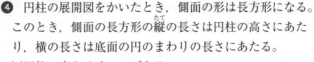

☑解答

❶ ア 三角柱　イ 四角柱　ウ 六角柱　エ 円柱
　　オ 三角形　カ 四角形　キ 六角形　ク 円
　　ケ 長方形　コ 長方形　サ 長方形　シ 5
　　ス 6　セ 8　ソ 6　タ 8　チ 12　ツ 9
　　テ 12　ト 18

❷ ア 三角すい　イ 四角すい　ウ 五角すい
　　エ 円すい　オ 三角形　カ 四角形
　　キ 五角形　ク 円　ケ 三角形　コ 三角形
　　サ 三角形　シ 4　ス 5　セ 6　ソ 4
　　タ 5　チ 6　ツ 6　テ 8　ト 10

❸ (1)三角柱　(2)x 6　y 8

❹ (1)6 cm　(2)12.56 cm

解説

❶ 形も大きさも同じ2つの平行な多角形と，それに垂直な長方形で囲まれた立体を「角柱」といい，大きさが同じ円と，1つの曲面で囲まれた立体を「円柱」という。角柱の名まえは底面の形で決まり，底面の形が n 角形のとき，面の数は「$n+2$」，頂点の数は「$n×2$」，辺の数は「$n×3$」となる。

❷ ある多角形のすべての頂点と，その外にある1点とを結んでできる立体を「すい体」という。多角形の部分が円の場合は「円すい」という。「角すい」の側面は三角形になる。底面の形が n 角形のとき，面の数は「$n+1$」，頂点は「$n+1$」，辺の数は「$n×2$」となる。

❸ 展開図を見て，重なる頂点がどれとどれかを確認する。重なる頂点は右の図のようになる。

④ 円柱の展開図をかいたとき，側面の形は長方形になる。このとき，側面の長方形の縦の長さは円柱の高さにあたり，横の長さは底面の円のまわりの長さにあたる。

(1)円柱の高さは6cmである。

(2) AD は底面の円のまわりの長さにあたり，
4×3.14=12.56(cm) である。

☑解答

❶ (1)9 cm　(2)18.84 cm　(3)120 度

❷ (1)3　(2)15　(3)225

❸ (1)A(正)八角柱　B(正)六角すい　C円すい
　　(2)頂点 7　辺 12

❹ (1)(正)四角すい　(2)頂点 F　(3)辺 CB
　　(4)40 cm

解説

❶ 円すいの展開図をかいたとき，側面の展開図はおうぎ形になる。このとき，おうぎ形の弧の長さは，底面の円のまわりの長さと同じである。

(1)OA をもとの円すいの**母線**といい，その長さが9cmである。

(2)曲線 AB は底面の円のまわりと同じ長さになるので，6×3.14=18.84(cm)

(3)おうぎ形の中心角を x 度とすると，曲線 AB の長さは，18×3.14×$\frac{x}{360}$ で表されるので，

$\frac{x}{360}$=(6×3.14)÷(18×3.14)=$\frac{6}{18}$=$\frac{1}{3}$ となる。

x=360÷3×1=120(度)

❷ 円すいの側面の展開図において，$\frac{底面の半径}{母線の長さ}=\frac{中心角}{360}$
が成り立つ。

(1)$\frac{x}{12}=\frac{90}{360}$ より，$\frac{x}{12}=\frac{1}{4}$
x=12÷4×1=3(cm)

(2)$\frac{5}{x}=\frac{120}{360}$ より，$\frac{5}{x}=\frac{1}{3}$
x=5÷1×3=15(cm)

(3)$\frac{5}{8}=\frac{x}{360}$ より，x=360÷8×5=225(度)

> $\frac{底面の半径}{母線の長さ}=\frac{中心角}{360}$ が成り立つ理由
>
> 母線×2×3.14×$\frac{中心角}{360}$＝底面の半径×2×3.14
>
> 母線×$\frac{中心角}{360}$＝底面の半径
>
> 両方を母線の長さでわって，$\frac{中心角}{360}=\frac{底面の半径}{母線の長さ}$

❸ 立体を，真正面から見た図と，真上から見た図で表した図のことを「投えい図」という。

(1)真上から見た図は，基本的に底面の形を表す。真正面(真横)から見た形が三角形のときは，すい体と想像できる。

(2)B は六角すいなので，頂点は 6+1=7(個)，辺の数は 6×2=12(本)

❹ 四角形が1つ，三角形が4つでできる立体である。重なる頂点，辺は，右の図のようになる。

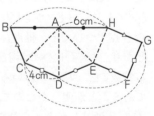

(4)組み立てた立体は(正)四角すいで，右の図のようになる。辺の長さは6cmが4本，4cmが4本になる。辺の長さの合計は，6×4+4×4=40(cm)

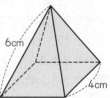

標準レベル 85 立体図形 (2)

☑解答

❶ (1) 90 cm³ (2) 90 cm³ (3) 110 cm³
 (4) 785 cm³

❷ (1) 4 cm (2) 502.4 cm³

❸ (1) 96 cm² (2) 164 cm²
 (3) 324 cm² (4) 125.6 cm²

解説

❶ 柱体の体積は,「底面積×高さ」で求めることができる。
(1)底面の形は三角形で, 底面積は, $6×6÷2=18$(cm²)
体積は, $18×5=90$(cm³)
(2)底面の形は台形で, 底面積は, $(4+6)×4÷2=20$(cm²)
体積は, $20×4.5=90$(cm³)
(3)正面から見える形を底面と考えると, 底面の形は台形である。底面積は, $(3+8)×4÷2=22$(cm²)
体積は, $22×5=110$(cm³)
(4)底面の形は円で, 底面積は, $5×5×3.14=78.5$(cm²)
体積は, $78.5×10=785$(cm³)

❷ 円柱の展開図をかいたとき, 側面の形は長方形になる。この長方形の横の長さは, 底面の円のまわりの長さにあたる。

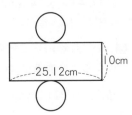

(1)底面の円の直径は
$25.12÷3.14=8$(cm),
半径は $8÷2=4$(cm)
(2)底面積は $4×4×3.14=16×3.14$(cm²)
体積は $16×3.14×10=160×3.14=502.4$(cm³)

❸ 表面積は, 展開図の面積と等しい。すぐにわからない場合は展開図をかこう。
(1)展開図は次の図のようになり, 側面の長方形の横の長さは,「底面のまわりの長さ」と同じである。底面積は $3×4÷2=6$(cm²),

---

側面積は $7×(3+4+5)=84$(cm²),
表面積は $6×2+84=96$(cm²)

(2)底面の形は台形で, 底面積は
$(4+7)×4÷2=22$(cm²)
側面積は
$6×(4+4+5+7)=120$(cm²)
表面積は $22×2+120=164$(cm²)

(3)底面の形は台形で, 底面積は
$(5+11)×4÷2=32$(cm²)
側面積は $10×(5+5+5+11)=260$(cm²)
表面積は $32×2+260=324$(cm²)

(4)底面の形は円で, 底面積は
$2×2×3.14=4×3.14$(cm²)
側面積は $8×4×3.14=32×3.14$(cm²)
表面積は $4×3.14×2+32×3.14=40×3.14$
$=125.6$(cm²)

上級レベル 86 立体図形 (2)

☑解答

❶ (1) 体積 810 cm³ 表面積 648 cm²
 (2) 体積 936 cm³ 表面積 604 cm²

❷ (1) 16 cm (2) 628 cm³

❸ (1) 360 cm² (2) 8

❹ (1) 体積 113.04 cm³ 表面積 131.88 cm²
 (2) 体積 200.96 cm³ 表面積 301.44 cm²

解説

❶ (1)は三角柱, (2)は四角柱になる。
(1)底面積は $9×12÷2=54$(cm²) で, 体積は
$54×15=810$(cm³)
また, 側面積は $15×(9+12+15)=540$(cm²) なので, 表面積は $54×2+540=648$(cm²)
(2)底面積は $(10+16)×8÷2=104$(cm²) で, 体積は

$104×9=936$(cm³) である。
側面積は $9×(10+10+16+8)=396$(cm²) なので,
表面積は $104×2+396=604$(cm²)

❷ (1)一方を上下逆さまにしてくっつけると, 真正面から見たとき高さが $10+6=16$(cm) の円柱になることがわかる。
(2)できた円柱は, この体積2個分にあたるので, この立体の体積は,
$5×5×3.14×16÷2=200×3.14=628$(cm³)

❸ (1)底面積は $12×5÷2=30$(cm²) で,
側面積は $x×(5+12+13)=x×30$(cm²) となるので,
$10×30=300$(cm²) である。表面積は
$30×2+300=360$(cm²)
(2) $30×2+x×30=300$ が成り立つので, $x=8$(cm)

❹ (1)は円柱, (2)は円柱から円柱をくりぬいた立体になる。
(1)底面の半径が3cm, 高さが4cmの円柱になる。
底面積は $3×3×3.14=9×3.14$(cm²),
体積は $9×3.14×4=36×3.14=113.04$(cm³)
側面積は $6×3.14×4=24×3.14$(cm²),
表面積は $9×3.14×2+24×3.14=42×3.14$
$=131.88$(cm²)
(2)底面の形は, 半径5cmの円から半径3cmの円を除いた形になる。
底面積は $5×5×3.14-3×3×3.14=16×3.14$(cm²)
体積は $16×3.14×4=64×3.14=200.96$(cm³)
内側の側面積は $6×3.14×4=24×3.14$(cm²),
外側の側面積は $10×3.14×4=40×3.14$(cm²),
表面積は
$16×3.14×2+24×3.14+40×3.14=96×3.14$
$=301.44$(cm²)

標準 レベル 87 立体図形 (3)★

☑解答

❶ (1) 96 cm³　(2) 128 cm³　(3) 288 cm³
　(4) 84.78 cm³

❷ (1) 216°　(2) 678.24 cm²

❸ (1) 340 cm²　(2) 75.36 cm²
　(3) 141.3 cm²

解説

❶ すい体の体積は,「底面積×高さ×$\frac{1}{3}$」で求めること

ができる。

(1) 底面の形は正方形で, 底面積は 6×6＝36 (cm²),

体積は 36×8×$\frac{1}{3}$＝96 (cm³)

(2) 底面の形は直角二等辺三角形で, 底面積は 8×8÷2
＝32 (cm²), 体積は 32×12×$\frac{1}{3}$＝128 (cm³)

(3) 底面の形は直角二等辺三角形で, 底面積は
12×12÷2＝72 (cm²),

体積は 72×12×$\frac{1}{3}$＝288 (cm³)

(4) 底面の形は円で, 底面積は 3×3×3.14＝9×3.14 (cm²),

体積は 9×3.14×9×$\frac{1}{3}$＝27×3.14＝84.78 (cm³)

❷ 円すいの側面の展開図をかくとおうぎ形になり, その

おうぎ形において, $\frac{底面の半径}{母線の長さ}=\frac{中心角}{360}$ が成り立つ。

(1) 中心角を x° とすると, $\frac{9}{15}=\frac{x}{360}$ となる。

x＝360÷15×9＝216 (°)

(2) 側面積は 15×15×3.14×$\frac{216}{360}$＝135×3.14 (cm²),

底面積は 9×9×3.14＝81×3.14 (cm²) なので, 表面積
は, 135×3.14＋81×3.14＝216×3.14＝678.24 (cm²)

❸ (1) 底面の形は正方形, 底面積は 10×10＝100 (cm²),

側面積は 10×12÷2×4＝240 (cm²),

表面積は, 100＋240＝340 (cm²)

(2) 円すいの側面積は, 展開図のおうぎ形の中心角から求
めることができるが, その式を変形すると,「母線×底
面の半径×円周率」となる。これを利用すると, 側面積
は 10×2×3.14＝20×3.14 (cm²) で, 底面積は
2×2×3.14＝4×3.14 (cm²), 表面積は,
20×3.14＋4×3.14＝24×3.14＝75.36 (cm²)

(3) 側面積は 12×3×3.14＝36×3.14 (cm²)

底面積は 3×3×3.14＝9×3.14 (cm²) なので, 表面積
は, 36×3.14＋9×3.14＝45×3.14＝141.3 (cm²)

上級 レベル 88 立体図形 (3)★

☑解答

❶ (1) 体積 400 cm³　表面積 360 cm²
　(2) 体積 37.68 cm³　表面積 75.36 cm²

❷ 体積 1607.68 cm³　表面積 753.6 cm²

❸ (1) 18 cm　(2) 197.82 cm²

❹ (1) 72 cm³　(2) 54 cm²　(3) 4 cm

解説

❶ (1)は四角すい, (2)は円すいである。

(1) 底面積は 10×10＝100 (cm²) なので, 体積は
100×12×$\frac{1}{3}$＝400 (cm³)

また, 側面の三角形の高さは 12 cm ではなく 13 cm な
ので (※ 12 cm は四角すいの高さ), 側面積は 10×13
÷2×4＝260 (cm²) である。よって, 表面積は,
100＋260＝360 (cm²)

(2) 底面積は 3×3×3.14＝9×3.14 (cm²) で, 体積は 9×
3.14×4×$\frac{1}{3}$＝12×3.14＝37.68 (cm³), また, 側面積
は 5×3×3.14＝15×3.14 (cm²) なので, 表面積は,

9×3.14＋15×3.14＝24×3.14＝75.36 (cm²)

❷ できる立体は, 円柱と円すいが組み合わさった形である。

円柱と円すいの底面積は 8×8×3.14＝64×3.14 (cm²)
である。円柱部分の体積は 64×3.14×6＝384×3.14
(cm³), 円すい部分の体積は 64×3.14×(12−6)×
$\frac{1}{3}$＝128×3.14 (cm³) なので, 体積の合計は 384×
3.14＋128×3.14＝512×3.14＝1607.68 (cm³)

また, 円柱の側面積は 16×3.14×6＝96×3.14 (cm²),
円すいの側面積は 10×8×3.14＝80×3.14 (cm²) な
ので, 表面積は 64×3.14＋96×3.14＋80×3.14＝
240×3.14＝753.6 (cm²)

❸ 円すいの底面のまわりの長さ 6 周分が, かかれた円
の円周と等しくなる。

(1) 円すいの底面のまわりの長さ 6 周分は, 6×3.14×6
＝36×3.14 (cm) になる。かかれた円の半径を x cm
とすると, x×2×3.14＝36×3.14 が成り立つので,
x＝36÷2＝18 (cm)

(2) x は円すいの母線の長さとなる。円すいの側面積は
18×3×3.14＝54×3.14 (cm²) で, 底面積は 3×3×
3.14＝9×3.14 (cm²) なので, 表面積は, 54×3.14
＋9×3.14＝63×3.14＝197.82 (cm²)

❹ (1) 三角形 EBF を底面としたときの立体の高さは 12 cm
になる。底面積は 6×6÷2＝18 (cm²), 三角すいの体
積は, 18×12×$\frac{1}{3}$＝72 (cm³)

(2) 正方形 ABCD の面積から, まわりの 3 つの直角三角
形の面積をひく。三角形 AED, FCD の面積は, 6×12
÷2＝36 (cm²), 三角形 EBF の面積は 6×6÷2＝18
(cm²) なので, 三角形 DEF の面積は
12×12−(36＋36＋18)＝54 (cm²)

(3) 三角形 DEF が底面のときの高さを□ cm とすると,

54×□×$\frac{1}{3}$＝72 (cm³) が成り立つ。

□＝72×3÷54＝4 (cm)

標準 レベル 89 立体図形 (4) ★

☑解答

❶ (1) 体積 960 cm³　表面積 692 cm²
　(2) 体積 695 cm³　表面積 520 cm²
　(3) 体積 740 cm³　表面積 488 cm²
　(4) 体積 175.84 cm³　表面積 200.96 cm²

❷ 256 cm²

❸ (1) 8 cm　(2) 263.76 cm³　(3) 282.6 cm²

解説

❶ (1)右の図のように色のついた部分を底面ととらえると、この立体は八角柱になる。底面積は 4×18+3×8=96(cm²)、体積は 96×10=960(cm³)、表面積は 10×(18+7+18+7)+96×2=500+192=692(cm²)

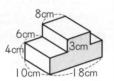

(2)大きい直方体から小さい直方体をぬきとったと考えると、体積は 8×10×10−3×5×7=695(cm³)上下、左右、前後の 6 方向から見える面は、もとの直方体の表面と同じなので、もとの直方体の表面積を求めることになる。表面積、8×10×4+10×10×2=520(cm²)

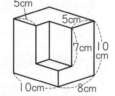

(3)底面の形は五角形で、長方形と直角三角形を合わせた図形になり、底面積は 10×5+8×6÷2=74(cm²)、体積は 74×10=740(cm³)、表面積は 74×2+10×(10+5+8+6+5)=148+340=488(cm²)

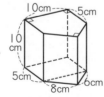

(4)2 つの円柱の組み合わさった立体である。体積は、2×2×3.14×2+4×4×3.14×3=8×3.14+48×3.14=56×3.14=175.84(cm³)

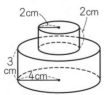

上下から見える面積の合計は、4×4×3.14×2=32×3.14(cm²)、小さいほうの円柱の側面積は 4×3.14×2=8×3.14(cm²)、大きいほうの円柱の側面積は 8×3.14×3=24×3.14(cm²)、表面積は、32×3.14+8×3.14+24×3.14=64×3.14=200.96(cm²)

❷ くりぬいた穴の部分の側面積も表面積にふくまれることに注意して求める。

❸ 真正面から見た図で、三角形の相似を利用して切り取った円すいの高さを求める。

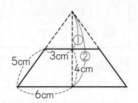

(1)真正面から見た図は右の図のようになり、三角形の相似を利用すると、相似比 3:6=1:2 なので、②−①=①が 4 cm にあたる。もとの円すいの高さは 4×2=8(cm)

(2)切り取った円すいの高さは 4 cm である。体積は 6×6×3.14×8×$\frac{1}{3}$−3×3×3.14×4×$\frac{1}{3}$=84×3.14=263.76(cm³)

(3)側面は、もとの円すいの側面のおうぎ形から、切り取った円すいの側面のおうぎ形をひいたものになる。もとの円すいの母線（ぼせん）の長さは 10 cm なので、側面積は 10×6×3.14−5×3×3.14=45×3.14(cm²)、上の底面積は 3×3×3.14=9×3.14(cm²)、下の底面積は、6×6×3.14=36×3.14(cm²)、表面積は 45×3.14+9×3.14+36×3.14=90×3.14=282.6(cm²)

上級 レベル 90 立体図形 (4) ★

☑解答

❶ (1) 301.44 cm³　(2) 642.5 cm³
　(3) 90 cm³

❷ 体積 1004.8 cm³　表面積 703.36 cm²

❸ 体積 1532.32 cm³　表面積 960.84 cm²

解説

❶ (1)円すいと円柱が合わさった立体である。

4×4×3.14×3×$\frac{1}{3}$+4×4×3.14×5=96×3.14
=301.44(cm³)

(2)右の図のような、円柱の半分と三角柱が合わさった立体である。

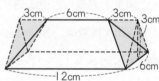

5×5×3.14÷2×10=392.5(cm³)
…円柱の半分の体積
5×10÷2×10=250(cm³)
…三角柱の体積
392.5+250=642.5(cm³)

(3)右の図のように三角柱から三角すい 2 つを切り取った立体になる。底面積は 6×3÷2=9(cm²)であるから、体積は 9×12−9×3×$\frac{1}{3}$×2=90(cm³)

❷ 底面積は、6×6×3.14−2×2×3.14=32×3.14(cm²)、体積は、32×3.14×10=1004.8(cm³)、円柱の外側の側面積が 12×3.14×10=120×3.14(cm²)くりぬいた円柱の側面積が 4×3.14×10=40×3.14(cm²)だから、表面積は、120×3.14+40×3.14+32×3.14×2=224×3.14=703.36(cm²)

❸ もとの円柱の体積は 7×7×3.14×12=588×3.14(cm³)、くりぬいた円すいの体積は 5×5×3.14×12×$\frac{1}{3}$=100×3.14(cm³)なので、求める体積は、588×3.14−100×3.14=488×3.14=1532.32(cm³)また、円柱の底面積は、7×7×3.14=49×3.14(cm²)、円すいをくりぬいた底面積は 49×3.14−5×5×3.14=24×3.14(cm²)である。円柱の側面積は 14×3.14×12=168×3.14(cm²)、円すいの側面積は 13×5×3.14=65×3.14(cm²)なので、表面積は 49×3.14+24×3.14+168×3.14+65×3.14=306×3.14=960.84(cm²)

標準 レベル 91 立体図形 (5)

☑解答

❶ (1) 384 cm³ (2) 32 回
❷ (1) 1130.4 cm³ (2) 585.2 cm³
❸ (1) 3.6 cm (2) 273 cm³ (3) 4.55 cm
❹ (1) 6 cm (2) 4.5 cm

解説

❶ (1) 6×8×8＝384（cm³）

(2) 図2の容器の容積は 3×3×4×$\frac{1}{3}$＝12（cm³）なので，
くみ出す回数は 384÷12＝32（回）

❷ (1) 6×6×3.14×10＝1130.4（cm³）

(2) 6×6×3.14×（15−10）+20＝585.2（cm³）

❸ 真正面から見ると，三角形の相似に気づく。

(1) 三角形 ADE と三角形 ABC は相似で，相似比は AE：AC
＝（10−7）：10＝3：10 である。DE：12＝3：10 よ
り，DE＝3.6（cm）

(2) 底面積が（3.6+12）×7÷2＝54.6（cm²）で，高さが
5 cm の四角柱である。水の体積は 54.6×5＝273（cm³）

(3) 三角形 ABC の面積は 12×10÷2＝60（cm²）なので，
深さは 273÷60＝4.55（cm）

❹ 見かけ上増えた水の体積は，水中にしずめた物体の体
積と等しくなる。

(1) 見かけ上増えた水の体積は 8×6×2＝96（cm³）であ
る。これが直方体 B の体積と等しいので，B の高さは
96÷（4×4）＝6（cm）

(2) 水の体積は 6×8×3＝144（cm³）
である。水の部分の底面積は 6×
8−4×4＝32（cm²）である。よっ
て，深さは 144÷32＝4.5（cm）

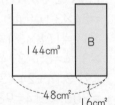

上級 レベル 92 立体図形 (5)

☑解答

❶ (1) 600 cm² (2) 6000 cm³
❷ (1) 280 cm² (2) 1040 cm³
❸ (1) 1650 cm² (2) 36.8 cm
   (3) 15 cm
❹ 22.5 cm

解説

❶ 立てたときに水面より上にある部分のおもりの体積が，
たおしたときに見かけ上増えた水の体積に等しくなる。

(1) 図2の水の深さは 21−9＝12（cm）で，図3の水の
深さは 10+3.5＝13.5（cm）なので，水の深さは見か
け上 13.5−12＝1.5（cm）増えたことになる。
一方，図2のおもりの水面より上の部分の体積は
10×10×9＝900（cm³）で，これが見かけ上増えた水
の体積になる。よって，容器の底面積は
900÷1.5＝600（cm²）

(2) 図3より，水の体積は
600×13.5−10×10×21＝6000（cm³）

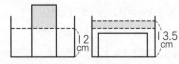

❷ (1) 水の深さは，見かけ上 13−8＝5（cm）増えており，
これが図1と図2の水面より上の部分の体積の差にあ
たる。よって，水そうの底面積は，
（10×15×12−20×10×2）÷5＝280（cm²）

(2) 図1より，280×8−10×15×8＝1040（cm³）

❸ (1) 50L＝50000（cm³）であ
る。図の状態での水の部分の底面
積は 50000÷40＝1250（cm²）
である。よって，水そうの底面積
は 1250+20×20＝1650（cm²）

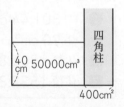

(2) このときの状態を正面から
見ると，右の図のようになる。
アの部分の水の体積は
50000−1650×10
＝33500（cm³）である。
よって，イ＝33500÷1250＝26.8（cm）である。
底からの水の深さは 26.8+10＝36.8（cm）

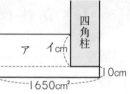

(3) 底から四角柱の底面までの
長さをウ cm とすると，エの
部分の水の体積は，
50000−1250×35.2
＝6000（cm³）です。よって，
ウ＝6000÷（20×20）＝15（cm）

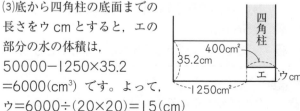

❹ 図2の場合の容器の高さは 10 cm なので，図2の状
態で，水は容器の容積の $\frac{6}{10}=\frac{3}{5}$ だけ入っている。は
じめは容積の $\frac{2}{3}$ の水が入っていたので，減った割合は
$\frac{2}{3}-\frac{3}{5}=\frac{1}{15}$ である。よって，容積の $\frac{1}{15}$ が 150 cm³
にあたることがわかる。

この容器の容積は 150÷$\frac{1}{15}$＝2250（cm³）となるので，
図1の容器の高さは，2250÷（10×10）＝22.5（cm）

標準 レベル 93 立体図形 (6)★

☑解答

❶ (1) 切り口 正三角形　体積 36 cm³
　(2) 切り口 長方形　体積 108 cm³
　(3) 切り口 ひし形　体積 108 cm³
　(4) 切り口 台形　体積 63 cm³

❷ 右の図

❸ 右の図

❹ (1) 49.455 cm²
　(2) 9 cm

解説

❶ (1)右の図のような正三角形になる。体積の小さいほうは三角すいになる。

$$6×6÷2×6×\frac{1}{3}=36(cm^3)$$

(2)切り口は長方形になる。この切り方は立方体をちょうど2等分している。体積は 6×6×6÷2＝108(cm³)

(3)この平面はHも通り，切り口の形はひし形になる。これも合同な2つの立体に切り分けられているので，体積は 6×6×6÷2＝108(cm³)

(4)右の図のような台形(等きゃく台形)になる。小さいほうの立体は，図のように三角すいから小さな三角すいを切り取った形である(三角すい台)。切り取った小さな三角すいと元の三角すいは相似で，相似比は1：2である。よって，小さな三角すいの高さは6cm，元の三角すいの高さは12cmとわかる。

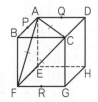
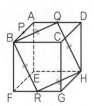
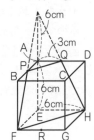
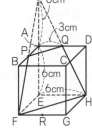

よって，体積は $6×6÷2×12×\frac{1}{3}-3×3÷2×6×\frac{1}{3}$

＝63(cm³)

❷ PはBCのまん中，QはCGのまん中である。展開図に頂点をかきこみ，AP，PQ，QH，HAをひく。

❸ PはBCのまん中，QはCGのまん中，RはGHのまん中の点。重なる頂点に気を付けてかきこんでいこう。

❹ 側面の展開図はおうぎ形になり，おうぎ形の中心角は

$$360°×\frac{1.5}{9}=60°$$ である。

(1) 9×1.5×3.14＋1.5×1.5×3.14＝49.455(cm²)

(2)側面の展開図をかくと，側面を一周させた線の最短の場合は右の図のAA'になる。このときの三角形OAA'は正三角形なので，AA'の長さは9cmである。

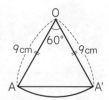

上級 レベル 94 立体図形 (6)★

☑解答

❶ 7.2 cm

❷ 250 cm³

❸ 24 個

❹ (1) 右の図　(2) 11 cm³

❺ 153 cm³

解説

❶ 右の展開図で，三角形ADPとAJIの相似比は 12：20＝3：5 なので，PD＝12÷5×3＝7.2(cm)

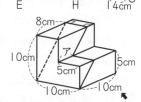

❷ 小さいほうの立体は，2つの三角柱を合わせた形になる。矢印の方向から見たとき，2つの三角柱の底面の形は相似で，相似比は1：2になる。よって，ア＝8÷2×1＝4(cm)であるから，小さいほうの立体の

体積は，$4×5÷2×5+8×10÷2×(10-5)=250(cm^3)$

❸ 上から1段目，2段目，……と4つの段に分け，各段における切り口を真上から見た図をかくと，右のようになる。図の色のついた部分をふくむ正方形が，切断されている立方体を表す。切断された立方体は，1段目では3個，2段目は9個。3段目は2段目と同じ，4段目は1段目と同じ図になるので，切断された個数は全部で 3＋9＋9＋3＝24(個)

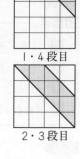

1・4段目

2・3段目

❹ (2)右の図で，EP，DQ，FCを延長すると，3線はRで交わるので，C側の立体の体積は，三角すいR-DEF から三角すいR-QPCの体積をひくことになる。このとき，三角形CPQと三角形FEDは相似で，相似比は3：4。よって，PQ＝3cm，RC＝9cm，RF＝12cm となる。頂点Cをふくむ立体の体積は，

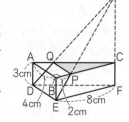

$8×4÷2×12×\frac{1}{3}-3×6÷2×9×\frac{1}{3}=37(cm^3)$，

もとの三角柱の体積は 4×8÷2×3＝48(cm³) なので，頂点Bをふくむ立体の体積は 48－37＝11(cm³)

❺ 立方体の体積から2つの三角すいA-BDE，B-ACFの体積をひくと，2つの三角すいの重なり部分(色のついた部分)の三角すいを2度ひくことになるので，この部分の体積をあとでたしておく。2つの三角すいA-BDE，

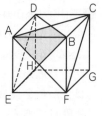

B-ACF の体積は両方とも $6×6÷2×6×\frac{1}{3}=36(cm^3)$

である。重なり部分の体積は $6×6÷4×3×\frac{1}{3}=9(cm^3)$

である。よって，求める体積は，

6×6×6－36×2＋9＝153(cm³)

解答

1. $164.86\,\mathrm{cm^3}$
2. $1440\,\mathrm{cm^3}$
3. (1) $52\,\mathrm{cm^3}$　(2) $45\,\mathrm{cm^3}$
4. (1) $640\,\mathrm{cm^2}$　(2) 863 秒後

解説

1. 立方体から直方体をくりぬいたあとに，円柱をくりぬく。新たにくりぬかれる円柱の底面の半径は $0.5\,\mathrm{cm}$，高さの和は $6-2=4\,(\mathrm{cm})$ である。よって，求める体積は，$6\times6\times6-2\times4\times6-0.5\times0.5\times3.14\times4=164.86\,(\mathrm{cm^3})$

2. 3点 P，D，H をふくむ平面と辺 FG との交点を Q とすると，点 Q の位置は図のようになる。よって，三角柱 PCD-QGH の体積は，$4\times12\div2\times12=288\,(\mathrm{cm^3})$ となる。したがって，求める体積は立方体から三角柱 PCD-QGH を除けばよいので，$12\times12\times12-288=1728-288=1440\,(\mathrm{cm^3})$

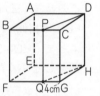

3. (1) くりぬかれる立体は，底面積が $1\times1\times3=3\,(\mathrm{cm^2})$，高さが $4\,\mathrm{cm}$ の柱体である。よって，求める体積は $4\times4\times4-3\times4=52\,(\mathrm{cm^3})$
(2) くりぬかれるのは上から2段目と3段目である。このときのようすを上から見た図が，上の図のようになり，くりぬかれる立方体は，2段目が7個，3段目は12個なので，求める体積は，$4\times4\times4-1\times1\times1\times(7+12)=45\,(\mathrm{cm^3})$

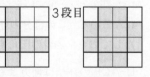

2段目　3段目

4. (1) グラフより，円柱 A の高さが $20\,\mathrm{cm}$，円柱 B の高さが $30\,\mathrm{cm}$ である。273秒間で入った水の量が $40\times$

273$=10920\,(\mathrm{cm^3})$ なので，水の部分の底面積は $10920\div20=546\,(\mathrm{cm^2})$ である。B の底面積は，$50\times30-(546+10\times10\times3.14)=640\,(\mathrm{cm^2})$
(2) 全体で入った水の量は，$50\times30\times40-(10\times10\times3.14\times20+640\times30)=34520\,(\mathrm{cm^3})$ である。これを毎秒 $40\,\mathrm{cm^3}$ ずつ入れたので，全体でかかる時間は，$34520\div40=863\,(\text{秒})$

解答

1. $555\,\mathrm{cm^3}$
2. (1) $942\,\mathrm{cm^3}$　(2) $678.24\,\mathrm{cm^2}$
3. (1) 毎分 $720\,\mathrm{cm^3}$　(2) 39
4. (1) $432\,\mathrm{cm^3}$　(2) $432\,\mathrm{cm^2}$

解説

1. 図のように3つの直方体に分ける。
$3\times3\times5+17\times3\times(5-3)+17\times8\times3=555\,(\mathrm{cm^3})$

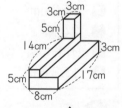

2. (1) 右の図のような円すいから2つの小さな円すいを取り除いたような立体になる。体積は，
$9\times9\times3.14\times12\div3-3\times3\times3.14\times4\div3\times2=324\times3.14-24\times3.14=300\times3.14=942\,(\mathrm{cm^3})$
(2) 底面の半径 $9\,\mathrm{cm}$，母線の長さ $15\,\mathrm{cm}$ のおうぎ形の表面積と同じであるから，$(9+15)\times9\times3.14=216\times3.14=678.24\,(\mathrm{cm^2})$ となる。

3. (1) この水そうの下部分の深さは，グラフから $9\,\mathrm{cm}$ とわかる。この部分の容積は $40\times(30-10)\times9=7200$

$(\mathrm{cm^3})$ で，この量を10分で入れたので，1分間に $7200\div10=720\,(\mathrm{cm^3})$ ずつ入っている。
(2) この水そうの上の部分の容積は，$40\times30\times(20-9)=13200\,(\mathrm{cm^3})$ である。この部分は 10〜15分後までは，毎分 $720\,\mathrm{cm^3}$ ずつ増え，15分後以降は $720-320=400\,(\mathrm{cm^3})$ ずつ増える。よって，15分後以降じゃ口 B を開いていたのは，$(13200-720\times5)\div400=24\,(\text{分})$ である。$x=15+24=39\,(\text{分})$

4. (1) 平面で切る前の立体は右の図のように，三角すいから三角すいを切り取った形になる。三角すい G-ABC と三角すい G-DEF は相似で，相似比は $1:2$ になる。また，この立体から切り取る三角すい E-ABC は，三角すい G-ABC と同じ形になる。よって，求める体積は，
$(12\times12\div2)\times24\times\dfrac{1}{3}-(6\times6\div2)\times12\times\dfrac{1}{3}\times2=432\,(\mathrm{cm^3})$

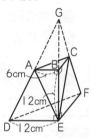

(2) 切り取ったあとの形は右の図のようになる。ここで，台形 ACFD と三角形 AEC の面積の和は，(1) の図の三角形 GDF の面積と等しくなる。これは，三角すい G-DEF の展開図をかくことで，次のように求められる。展開図は右の図のような1辺 $24\,\mathrm{cm}$ の正方形になるので，三角形 GDF の面積は，$24\times24-(12\times12\div2+12\times24\div2\times2)=216\,(\mathrm{cm^2})$ である。よって，求める表面積は，$12\times12\div2\times3+216=432\,(\mathrm{cm^2})$

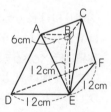

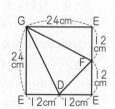

標準レベル 97 文章題特訓 (1) (相当算)

解答
① (1)120円 (2)1200円 (3)3000円
　　(4)24dL (5)160cm
② (1)48 (2)10時間 (3)720円
　　(4)2500円 (5)270cm

解説
① 『もとにする量』が何なのかに注意しよう。
(1)所持金が⑦円, 使ったお金が③円になる。③=1400÷7×3=600(円)なので, りんご1個の値段は, 600÷5=120(円)
(3)はじめに持っていたお金を⑩円とすると, 使ったお金が③円, 残金は ⑩−③=⑦(円)となり, これが2100円にあたるので, ⑩=2100÷7×10=3000(円)
(4)はじめにあった牛乳の量が⑧dL, 飲んだ量が③dLとなるので, 残った量は ⑧−③=⑤(dL)にあたる。これが15dLなので, はじめの牛乳の量は, ⑧=15÷5×8=24(dL)
(5)3.6m=360cm　1回目のはねあがりは, $360×\frac{2}{3}=$240(cm), 2回目のはねあがりは, $240×\frac{2}{3}=$160(cm)
② 『もとにする量』の割合を設定し, 線分図などで考える。
(1)ある数を④とすると, その$\frac{1}{4}$は①なので, 和は ④+①=⑤にあたる。ある数は, ④=60÷5×4=48
(3)持っていたお金を9と12の最小公倍数の㊱円とすると, えん筆の値段は㊱の$\frac{1}{9}$で④円, 消しゴムの値段は㊱の$\frac{1}{12}$で③円で, 差は④−③=①にあたる。これが20円なので, 持っていたお金は, ㊱=20×36=720(円)
(4)40%という割合は『残りのお金』がもとになっていることに注意する。はじめに持っていたお金を⑩円とすると, 本代として②円使い, ⑧円が残る。このお金を⑩円とす ると, 筆箱代が④円で残りが⑥円になり, これが1200円になる。⑩=1200÷6×10=2000(円)より, はじめに持っていたお金は, ⑩=2000÷8×10=2500(円)
(5)はじめの長さを⑤cmとすると, ①cm使うので, 残りの長さは④cmである。これを⑨cmとすると, 次に使ったのが④cmとなり, 残りの⑤cmにあたるのが120cmである。⑨=120÷5×9=216(cm)で, これが④cmだから, はじめの長さは, ⑤=216÷4×5=270(cm)

上級レベル 98 文章題特訓 (1) (相当算)

解答
① (1)0.6L (2)270ページ (3)1800円
　　(4)はじめのお金 2350円
　　　　絵の具セット 1030円
② (1)288人 (2)210人 (3)4000円
　　(4)220cm³ (5)1150円

解説
① (1)はじめに入っていた量を3と5の最小公倍数の⑮dLとすると, 1日目は⑤dL, 2日目は③dL飲んだことになるので, 残りは ⑮−(⑤+③)=⑦(dL)にあたる。これが2.8dLである。

はじめ⑮dL　1日目2日目…2.8dL　⑤dL　③dL

(2)この本の全ページ数を5と9の最小公倍数の㊺ページとすると, 昨日は㊺の$\frac{2}{5}$で⑱ページ, 今日は㊺の$\frac{4}{9}$で⑳ページを読んでいるので, 差は ⑳−⑱=②にあたり, これが12ページである。よって, 本は全部で, ㊺=12÷2×45=270(ページ)
(3)線分図に表すと右の図のようになる。720円は③にあたるので, ④=720÷3×4=960(円)である。よって, ②=960+240 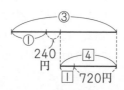 =1200(円)となるので, はじめに持っていたお金は, ③=1200÷2×3=1800(円)
(4)線分図に表すと右の図のようになる。①にあたるのが 400+40=440(円)なので, ③=440×3=1320(円)である。よって, ③=1320+90=1410(円)なので, はじめに持っていたお金は ⑤=1410÷3×5=2350(円)であり, 絵の具セットは 2350−1320=1030(円)となる。

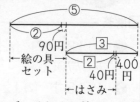

② (1)全生徒数を9と3の最小公倍数の⑨人とする。男子は⑤人, 女子は ⑥−64(人)となり, 全生徒数は, ⑤+⑥−64=⑪−64(人)となるので, ⑪と⑨の差の②が64人にあたる。
(2)受験者数を3と8の最小公倍数の㉔人とすると, 合格者は ⑧+10(人), 不合格者は ⑮+15(人)と表せ, その合計は ㉓+25(人)になる。㉓+25=㉔なので, 合格者は, 25÷1×8+10=210(人)
(3)線分図をかくと右の図のようになり, ④=1800−200=1600(円)より, ⑦=1600÷4×7=2800(円)よって, ③=2800+200=3000(円)だから, はじめに持っていたお金は, ④=3000÷3×4=4000(円)

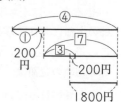

(4)水の体積を⑪とすると, 増える量が①になるので, 氷の体積は⑫になる。これが240cm³のとき, とけてできる水の量は, ⑪=240÷12×11=220(cm³)
(5)Bの所持金を4と6の最小公倍数の⑫円とすると, Aの所持金は ⑨+70(円), ⑩−50(円)と表せ, 右の線分図より, ①=70+50=120(円)となる。よって, Aの所持金は, 120×9+70=1150(円)

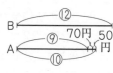

☑解答

❶ (1) 1200 円　(2) 220 円　(3) 5600 円
　(4) 77000 円

❷ (1) 15 才　(2) 12 L

❸ (1) 1300 円　(2) 900 円

解説▶

❶ (1)夏子さんと雪子さんの持っているお金の差は変わらないので, 比の差 25-17=8 が, 3800-2200=1600 (円)にあたる。比の 1 にあたる金額は, 1600÷8=200 (円)
だから, お母さんからもらった金額は, 200×25-3800=1200 (円)

(2)姉から妹にお金をあげたので, 2 人の合計金額は変わらない。3+2=5 と 4+7=11 の最小公倍数 55 に合わせると, 3:2=33:22, 4:7=20:35 になり, 姉の金額に着目すると, 比は 33 から 20 になっている。この差 33-20=13 が 130 円にあたるので, 妹の初めの金額は, 130÷13×22=220 (円)である。

(3)姉と妹の持っているお金の差は変わらないので, 比の差を合わせる。7:4 の差は 3 で, 3:1 の差は 2 なので, 7:4 を 2 倍して 14:8 に, 3:1 を 3 倍して 9:3 にする。姉の金額の比に着目すると, 14 から 9 になっている。この差 5 が 2000 円にあたるので, 2000÷5×14=5600 (円)になる。

(4)兄と弟の所持金の差は変わらないので, 比の差を合わせる。25:32 で 32-25=7 なので, 5:6 をそれぞれ 7 倍して, 35:42 にする。兄の所持金の比に着目すると 25 から 35 になっている。この差 10 が 10000 円にあたるので, いまの合計金額は, 10000÷10×35+10000÷10×42=77000 (円)である。

❷ (1)兄と弟の年令の差は変わらないので, 比の差を合わせる。5:1 の差は 4 で, 3:1 の差は 2 なので, 3:1 を 2 倍して 6:2 にする。兄の年令の比に着目すると 5 から 6 になっている。この差 1 が 3 年(3 才)にあたるので, 現在の兄の年令は, 3×5=15 (才)

(2)A と B の容器の水の量の合計は変わらないので, 比の和を合わせる。5:4 は 5 倍して 25:20, 7:8 は 3 倍して 21:24 とする。すると, A は 25-21=4 だけ減っているが, これが 2 L にあたるから, 1 は 0.5 L になる。よって, B の容器には, 0.5×24=12 (L)となる。

❸ (1)夏子さんの残金は 6400×7/(7+25)=1400 (円), 秋子さんの残金は, 6400-1400=5000 (円)
2 人の所持金の差は変わらないので, 比の差 7-3=4 が, 5000-1400=3600 (円)にあたる。夏子さんの最初の所持金は 3600÷4×3=2700 (円)だから, Tシャツの値段は, 2700-1400=1300 (円)

(2)冬子さんの最初の所持金は, 2700×5/9=1500 (円)
だから, 1500-600=900 (円)

☑解答

❶ (1) 715 円　(2) 37 才　(3) 3500 円

❷ (1) 240 円　(2) 4000 円　(3) 5:12:21

解説▶

❶ (1)弟の所持金は変わっていないので, 弟の所持金の比の数を合わせる。13:7 は 11 倍して 143:77, 17:11 は 7 倍して 119:77 にする。比の差 143-119=24 が 120 円にあたるので, 兄のはじめの所持金は, 120÷24×143=715 (円)

(2)年令の差は変わらないので, 比の差を合わせる。4:1 の差は 3 で, 2:1 の差は 1 なので, 2:1 を 3 倍して 6:3 にする。母の年令の比の差 6-4=2 が 5+11=16 (年)にあたるので, 現在の母の年令は, 16÷2×4+5=37 (才)

(3)兄と弟がはじめに持っていた金額をそれぞれ, ⑦, ⑤ とおくと, 兄は ⑦-1500 円, 弟は ⑤-750 円となり, これが 8:7 であるから, (⑦-1500):(⑤-750)=8:7
㊼-10500=㊵-6000, ⑨=4500
よって, ①=500 となる。これから兄がはじめに持っていた金額は, 500×7=3500 (円)である。

❷ (1)お金をわたす前と後で, 合計金額は変わらないことに注意する。4:3:2 で 4+3+2=9 であるから, すべてを 3 倍して, 12:9:6 とすると, 12+9+6=27 で, 9+10+8=27 となり, 比の数の合計は同じになる。よって, A に着目すると, 12 が 9 になっており, この差 3 が 120 円にあたる。したがって, 最初に C が持っていたのは, 120÷3×6=240 (円)になる。

(2)A さんのはじめの所持金を②, B さんのはじめの所持金を③とすると, C さんのはじめの所持金は③+500 となる。1500 円の買い物をした後, A さんの所持金は②-1500, C さんの所持金は③+500-1500=③-1000 となる。また, A さんと C さんの所持金の比は 1:2 であることから, C さんの所持金は(②-1500)×2=④-3000 とも表せる。よって, ④-3000=③-1000 だから, ①=3000-1000=2000 (円)
したがって, A さんのはじめの所持金は, 2000×2=4000 (円)

(3)A, B, C の増え方は, それぞれ 2 枚, 1 枚, 3 枚となり, これらが 8:7:5 の比で増えればよいので, A, B, C が増える枚数は C に着目して C が 5 回, 15 枚増えればよい。よって, A と B はそれぞれ 24 枚, 21 枚増えればよいから, A, B, C の増える回数は, それぞれ 12 回, 21 回, 5 回でよい。よって, (A を取り出した回数)=5, (B を取り出した回数)=12, (C を取り出した回数)=21 となればよい。

標準レベル101 文章題特訓 (3) (時計算)

☑解答

❶ ア 360　イ 6　ウ 0.1　エ 30　オ 0.5
　カ 360　キ 6

❷ (1) 120°　(2) 60°　(3) 105°
　(4) 122°　(5) 102°　(6) 107°

❸ (1) 3時 $16\frac{4}{11}$ 分　(2) 9時 $16\frac{4}{11}$ 分

　(3) 2時 $43\frac{7}{11}$ 分

　(4) 5時 $10\frac{10}{11}$ 分, 5時 $43\frac{7}{11}$ 分

解説

❶ 時計の長針は，1時間に1回転(360°…ア)する。1分間だと 360°÷60=6°…イ，1秒間だと 6°÷60 =0.1°…ウ 回る。短針は12時間で1回転するので，1時間だと 360°÷12=30°…エ，1分間だと 30° ÷60=0.5°…オ 回る。秒針は1分間で1回転(360° …カ)するので，1秒間だと 360°÷60=6°…キ 回る。

❷ (1)時計の文字と文字の間の角度は 360°÷12=30° である。4時だと，長針と短針の間は4文字分開いているので，求める角度は，30°×4=120°
(3)2時30分のとき，長針は6を短針は2と3のまん中を指しているので，30°×3+30°÷2=105°
(4)7時のとき長針と短針の間は 30°×7=210° はなれている。16分で (6°-0.5°)×16=88° 近づくので，求める角度は，210°-88°=122°
(5)1時のとき，長針と短針の間は 30° はなれている。24分で (6°-0.5°)×24=132° 近づくので，長針が短針を追いこして 132°-30°=102° ひきはなす。
(6)11時のとき，長針と短針の間は 30° はなれている。ここから14分でさらに (6°-0.5°)×14=77° はな

れるので，求める角度は，30°+77°=107°

❸ (1)3時のとき，長針は短針の 30°×3=90° 後ろから追いかけてくる。追いつくまでに 90÷(6-0.5) $=\frac{180}{11}=16\frac{4}{11}$(分) かかる。
(2)9時のとき，長針は短針の 30°×9=270° 後ろにある。反対向きに一直線とは，つくる角の大きさが180° になることをいうので，180° 後ろに来るまでに
(270-180)÷(6-0.5)$=\frac{180}{11}=16\frac{4}{11}$(分) かかる。
(3)2時のとき，長針は短針の 30°×2=60° 後ろにある。反対向きに一直線になるには，長針が短針を追いこして180°先にくればいいので
(60+180)÷(6-0.5)$=\frac{480}{11}=43\frac{7}{11}$(分) かかる。
(4)5時のとき，長針は短針の 30°×5=150° 後ろにある。90°になるのは，追いつくまでに1回，追いこしてから1回ある。1回目は (150-90)÷(6-0.5) $=\frac{120}{11}=10\frac{10}{11}$(分)，2回目は (150+90)÷(6-0.5) $=\frac{480}{11}=43\frac{7}{11}$(分) かかる。

上級レベル102 文章題特訓 (3) (時計算)

☑解答

❶ (1) 59°　(2) 108.5°　(3) 126°

❷ (1) 4時 $38\frac{2}{11}$ 分　(2) 6時 $21\frac{9}{11}$ 分

　(3) 8時 $5\frac{5}{11}$ 分, 8時 $16\frac{4}{11}$ 分

　(4) $65\frac{5}{11}$ 分　(5) 22回　(6) 6時 $27\frac{9}{13}$ 分

解説

❶ (1)6時のとき長針と短針の間は 30°×6=180° はなれている。22分で (6°-0.5°)×22=121° 近づくから，求める角度は，180°-121°=59°
(2)5時のとき長針と短針の間は 30°×5=150° はなれている。47分で (6°-0.5°)×47=258.5° 近づくので，長針が短針を追いこして 258.5°-150° =108.5° ひきはなす。求める角度は108.5°
(3)10時のとき，長針と短針の間は 60° はなれている。ここから12分でさらに (6°-0.5°)×12=66° はなれるので，求める角度は，60°+66°=126°

❷ (1)4時のとき，長針は短針の 120° 後ろにある。長針が短針に追いつくまでに直角になることが1回あり，2回目は追いこしたあとになる。よって，(120+90) ÷(6-0.5)$=\frac{420}{11}=38\frac{2}{11}$(分) かかる。
(2)長針が短針の 180° 後ろからスタートして，60° 後ろまで近づけばよいことがわかる。よって，(180-60) ÷(6-0.5)$=\frac{240}{11}=21\frac{9}{11}$(分) かかる。
(3)長針が短針の 240° 後ろからスタートして，210° になるときと 150° になる時刻を求めればよいことになる。
(5)$65\frac{5}{11}$ (分)ごとに長針と短針が重なる。1日=24時間=1440分 なので，1440÷$\frac{720}{11}$=22(回) 重なる。
(6)6時のとき，長針は短針の 180° 後ろにある。短針が6と7の間になるので，長針は5と6の間になる。図の。の角度が等しいので，6時から長針が動いた角度と短針が動いた角度の和は180°になる。よって，求める時刻は 180÷(6+0.5)$=\frac{360}{13}=27\frac{9}{13}$(分)

☑解答

❶ (1)5秒 (2)時速 72 km (3)26秒
(4)50 m (5)時速 86.4 km

❷ (1)9秒 (2)秒速 15 m (3)296 m
(4)1分4秒 (5)96 m (6)秒速 18 m

解説

❶ 通過算は列車全体の動きは考えずに，列車上のある一点の動きにだけ注目する。通常は，列車の一番後ろにいる車掌(しゃしょう)に注目する。

(1)電車がふみきりにさしかかったとき，車掌はふみきりまで 80 m 手前のところにいるから，80÷16＝5(秒)

点(人や電柱など)の前を通過するとき，
(通過時間)＝(列車の長さ)÷(列車の速さ)

(2)列車の速さは，秒速 200÷10＝20(m)→時速 72 km

(3)電車が鉄橋をわたり始めたとき，車掌はまだ鉄橋の手前 80 m のところにいて，車掌が鉄橋を通過し終わると，列車も通過し終わることになる。車掌の進んだ道のりは 80＋388＝468(m) なので，通過時間は 468÷18＝26(秒)

長さのあるもの(鉄橋など)を通過するとき，
(通過時間)＝(列車の長さ＋鉄橋などの長さ)÷(列車の速さ)

(4)列車の長さを□ m とすると，(□＋900)÷25＝38 となるので，□＝25×38－900＝50(m)

(5)列車の速さを秒速□ m とすると，(126＋450)÷□＝24 となるので，□＝24(m)→時速 86.4 km

❷ (1)両方の列車の車掌 2 人の動きに注目する。列車がすれちがい始めたとき，2 人の車掌は 120＋195＝315(m) はなれている。すれちがい終わったとき，2 人の車掌が出会うことになるので，「出会いの旅人算」の考え

方で，315÷(17＋18)＝9(秒) で出会うことがわかる。

2 つの列車がすれちがうとき，
(すれちがいの時間)＝(列車の長さの和)÷(列車の速さの和)

(2)下り列車の速さを秒速□ m とすると，(135＋145)÷(20＋□)＝8 となる。□＝15(m)

(4)急行列車の車掌が，普通列車の運転手に追いつけばよいことになる。急行列車が普通列車に追いついたとき，急行列車の車掌と普通列車の運転手は 80＋112＝192(m) はなれている。急行列車の車掌が追いつくまでに 192÷(18－15)＝64(秒) より 1 分 4 秒かかる。

前の列車を追いこすとき，
(追いこしの時間)＝(列車の長さの和)÷(列車の速さの差)

(5)B 列車の長さを□ m とすると，(120＋□)÷(19－13)＝36 となるので，□＝96(m)

(6)貨物列車の速さを秒速□ m とすると，(156＋344)÷(23－□)＝100 となるので，□＝18(m)

☑解答

❶ (1)速さ 時速 72 km 長さ 60 m
(2)速さ 秒速 20 m 長さ 400 m
(3)34 秒

❷ (1)200 m (2)500 m
(3)速さ 秒速 20 m 長さ 80 m

解説

❶ (1)通過時間と進んだ道のりの関係を表した右の図より，電車は 300－240＝60(m) を，18－15＝3(秒) で進んでいることがわかる。電車の速さは秒速 60÷3＝20(m)より時速 72 km である。電車の長さは，

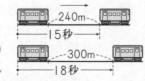

20×15－240＝60(m) である。

(2)通過時間と進んだ道のりの関係を表した右の図より，列車は 800 m を，60－20＝40(秒) で進んでいることがわかる。列車の速さは秒速 800÷40＝20(m) であるから，列車の長さは，20×20＝400(m)

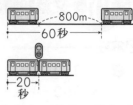

(3)列車がトンネルに完全にかくれている状態のはじめと終わりを図に表すと，右のようになる。急行列車が進んだ道のりは，1000－150＝850(m) である。

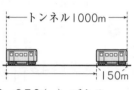

❷ (1)通過時間と進んだ道のりの関係を表した右の図より，普通電車は 1800 m を，128＋16＝144(秒) で進むことがわかる。電車の速さは 秒速 1800÷144＝12.5(m) である。よって，電車の長さは，12.5×16＝200(m)

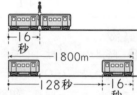

(2)上り列車の長さをア m，下り列車の長さをイ m，鉄橋の長さをウ m とする。問題の内容から，(ア＋ウ)÷22＝30，(イ＋ウ)÷16＝45，(ア＋イ)÷(22＋16)＝10 となることがわかる。よって，ア＋ウ＝660，イ＋ウ＝720，ア＋イ＝380 である。(ア＋ウ)＋(イ＋ウ)－(ア＋イ)＝ウ＋ウ＝660＋720－380＝1000 となるので，ウ＝1000÷2＝500(m)

(3)列車の速さを秒速① m，列車の長さを□ m とすると，240＋□＝⑯，860－□＝㊴ となる。両方の合計は ⑯＋㊴＝(240＋□)＋(860－□)，�555＝1100 となるから，①＝20 列車の長さは，□＝20×16－240＝80(m)

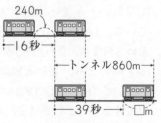

標準レベル 105 文章題特訓 (5)(流水算)

解答

❶ (1)上り 時速 10 km　下り 時速 14 km
　(2)速さ 時速 9 km　かかる時間 2 時間
　(3)下り 3 時間　上り 4.5 時間

❷ (1)川 時速 1.5 km　静水時 時速 10.5 km
　(2)① 1 時間 40 分　② 30 分後
　(3)3 時間 20 分

解説

❶ (1)上りの速さは時速 12−2=10(km)
下りの速さは時速 12+2=14(km)
(3)下りの速さは時速 10+2=12(km),上りの速さは時速 10−2=8(km) である。下りにかかる時間は 36÷12=3(時間),上りにかかる時間は 36÷8=4.5(時間)

❷ (1)上りの速さは時速 54÷6=9(km),4 時間 30 分=4.5 時間

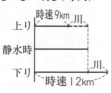

なので,下りの速さは時速 54÷4.5=12(km) である。右に示した線分図より,『川の流れの速さ』は,下りと上りの速さの差の半分になっているので,時速(12−9)÷2=1.5(km),また『静水時の速さ』は,時速 12−1.5(=9+1.5)=10.5(km)
(2)① Q の上りの速さは 時速 15−3=12(km),下りの速さは時速 15+3=18(km)である。上りにかかる時間は 12÷12=1(時間),下りにかかる時間は 12÷18=$\frac{2}{3}$(時間)=40(分) で,合計 1 時間 40 分かかる。
② 2 そうの船が向かい合って進む場合,近づく速さは川の流れの速さに関係なく,静水時の速さの和になる。したがって,12÷(9+15)=0.5(時間)→ 30 分
(3)上りの速さは時速 6−1.5=4.5(km) なので,とちゅうでこぐのをやめなければ,9÷4.5=2 時間 で着ける。

こぐのをやめたとき,川の流れの速さで 1 時間流されたので,1 時間と 1.5×1=1.5(km) の上りの分の時間だけおそくなったことになる。

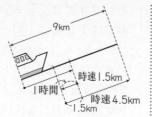

1.5 km を上るのに 1.5÷4.5 =$\frac{1}{3}$(時間)=20(分) かかるので,合わせて 1 時間 20 分だけおそくなる。よって,全体でかかった時間は,2 時間 +1 時間 20 分 =3 時間 20 分

上級レベル 106 文章題特訓 (5)(流水算)

解答

❶ (1)2 : 1　(2)120 分
❷ (1)1 時間 48 分　(2)5 時間
　(3)7 時間 28 分　(4)時速 8 km
　(5)時速 10 km

解説

❶ (1)P の下りの速さは分速 2400÷20=120(m),上りの速さは分速 2400÷40=60(m) なので,速さの比は,120 : 60=2 : 1
(2)(1)より,川の流れの速さは分速 (120−60)÷2=30(m) である。Q の下りの速さは分速 2400÷30=80(m) なので,静水時の速さは分速 80−30=50(m),上りの速さは分速 50−30=20(m) になる。Q の上りにかかる時間は,2400÷20=120(分)

❷ (1)上りの速さは時速 32÷4=8(km) なので,いつもの川の流れの速さは時速 12−8=4(km) になる。今日の川の流れの速さは時速 4×$\frac{3}{4}$=3(km)なので,下りの速さは時速 12+3=15(km) である。よって 27km を下る時間は 27÷15=1$\frac{4}{5}$(時間)より,1時間48分。

(2)A から B までの上りの速さは時速 110÷5$\frac{1}{2}$=20(km)なので,静水時の速さは時速 20+4=24(km)である。下るときの静水時の速さは時速 24×$\frac{3}{4}$=18(km) になるので,下りの速さは時速 18+4=22(km) となり,かかる時間は 110÷22=5(時間)
(3)いつもの上りの速さは時速 48÷4=12(km),下りの速さは時速 48÷3=16(km) なので,川の流れの速さは時速 (16−12)÷2=2(km),静水時の速さは時速 16−2(=12+2)=14(km)である。川の流れの速さが時速 2×2=4(km) になると,上りの速さは時速 14−4=10(km),下りの速さは時速 14+4=18(km)

往復にかかる時間は,上りが 48÷10=4$\frac{4}{5}$(時間)より 4 時間 48 分,下りが 48÷18=2$\frac{2}{3}$(時間)より 2 時間 40 分 なので,合わせて 7 時間 28 分かかる。

(4)昨日の上りの速さは時速 30÷5=6(km) で,今日の下りの速さは時速 30÷2$\frac{1}{2}$

=12(km)である。静水時の速さと比べてみると,上のような線分図になり,昨日の川の速さ 3 つ分が時速 12−6=6(km)にあたる。したがって,昨日の川の速さは時速 6÷3=2(km),静水時の速さは時速 6+2=8(km)
(5)下りの速さは時速 48÷4=12(km),上りの速さは時速 39÷3=13(km)　下りのときの静水時の速さを②とすると,上りのときの静水時の速さが ②×1.5=③ となるので,この関係を線分図に表すと上の図のようになる。線分図の和が⑤で時速 12+13=25(km)にあたることがわかるので,下りのときの静水時の速さは時速 25÷5×2=10(km)

文章題特訓 ⑹（仕事算）

☑解答

❶ (1)6日　(2)7分30秒　(3)60日
　　(4)120000円　(5)14日
❷ (1)1時間12分　(2)30分
　　(3)14日　(4)5時間30分

解説

❶ (1)仕事の全体量を10と15の最小公倍数の[30]とする。1日にAは[30]÷10＝[3]，Bは[30]÷15＝[2]の量を仕上げるので，2人だと[30]÷([3]＋[2])＝6(日)かかる。
(2)水そうの満水量を12と20の最小公倍数の[60]Lとする。1分間にAからは[60]÷12＝[5](L)ずつ，Bからは[60]÷20＝[3](L)ずつ入るので，同時に使うと，[60]÷([5]＋[3])＝7.5(分)より7分30秒で満水になる。
(3)仕事の全体量を20と15の最小公倍数の[60]とする。Aは1日に[60]÷20＝[3]，AとBで1日に[60]÷15＝[4]の量を仕上げるので，B1人では1日に[4]－[3]＝[1]仕上げられる。B1人だと[60]÷[1]＝60(日)かかる。
(4)1人1日分の賃金を[1]円とすると，3人の8日分の賃金は[1]×3×8＝[24](円)で，これが144000円にあたる。[1]＝144000÷24＝6000(円)である。5人の4日分の賃金は，6000×5×4＝120000(円)

❷ (1)A1人だと100分，B1人だと150分かかるので，荷物の全体量を100と150の最小公倍数の[300]とする。Aは1分で[300]÷100＝[3]，Bは1分で[300]÷150＝[2]の量を運び出す。はじめの42分は2人で([3]＋[2])×42＝[210]の荷物運びをして，残りの[300]－[210]＝[90]の荷物をA1人で運び出した。Aだけで[90]÷[3]＝30(分)かかったことになるので，かかった時間は，全部で42＋30＝72(分)→1時間12分
(2)満水の量を5と12の最小公倍数の[60]Lとする。1分間でB1本では[60]÷12＝[5](L)ずつ，A1本

とB2本では[60]÷5＝[12](L)ずつ入るので，A1本では1分間に[12]－[5]×2＝[2](L)ずつ入る。したがって，A1本だけだと，[60]÷[2]＝30(分)かかる。
(4)Aだけで360分，Bだけで270分かかるので，仕事の全体量を360と270の最小公倍数の[1080]とする。1分間にAは[1080]÷360＝[3]，Bは[1080]÷270＝[4]仕上げる。A1人で仕上げたのが[1080]×$\frac{2}{3}$＝[720]，B1人で仕上げたのが[1080]×$\frac{1}{3}$＝[360]なので，全部で[720]÷[3]＋[360]÷[4]＝330(分)
→5時間30分

文章題特訓 ⑹（仕事算）

☑解答

❶ (1)7日　(2)15分後　(3)10日
　　(4)35日目
❷ (1)20日　(2)33日目
❸ (1)35分　(2)60分後

解説

❶ (1)仕事の全体量を21と28の最小公倍数の[84]とする。1日にAは[84]÷21＝[4]ずつ，Bは[84]÷28＝[3]ずつ仕上げる。もしとちゅうでAが休まなければ，16日で([4]＋[3])×16＝[112]の仕事ができるので，Aが休んだ分の仕事量が[112]－[84]＝[28]になる。よって，Aが休んだのは，[28]÷[4]＝7(日)
(2)つるかめ算の考え方を使う。水そうの満水量を60と40の最小公倍数の[120]Lとする。1分間にAは[120]÷60＝[2](L)ずつ，Bは[120]÷40＝[3](L)ずつ入る。もし45分間Aだけで入れたとしたら[2]×45＝[90](L)しか入らず，[120]－[90]＝[30](L)たりなくなる。そこで，1分間に入れる量を[2]Lから[3]Lに増やすと，入る量が[3]－[2]＝[1](L)ずつ増えるので，Bで入れたのは[30]÷[1]＝30(分間)である。Aを止め

たのは，45－30＝15(分後)
(3)仕事の全体量を15，20，12の最小公倍数の[60]とする。1日あたり，AとBだと[60]÷15＝[4]ずつ，BとCだと[60]÷20＝[3]ずつ，CとAだと[60]÷12＝[5]ずつ仕上げる。これらすべての和は，A，B，Cそれぞれ2人分ずつの仕事量の和になるので，A，B，Cの3人だと，1日に([4]＋[5]＋[3])÷2＝[6]ずつ仕上げることになる。したがって，[60]÷[6]＝10(日)かかる。
(4)仕事の全体量を30，40の最小公倍数の[120]とする。1日あたりAは[120]÷30＝[4]ずつ，Bは[120]÷40＝[3]ずつ仕上げる。1日交代で仕上げていくので，2日で[4]＋[3]＝[7]ずつ仕上げていく。[120]÷[7]＝17あまり[1]より，17セットくり返して[1]の仕事が残る。最後の[1]はAがするので，2×17＋1＝35(日目)

❷ 仕事の全体量を45，60，90の最小公倍数[180]にすると，1日あたりAは[180]÷45＝[4]ずつ，Bは[180]÷60＝[3]ずつ，Cは[180]÷90＝[2]ずつ仕上げていく。
(1)3人ですると，[180]÷([4]＋[3]＋[2])＝20(日)かかる。
(2)Aは2日ごと，Bは3日ごと，Cは4日ごとのくり返しになるので，2，3，4の最小公倍数の12日を1セットとして考える。12日間のうち，Aは6日，Bは8日，Cは9日働くので，12日間で[4]×6＋[3]×8＋[2]×9＝[66]ずつ仕上がる。[180]÷[66]＝2あまり[48]より，2セット終了後に[48]の仕事が残る。これを1日ずつ順を追って残りの仕事量を調べていくと，8日目で残りが[2]となる。9日目に残りをAとCが仕上げるので，全部で12×2＋9＝33(日)かかる。

❸ (1)140分の立ち時間を4人で分けると，140÷4＝35(分)ずつ立つことになる。
(2)1人あたり140－35＝105(分)ずつ座るはずだったのが，105－20＝85(分)ずつ，のべ85×4＝340(分)しか座れなくなった。つまり，お年寄りが残りの140×3－340＝80(分)座っていたことになる。よって，C駅に着いたのは，A駅を出てから140－80＝60(分後)

標準レベル 109 文章題特訓 (7) (ニュートン算)

☑解答

❶ (1) 90 L
   (2) 9 L，12分後
❷ (1) 2人　(2) 12分
❸ (1) 4人　(2) 10分
❹ (1) 2 L　(2) 1時間20分

解説

❶ ニュートン算は，「時間が経つごとに，仕上げる仕事量が変わっていく仕事算」ととらえられる。
(1) 水そうの満水量を□ Lとする。30分で空になったので，□÷(5-2)=30 と表せる。
よって，□=3×30=90(L)
(2) ポンプ1台が1分間にくみ上げられる量を□ Lとする。30分で水がなくなったので，180÷(□-3)=30 と表せる。よって，□=9(L)
ポンプ2台のときは，180÷(9×2-3)=12(分) かかる。

❷ (1) 新しい入場者が1分間に□人ずつやってくるものとする。2時間=120分で行列がなくなったので，120÷(3-□)=120 と表せる。よって，□=2(人)
(2) 窓口が4つのとき，行列がなくなるまで120÷(3×4-2)=12(分)かかる。

❸ (1) 1つの窓口で1分間に□人に売るものとすると，150÷(□×2-5)=50 と表せる。よって，□=4(人)
(2) 5つの窓口のとき，行列がなくなるまで150÷(4×5-5)=10(分)かかる。

❹ (1) タンクからもれている水の量が1分間に□ Lずつであるとすると，1200÷(7-□)=240 と表せる。よって，□=2(L)
(2) A管とB管を使うと，かかる時間は1200÷(7+10-2)=80(分)→1時間20分

上級レベル 110 文章題特訓 (7) (ニュートン算)

☑解答

❶ (1) 2 L　(2) 720 L　(3) 45分
❷ (1) 14 kg　(2) 360 kg　(3) 5日
❸ (1) 2：3　(2) 40分前　(3) 5分後

解説

❶ (1) はじめに入っていた水の量を□ L，1分間に入ってくる水の量を①Lとすると，
□÷(10-①)=90，□÷(14-①)=60 と表せ，
(10-①)×90=(14-①)×60 が成り立つ。
900-⑨⓪=840-⑥⓪ より，③⓪=60(L) となるので，①=60÷30=2(L)

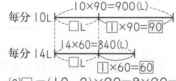

(2) □=(10-2)×90=8×90=720(L)
(3) 空になるまで，720÷(18-2)=45(分)

❷ (1) はじめに生えていた草の量を□ kg，1日に生える草の量を①kgとすると，
□÷(①×50-①)=10，□÷(①×34-①)=18 となるので，(50-①)×10=(34-①)×18 が成り立つ。
500-⑩=612-⑱ より，⑧=112(kg) となるので，①=112÷8=14(kg)

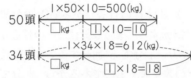

(2) (①×50-14)×10=360(kg)
(3) 360÷(①×86-14)=360÷72=5(日)かかる。

❸ (1) はじめの行列の人数を□人，1分間あたりの来場者数を①人，売り場1つが1分間に売ることのできる人数を①人とすると，□÷(①×2-①)=20，
□÷(①×4-①)=8 と表せ，
(②-①)×20=(④-①)×8 が成り立つ。
⑩-⑳=③②-⑧ より，⑫=⑧，③=② である。
よって，
①：①=2：3

(2) ①=△2人，①=△3人とすると，□=(△3×2-△2)×20=⑧⓪(人) となるので，行列ができ始めたのは⑧⓪÷△2=40(分前) からである。
(3) 売り場が6つのとき，行列がなくなるまでの時間は，⑧⓪÷(⑥-①)=⑧⓪÷(△3×6-△2)=5(分)

111 最上級レベル ⑮

☑解答

❶ 810 g
❷ (1) 毎秒20 m　(2) 0.5 m　(3) 毎秒28 m
❸ (1) 毎分40 m　(2) 毎分15 m　(3) 3.75周

解説

❶ Aの容器に入っているのは全体の$\frac{1}{3}$と120 gの砂糖で，これは全体の$\frac{5}{13}$にあたるから，全体の$\frac{5}{13}-\frac{1}{3}$＝$\frac{2}{39}$が120 gである。よって，砂糖全体は120÷$\frac{2}{39}$＝2340(g)になる。したがって，Aの容器には，900 g，Bの容器には630 g，Cの容器には，2340-(900+630)=810(g)の砂糖が入っている。

2 (1)電車Aの長さを考えて，

(477.5−337.5)÷(30−23)=140÷7=20 なので，

毎秒 20 m になる。

(2)電車Aは毎秒 20 m で 23 秒進むと，460 m 進む。

よって，電車Aの長さは，460−337.5=122.5(m)

また，電車Aの連結部分は 5 か所あるので，1つの連結部分の長さは，(122.5−20×6)÷5=0.5(m)

(3)(2)より電車Aの長さは 122.5 m で，電車Bの長さは，

20×12+11×0.5=245.5(m)だから，電車Bと電車Aの速さの差は，

毎秒(122.5+245.5)÷46=368÷46=8(m)である。

よって，電車Bの速さは，毎秒 28 m になる。

3 (1)Aさんは 270 秒でうき輪とすれちがっていて，(Aさんの速さ)−(流れの速さ)+(流れの速さ)=(Aさんの速さ)である。よって，Aさんの速さは，

毎秒 180÷270=$\frac{2}{3}$(m)→毎分 40 m

(2)AさんはBさんと向かい合って泳ぎ始めてから 1 分 48 秒ですれちがっているから，(Aさんの速さ)−(流れの速さ)+(Bさんの速さ)+(流れの速さ)は，毎秒

180÷108=$\frac{5}{3}$(m)である。つまり，Aさんの速さとBさんの速さの和が毎秒$\frac{5}{3}$mになる。(1)より，Bさんの

速さは毎秒$\frac{5}{3}$−$\frac{2}{3}$=1(m)，つまり毎分 60 m になる。

Bさんは出発してから 2 周半でうき輪を 2 回追いこしているから，(Bさん＋流れの速さ):(流れの速さ)=2.5:0.5=5:1 である。よって，Bさんと流れの速さの比は，4:1 になるから，流れの速さは，毎分

60÷4=15(m)である。

(3)Bさんが初めてうき輪を追いぬくのは，出発してから

180÷(60+15−15)=3(分後)なので，Bさんはうき輪と(60+15)×3÷180=1.25(周)ごとに 1 回同じ位置にいる。また，BさんはAさんと 1 分 48 秒=1$\frac{4}{5}$

分ごとに同じ位置にいることになる。つまり，Bさんは

(60+15)×1$\frac{4}{5}$÷180=0.75(周)ごとにAさんと同じ位置にいる。1.25 周と 0.75 周の最小公倍数は，3.75 周である。

112 最上級レベル ⑯

☑解答

1 (1)165 度　(2)0 時 32$\frac{8}{11}$分

(3)8 時 18$\frac{6}{13}$分

2 (1)280 日　(2)70 日　(3)4 台

3 8 頭

解説

1 (1)0 時 0 分のとき，長針と短針はともに，同じ位置にある。ここから，長針は 30 分で 180°回転し，短針は 30°×0.5=15°回転する。よって，0 時 30 分のときの小さいほうの角度は，180°−15°=165°

(2)2 つの針は 1 分で 6°−0.5°=5.5°の差ができる。よって，2 つの針の差が 180°になるのは，

180÷5.5=180×$\frac{2}{11}$=32$\frac{8}{11}$(分後)なので，答えは

0 時 32$\frac{8}{11}$分

(3)8 時 0 分のとき，短針は 6 の目もりから 60°の位置にあり，1 分で 0.5°回転する。また長針は，6 の目もりから 180°の位置にあり，1 分で 6°回転する。今，2 つの針と 6 の目もりとの差を考えるのであるから，1 分で 2 つの針と 6 の目もりとの差は，0.5°+6°=6.5°少なくなる。8 時 0 分のとき，差は 180°−60°=120°だから，左右対称となるのは，120÷6.5=120×$\frac{2}{13}$=18$\frac{6}{13}$

(分後)の 8 時 18$\frac{6}{13}$分である。

2 (1)全体の仕事の量を 105 と 42 と 28 の最小公倍数の 420 とする。すると，A 1 台とB 1 台で 1 日 4 の仕事を，A 1 台とB 5 台で 1 日 10 の仕事を，A 2 台とC 5 台で 1 日 15 の仕事をすることになる。A 1 台とB 1 台の仕事量とA 1 台とB 5 台の仕事量の差よりB 4 台で 1 日 6 の仕事ができるから，B 1 台で 1 日

6÷4=1.5 の仕事をする。

よって，420÷1.5=280(日)

(2)A 1 台とB 1 台で 1 日 4 の仕事をするから，A 1 台で 1 日 4−1.5=2.5 の仕事をする。また，A 2 台とC 5 台で 1 日 15 の仕事をするから，C 5 台で 1 日 15−2.5×2=10 より，C 1 台で 1 日 2 の仕事をする。A 1 台とB 1 台とC 1 台で 1 日，2.5+1.5+2=6 の仕事をするから，420÷6=70(日)でちょうど完成する。

(3)A 1 台とB 7 台で 1 日 2.5+1.5×7=13 の仕事をする。420÷20=21 より，1 日で 21 の仕事をするためには，あと 21−13=8 の仕事を終わらせればよい。C は 1 台で 1 日 2 の仕事をするから，あとC は 1 日 8÷2=4(台)使えばよい。

3 1 頭の牛が 1 日で 1 本の草を食べるとすると，10 頭は 15 日で 150 本の草を食べつくす。同様に 12 頭は 10 日だと 120 本の草を食べつくす。その差の 150−120=30(本)は，15−10=5(日)で生えた草であるから，草は 1 日で 30÷5=6(本)生えてくる。10 頭は 15 日で食べつくすから，150−6×15=60(本)の草がはじめにあったことになる。したがって，8 頭は 10 日だと，60+6×10−80=40(本)の草が残っている。あと 4 日で 6×4=24(本)ふえるから合計で 64 本の草になり，これを 4 日で食べつくすには，1 日で，64÷4=16(本)食べなければならない。今，8 頭いるから，あと 16−8=8(頭)の牛を加えればよい。

113 仕上げテスト ❶

☑解答

⭐1 (1) $9\frac{11}{36}$ (2) 1200 (3) 456 (4) 4.25

⭐2 (1) 25 (2) 400 (3) 100 (4) 20 (5) $1\frac{23}{37}$

解説

⭐1 (2) Bの所持金を2と6の最小公倍数の⑥にそろえる。A：B：Cは⑫：⑥：⑨だったのが，⑩：⑥：⑪に変わり，Aの変化量②が200円にあたる。

(3) 去年の男子の人数を100人，女子の人数を100人とすると，今年の男子の人数は95人，女子の人数は108人になるので，100−100＝80，95−108＝24となる。①−①＝0.8なので，95−95＝76である。よって，13＝76−24＝52(人)より，①＝52÷13＝4(人)である。よって，今年の男子の生徒数は，95＝(4+0.8)×95＝456(人)

(4) AとBの原価を100，100とすると，Aの利益は100×(1+0.3)×(1−0.1)−100＝⑰，Bの利益は100×(1+0.3)×(1−0.2)−100＝④となり，⑰＝④なので，100：100＝①：①＝4：17よって，Bの原価はAの17÷4＝4.25(倍)となる。

⭐2 (2) 4個のサイコロの目の積が36となる目の組み合わせは，(1，1，6，6)，(1，2，3，6)，(1，3，3，4)，(2，2，3，3)である。(1，1，6，6)の裏側の目の積は6×6×1×1＝36，(1，2，3，6)の裏側の目の積は6×5×4×1＝120，(1，3，3，4)の裏側の目の積は6×4×4×3＝288，(2，2，3，3)の裏側の目の積は5×5×4×4＝400となる。最大のものは400である。

(3) 7%と12%の食塩水を混ぜると，(120×0.07+180×0.12)÷(120+180)＝0.1より，10%の食塩水が300gできる。ここで，10%の食塩水と14%の食塩水の量の比は，(14−11)：(11−10)＝3：1である。

(4) 上りと下りの速さの比は，かかる時間の比と逆比で②：⑤である。川の流れの速さの割合は（⑤−②）÷2＝1.5なので，上りの時速は②＝3÷1.5×2＝4(km)

(5) 三角形ADG，三角形GCF，三角形FEBが相似になっていて，3辺の比は，三角形ABCと同じ，3：4：5である。
EF＝FG＝GD なので，この長さを3，4，5の最小公倍数60とする。AD＝60÷4×3＝45，EB＝60÷3×4＝80 となり，これとEDを合わせて，AB＝45＋60＋80＝185＝5cm となる。ED＝AB÷185×60＝$1\frac{23}{37}$(cm)

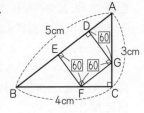

114 仕上げテスト ❷

☑解答

⭐1 (1) 1 (2) 180 (3) 110 (4) 70

⭐2 (1) 8 (2) 144 (3) 540 (4) 5 (5) $11\frac{4}{11}$

解説

⭐1 (2) この本の全ページ数を36ページ(4と9の最小公倍数)とすると，はじめの日に読んだページ数は18＋10(ページ)で，残ったページ数は18−10(ページ)と表せる。次の日は，(18−10)×$\frac{1}{2}$＋20＝⑨＋15(ページ)で，2日で読んだ分と残りのページ数④ページを合わせると，(18＋10)＋(⑨＋15)＋④＝31＋25(ページ)となり，これが36にあたる。

(3) 50個目までの平均の金額は，1個(2000+120×35)÷50＝124(円)である。てんびん算で，平均の金額が100円になるときの80円の個数は50÷5×6＝60(個)

```
        80円   100円  124円
        ┌─20─△─24─┐
        ○    ✕    ○
       □個  ⑥：⑤  50個
```

よって，全部で50+60＝110(個)以上作ればよい。

(4) A×$\frac{2}{7}$＝B×$\frac{1}{5}$なので，A：B＝$\frac{1}{5}$：$\frac{2}{7}$＝⑦：⑩
重なった部分は⑦×$\frac{2}{7}$＝②なので，全体の長さは⑦＋⑩−②＝⑮であり，これが150cmである。

⭐2 (1) 5年後の2人の年れいの和は48+5×2＝58(才)で，このときのAの年れいを①才とすると，母は③＋6(才)で，和は④＋6(才)である。①＝(58−6)÷4＝13(才)より，現在のAの年れいは13−5＝8(才)

(2) バスで通学している生徒の人数は，432×$\frac{40}{360}$＝48(人)なので，電車の人数は，432−(108+48+132)＝432−288＝144(人)

(3) Bの所持金は変わらないので，Bの比の数値をそろえると，AとBとCの所持金の比は，⑥：⑨：⑫だったのが，⑪：⑨：⑦になったと考えられる。変化した⑤が450円にあたる。

(4) 上りと下りにかかる時間の比が50：30＝5：3なので，速さの比は③：⑤である。静水時の速さは，(③＋⑤)÷2＝④，川の流れの速さは⑤−④＝①なので，④が毎時20kmより，①は毎時20÷4＝5(km)

(5) 色のついた部分の四角形に対角線をひき，全体の長方形を2つの台形に分ける。左側の台形の面積は，22.5cm²で，この台形の上底と下底の比が2：1である。4つに分割された三角形の面積比は，(2×2)：(2×1)：(1×1)：(1×2)＝4：2：1：2になるので，アの部分の面積は22.5÷(4+2+1+2)×2＝5(cm²)である。同様にして，右側の台形の面積は27.5cm²，上底と下底の比は4：7なので，4つに分割された三角形の面積比は49：28：16：28になり，イの面積は27.5÷(49+28+16+28)×28＝$6\frac{4}{11}$(cm²)である。

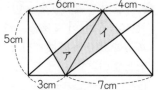

115 仕上げテスト ③

✓解答

⭐1 (1) 20　(2) 185　(3) 550　(4) 19：16
⭐2 (1) 1.2　(2) 30　(3) 91　(4) 22.8
　　(5) 5.4

解説

⭐1 (2) もしクラス全員に配るとすると，不足分はあと 7
×6＝42(枚) 増えて 60＋42＝102(枚) になる。よっ
て，過不足算で，人数は
(102＋21)÷(7−4)＝41(人)
(3) 2 人の所持金の差が変化しないことに注目して比の差
をそろえると，100 円を使ったあとの⑨：①が，250 円
受け取ったあとの⑯：⑧になったと考えられる。変化し
た量 ⑯−⑨＝⑦ が 100＋250＝350(円) にあたる。
(4) A の縦と横の長さを③ cm，⑯ cm とすると面積は
③×⑯＝㊽(cm²) で，このときの B の縦と横は，④ cm，
⑫ cm　A のまわりの長さは (③＋⑯)×2＝㊳(cm)，
B のまわりの長さは (④＋⑫)×2＝㉜(cm) である。

⭐2 (1) 全体の道のりを100とすると，今までの速さは 時
速40÷4＝10 である。残りの道のりは60で，この道
のりを残り 5 時間で行くには，時速60÷5＝12 にす
ればよい。
(2) ○アイウエオカ● という並べ方と，● アイウエオカ○
という並べ方は同じ数ずつある。アからカまでの 6 か
所に，○2 個●4 個を並べる方法を考える。6 か所の
うち，白を置く 2 か所を選ぶ方法を考えるので，
(6×5)÷(2×1)＝15(通り) である。よって，全部
で 15×2＝30(通り)
(3) 7AB7＝7007＋AB0 と分解すると，AB0 は AB×
10 なので，AB でわり切れる。7AB7 が AB の倍数な
ら，7007 も AB の倍数である。7007＝7×7×11×13
より，考えられる AB は 11，13，49，77，91 の 5 つ

(4) 円の半径をア cm とすると，正方形の面積は ア×ア
×2 となり，これが 40 にあたる。よって，ア×ア＝20
で，円の面積は ア×ア×3.14＝20×3.14＝62.8(cm²)，
色のついた部分の面積は 62.8−40＝22.8(cm²)
(5) 三角形 FEC の面積を①とす
ると，三角形 FBE＝② なので，
三角形 FBC＝③ である。三
角形 AFC と三角形 FBC の面
積比は 3：2 なので，三角形
AFC＝③÷2×3＝④.5 である。三角形 AFB と三角形
AFC の面積比は 2：1 なので，三角形 AFB＝⑨，三角
形 ADF＝⑨÷5×3＝⑤.4 となる。

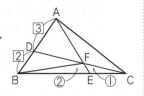

116 仕上げテスト ④

✓解答

⭐1 (1) $\frac{1}{3}$　(2) 105　(3) 405.6　(4) 80
⭐2 (1) 988988　(2) 21　(3) 8　(4) 9：14
　　(5) 14.4

解説

⭐1 (2) A と B の歩はばの比は⑦：⑧で，このときの A と
B の同じ時間内に進んだ道のりの比は，⑦×15：⑧×
13＝105：104 である。この差①が 1 m になる。
(3) アの 10 m の実際の長さを①，イの 10 m の実際の
長さを①とすると，同じ AB 間を測ったとき，㊴＝⑩
となるので，①：①＝40：39 である。この差が 26 cm
にあたるので，①＝26×40＝1040(cm)＝10.4(m)，
①＝26×39＝1014(cm)＝10.14(m) となる。
(4) ある日の 1 個あたりの値段は 120×(1−0.15)＝
102(円) である。この日にいつもと同じ個数だけ売れ
たとしたら，102×20＝2040(円) より，売上金は
2040−960＝1080(円) 減っていたはずである。1 個
につき 120−102＝18(円) ずつ売り上げが減るので，

いつもは 1080÷18＝60(個) 売れており，この日
は 60＋20＝80(個) 売れていたことがわかる。
⭐2 (1) 左半分の 3 けたをアイウとすると，6 けたの数は
アイウ×(1000＋1) と表せ，1001 の倍数になる。こ
れが 1859 でわり切れるためには，1001＝7×11×
13，1859＝11×13×13 となるので，アイウが 13
の倍数になればよいことがわかる。3 けたの整数で最大
の 13 の倍数は，13×76＝988 なので，答えは
988988
(2) 右の図において，7×□＋□×3−
7×3＝189 になるので，
□＝(189＋7×3)÷(7＋3)＝21

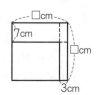

(3) 1 と 2 だけの和で 5 を表す表し方
が何通りかを考える。1＋1＋1＋1＋1，
1＋1＋1＋2，1＋1＋2＋1，1＋2＋1＋1，2＋1＋1＋1，
1＋2＋2，2＋1＋2，2＋2＋1 の 8 通り。
(4) FC＝9−3＝6(cm) である。
A から BC に平行な線をひき，
EF との交点を H とする。角
AEF＝角 AFE＝30° より，三
角形 AEF は二等辺三角形で
AE＝3 cm なので，三角形 AEH の面積を①とすると，
三角形 AEF＝②，三角形 EBG＝⑯，三角形 FGC＝④
となり，正三角形 ABC＝⑯＋④−②＝⑱ である。
また，三角形 EBC は EA：AB＝1：3 なので，⑱
÷3×4＝㉔ である。よって，平行四辺形 EBCD の面
積は，㉔×2＝㊽ で，四角形 EFCD の面積は，㊽−
⑯−④＝㉘ である。
(5) 重なっている 2 つの直角三角形の
面積は，どちらも 18 cm² で，色の
ついた部分で重なり合っている。よっ
て，白の三角形どうしの面積が同じに
なる。この面積を①とすると，色の
ついた部分を右図のように分ける
ことにより，⑤＝18 cm² とわかる。

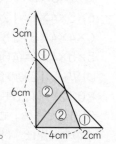

117 仕上げテスト ⑤

☑解答

❶ (1) $\dfrac{18}{19}$ (2) 442 (3) 21 (4) 1220

❷ (1) 162 (2) 291 (3) 42 (4) 169.56
(5) 1.25

解説

❶ (2) 古い機械では1分間に $260 \div 20 = 13$(個)，新しい機械では1分間に $255 \div 15 = 17$(個) 作れるので，同じ個数を作るのにかかる時間の比は ⑰:⑬ で，差の ④ $= 8$ 分 になる。古い機械では ⑰ $= 8 \div 4 \times 17 = 34$(分) かかるので，品物の個数は，$13 \times 34 = 442$(個)

(4) 2人のたどった道筋を考えると，右の図のようになる。6分後からの2人の進んだ道のりの比は ⑥:⑦ なので，片道は (⑦ $+100$) m，往復は，(⑦ $+$ ⑥ $+360$) m と表せる。⑬ $+360 = $ (⑦ $+100$) $\times 2 = $ ⑭ $+200$ なので，① $= 160$(m) である。

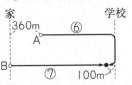

家　　　　　　学校
360m
A　⑥
B　⑦　100m

❷ (2) 9 をたすと，4と5の公倍数(20の倍数)になる。よって，「20の倍数 -9」で表せる数になり，求める数は $20 \times 15 - 9 = 291$

(3) 3時のとき，長針は短針よりも $90°$ 後ろの位置にあり，24分間で $5.5° \times 24 = 132°$ おくれをとりもどすことになる。よって，$132° - 90° = 42°$

(4) 右の図で，CD $=$ ア cm とすると，三角形 ADC と三角形 CDB は相似なので，AD:CD $=$ CD:BD より，6:ア $=$ ア:3，ア $\times$ ア $= 6 \times 3 = 18$ である。ここで，求める立体の体積は底面の半径 ア cm，高さ 6 cm と 3 cm の円すいの体積の和に等しく，ア $\times$ ア $\times 3.14 \times (6+3) \times \dfrac{1}{3} = 54 \times 3.14 = 169.56$(cm³)

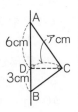

A
6cm　アcm
D
3cm　C
B

(5) 三角形 ABE，三角形 DEF，三角形 CFG，三角形 BGI，三角形 HBI，三角形 HGB がすべて相似で，直角をはさむ2辺の長さの比が 2:1 である。よって，DF $= 2$ cm，FC $= 8-2 = 6$(cm)，GC $= 3$ cm，BG $= 8-3 = 5$(cm)，BI $= 2.5$ cm である。ここで HI $=$ ① cm とすると，BH $=$ ② cm，HG $=$ ④ cm である。三角形 HBI と三角形 HGB の面積比は 1:4 となり，三角形 BGI の面積は $5 \times 2.5 \div 2 = 6.25$(cm²) なので，三角形 HBI の面積は $6.25 \div (1+4) \times 1 = 1.25$(cm²)

118 仕上げテスト ⑥

☑解答

❶ (1) $\dfrac{3}{16}$ (2) 168.75 (3) $\dfrac{8}{7}$ (4) 16

❷ (1) 1.8 (2) 8 (3) 158 (4) 230 (5) 9

解説

❶ (2) A君とB君の PQ 間にかかる時間の比は，速さの比の逆比で ⑤:③ この差 ② が $32+58 = 90$(分) である。

(3) 前から順に1個，2個，3個，……と区切っていくと，分母が「1」，「2，1」，「3，2，1」，……，分子が「1」「1，2」，「1，2，3」，……となっている。$1+2+3+$ ……$+13 = 91$ なので，99番目は第14グループの8番目である。

(4) はば 2 m の道をつけると，しき地内の横の長さは $36 - 2 \times 2 = 32$(m) になり，もとの横の長さの $\dfrac{8}{9}$ 倍になる。よって，縦の長さはもとの $\left(1 - \dfrac{1}{3}\right) \div \dfrac{8}{9} = \dfrac{3}{4}$(倍) になっている。これより公園の縦の長さの，もととあとの比は ④:③ である。この差の ① が $2 \times 2 = 4$(m) になる。

❷ (1) もし下りの 4.6 km と同じ時間だけ上ったとすると，上りの速さが下りの速さの半分なので，進むきょりは $4.6 \div 2 = 2.3$(km) である。よって4時間10分をずっと上り続ければ，$5.2 + 2.3 = 7.5$(km) 進むことになる。

(2) 仕事の全体量を㉟とすると，⑫の仕事を6日でしたことになる。よって1日あたりの仕事量は ⑫ $\div 6 = $ ② である。このとき，最後の日の4時間分の仕事量が，㉟ $-$ ② $\times (6+11) = $ ① にあたる。1日あたりの仕事量が②だから，毎日 $4 \times 2 = 8$ (時間)ずつ働いたことになる。

(3) 「1」「1，2，1」「1，2，3，2，1」というように，グループ分けする。はじめて 12 が出てくるのが「1，2，3，4，……，11，12，11，……，1」の第12グループ，2回目，3回目が「1，2，3，……，11，12，13，12，11，……，1」の第13グループにあらわれる。第1グループが1個，第2グループが3個，第3グループが5個，……というように，各グループは奇数個なので，第12グループまでに，$1+3+5+7+9+11+13+15+17+19+21+23 = 144$(個) ある。第13グループの2つ目の12は14番目なので，答えは $144+14 = 158$(番目)

(4) もし右の図の色のついた部分の直方体があると，表面積は $2 \times 7 \times 2 = 28$(cm²) 増えて，$262+28 = 290$(cm²) になる。このとき縦が 5 cm，高さが 5 cm の直方体になっているので，横 $= (290 - 5 \times 5 \times 2) \div (5 \times 4) = 12$(cm) である。もとの立体の体積は，$5 \times 5 \times 12 - 5 \times 7 \times 2 = 230$(cm³)

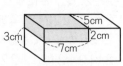

5cm
3cm　2cm
7cm

(5) AD を軸として辺 AC を折り返す。BD との交点を E とすると，AE $=$ AC $= 5$ cm，ED $=$ CD $= 2$ cm，角 AED $=$ ア となり，アがイの2倍の大きさなので，三角形 ABE の内角と外角の関係から角 BAE $=$ イ となり，三角形 AEB は二等辺三角形であることがわかる。よって，BE $=$ AE $= 5$ cm となるので，BC $= 5+2+2 = 9$(cm)

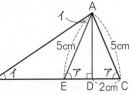

A
イ
5cm　5cm
イ　ア　ア
B　E　D　2cm　C

119 仕上げテスト ❼

☑解答

★1 (1) $2\frac{1}{12}$　(2) 225　(3) 16　(4) 5600

★2 (1) 10　(2) $\frac{70}{3}$　(3) 120　(4) 20　(5) $\frac{1}{10}$

解説

★1 (2) お父さんが $72 \times 3 = 216$ (cm) 進む間に，あきら君は $46 \times 4 = 184$ (cm) 進むので，2人の間は $216 - 184 = 32$ (cm) ずつ縮まる。よって，これを $2400 \div 32 = 75$ (回) くり返せばよい。

(3) 1人1日で $\boxed{1}$ の仕事とすると，仕事の全体量は $\boxed{1} \times 20 \times 18 = \boxed{360}$ である。x 人では1日 $\boxed{x}$ できるので，$\boxed{x} \times 10 + \boxed{x} \times 2 \times 5 + \boxed{x} \div 2 \times 5 = \boxed{x} \times 22.5$ の仕事量が $\boxed{360}$ になる。よって，$x = 360 \div 22.5 = 16$ (人)

★2 (1) 「1」は，1個か2個を使う。1個使う場合は，「1，2，2，2」と使うので，できる整数は 1222，2122，2212，2221 の4通り，2個使う場合は「1，1，2，2」と使うので，できる整数は 1122，1212，1221，2112，2121，2211 の6通りの全部で10通り。

(2) 求める分数を $\frac{イ}{ア}$ とすると，$\frac{イ}{ア}$ と $\frac{15}{14}$ をかけ合わせたときに整数になるには，アは15の約数でなくてはならず，イは14の倍数でなくてはならない。同様に $\frac{35}{12}$ でわるということは $\frac{12}{35}$ をかけることになり，アは12の約数で，イは35の倍数でなくてはならない。

(3) 電車の長さを □ km，電車の速さを時速 ① km とする。6秒 $= \frac{1}{600}$ 時間，48秒 $= \frac{1}{75}$ 時間なので，

$$□ \div (① - 4) = \frac{1}{600}, \quad □ \div (① - 67) = \frac{1}{75}$$ となり，

$(① - 4) \times \frac{1}{600} = (① - 67) \times \frac{1}{75}$ である。

① $- 4 = (① - 67) \times 8$, ① $-4 = ⑧ - 536$ より，
⑦ $= 532$　よって，① $= 76$
$□ = (76 - 67) \times \frac{1}{75} = \frac{3}{25}$ (km) → 120m

(4) $AD : BC = 1 : 3$ なので，三角形 ADB の面積は，
$48 \times \frac{1}{1+3} = 12$ (cm²)
よって，右の図のアの面積は，
$12 \times \frac{1}{2} \times \frac{2}{3} = 4$ (cm²)

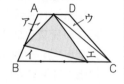

三角形 ABC の面積が，$48 \times \frac{3}{1+3} = 36$ (cm²) なので，

イの面積は，$36 \times \frac{3}{4} \times \frac{1}{3} = 9$ (cm²)

ウの面積は，$48 \times \frac{1}{1+3} \times \frac{1}{2} = 6$ (cm²)

エの面積は，$48 \times \frac{3}{1+3} \times \frac{1}{4} = 9$ (cm²)

色のついた部分の面積は，$48 - (4 + 9 + 6 + 9) = 20$ (cm²)

(5) 右の図の三角形 AFE の面積を ① とすると，ア $=$ ③，イ $=$ ⑤ となり，色のついた部分の正方形は ① $+$ ⑤ $=$ ⑥，正方形 ABCD の面積は (① $+$ ③ $+$ ⑤) $\times 4 + ⑥ \times 4 = ㉔$ になる。

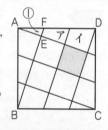

120 仕上げテスト ❽

☑解答

★1 (1) $1\frac{5}{6}$　(2) 7　(3) 20　(4) 24

★2 (1) 300　(2) 55　(3) 537　(4) 111222
　　(5) 65.12

解説

★1 (2) それぞれの個数の差である $75 - 54 = 21$ (個)，110

$-75 = 35$ (個) なら □ 人で分けられる。よって，□ は 21，35 の公約数で，1か7である。□ $=1$ だとあまりは出ないので，人数は7人で5個ずつ余る。

(4) D，E，F，G が辺のまん中の点なので，DE = GF = 3 cm，DG = EF = 3 cm である。点Bをふくむ立体は，四角すい B-DGFE と三角すい B-CEF を合わせたものと考える。四角すいの高さは FC と等しいので，その体積は，

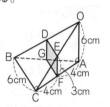

$3 \times 3 \times 4 \times \frac{1}{3} + 4 \times 3 \times \frac{1}{2} \times 6 \times \frac{1}{3} = 12 + 12 = 24$ (cm³)

★2 (1) A が速さを分速 20 m 速くすると，分速の和は $100 + 20 = 120$ (m) になる。2人が進む道のりの和は変わらないので，A が速さを増す前後の出会うまでにかかる時間の比は，6：5 になる。したがって，B が進む道のりの比も 6：5 になる。

(2) 午後の1個あたりの値段は，$100 \times (1 - 0.15) = 85$ (円)，もし午後も午前中と同じ個数売れたとすると，売り上げは $85 \times 25 - 1300 = 825$ (円) 減るはずである。1個あたり 15 円安くなっているので，求める個数は，$825 \div 15 = 55$ (個)

(3) 食塩の重さは $450 \times 0.06 + 13 = 40$ (g) になるから，4%の食塩水は $40 \div 0.04 = 1000$ (g) できる。よって，加える水は，$1000 - 450 - 13 = 537$ (g)

(4) 1けたの整数は 1，2 の2個，2けたの整数は 11，12，21，22 の4個，3けたの整数は 111，112，121，122，211，212，221，222 の8個となっているので，4けたは16個，5けたは32個できる。ここまでで，全部で $2 + 4 + 8 + 16 + 32 = 62$ (個) であるから，70番目は6けたの8番目の整数になる。

(5) 直線部分と曲線部分に分けると，直線部分は $4 \times 2 \times 5 = 40$ (cm)，曲線部分の合計は半径 4 cm の円周と等しく $8 \times 3.14 = 25.12$ (cm) になる。

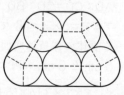